U0292468

国家自然科学基金(71073022)项目
福建省“百千万人才工程”项目
福建省高校新世纪优秀人才支持计划项目

森林环境资源定价理论与实践

杨建州　戴小廷　等　著

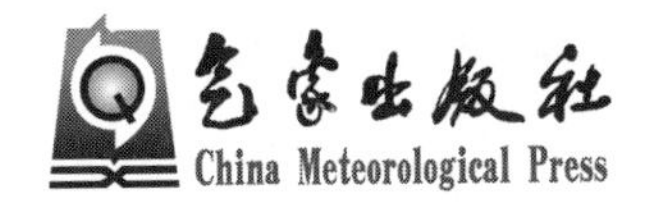

内 容 简 介

森林资源保护和发展是生态文明建设的重要内容之一。明确森林环境资源的价值进而合理定价能促进森林资源的优化配置和合理利用,为森林资源可持续利用和生态文明建设提供科学依据。本书综合运用林业经济学、生态经济学、资源与环境经济学等多学科的理论与方法,采取和运用综合集成的复杂系统研究方法,在分析和对比已有森林环境资源价值研究的基础上,对森林环境资源的定价方法这一解决森林环境资源的计量评价和价值核算的基础问题进行系统化研究。提出了基于边际机会成本的森林环境资源定价方法体系和测度模型,并进行具体应用。本书理论与实际相结合,既有规范分析又有案例研究,适合生态保护、环境管理领域和林业领域的科研工作者、在校研究生及相关部门工作者参考。

图书在版编目(CIP)数据

森林环境资源定价理论与实践 / 杨建州等著.
北京:气象出版社, 2014.11
国家自然科学基金(71073022)项目 福建省"百千万人才工程"项目 福建省高校新世纪优秀人才支持计划项目
ISBN 978-7-5029-6051-3

Ⅰ.①森… Ⅱ.①杨… Ⅲ.①森林资源-环境资源-定价-研究 Ⅳ.①S757.2

中国版本图书馆 CIP 数据核字(2014)第 265977 号

Senlin Huanjing Ziyuan Dingjia Lilun yu Shijian
森林环境资源定价理论与实践
杨建州 戴小廷 等 著

出版发行:气象出版社
地　　址:北京市海淀区中关村南大街 46 号　　邮政编码:100081
总 编 室:010-68407112　　发 行 部:010-68409198
网　　址:http://www.qxcbs.com　　E-mail: qxcbs@cma.gov.cn
责任编辑:崔晓军　　终　　审:周诗健
封面设计:博雅思企划　　责任技编:吴庭芳
印　　刷:北京京科印刷有限公司
开　　本:710 mm×1 000 mm 1/16　　印　　张:15
字　　数:306 千字
版　　次:2014 年 11 月第 1 版　　印　　次:2014 年 11 月第 1 次印刷
定　　价:60.00 元

前　言

森林生态系统在生态文明建设和可持续发展战略中的重要地位和作用已成为全球共识。森林生态系统的核心是森林资源，主要包括森林实物资源和森林环境资源。人们对森林资源价值的认识已从过去仅仅重视实物资源价值向更多地去深入认识和了解森林环境服务蕴含的广泛价值发展，并取得了可喜的研究成果。对森林实物资源计量、计价已有较健全的体系，其定价可以按照市场机制进行，而森林环境资源服务具有显著的外部性，无法通过正常的价格机制反映其价值，对森林环境资源整体的计量、计价都还存在较多的困难，其定价理论和方法都还不够完善，与实践的需求还有较大差距。

如何更好地了解和分析森林环境资源的重要性？如何科学度量人类对森林环境资源的需求，评价森林环境资源为人类提供的服务价值？如何深入揭示森林环境资源和经济的关系，实现人与自然的和谐相处？这些问题已成为资源与环境经济学、生态经济学、林业经济学、生态学等学科交叉研究的前沿领域。当前，通过众多经济学者的努力，人们开始在保护森林资源工作中引入经济学的原理，用经济学的方法和手段去评价森林环境资源的价值，只是这种评价的原理、标准、技术手段等还有待进一步的完善。如何将森林环境资源这类稀缺资源通过市场的价格机制进行合理的配置，来满足人类社会可持续发展的要求显得越来越重要。纵观最近的森林环境资源价值方面的研究，研究主要集中在计量评价具体方法、过程和大尺度范围的价值评估案例研究上，对森林环境资源的定价机理这一基础性的问题缺乏系统化的研究，而这一问题的解决是开展森林环境资源市场化研究、配置与利用等工作的前提。

从森林环境资源价值评价研究的发展来看，今后一段时期内，建立较系统的环境资源价值评价理论、方法和框架，是森林资源与环境经济学的主攻方向之一。现有的研究在评估方法上难于突破。虽然不乏具体的评估案例和实证研究，但研究目的与研究方法之间缺乏统一性。我们研究评估的目的是为利用经济手段来解决生态环境问题，但目前国内外的大部分学者却是利用生态学方法来研究，无法用于森林可持续经营的实践中。而且，目前的研究成果与现实差距较大，评估结果数值很难被社会接受，同样也无法准确应用于森林的经营管理决策和森林环境资源价值的实现中。因此，解决森林生态环境资源的计量评价和价值核算的基础是确定森林环境资源的定价方法，并建立动态监测信息系统。森林环境资源定价的理论基础尚处在探索阶段，学术界对森林环境资源价值的形成原理、表现形式和实现机制等理论问题还无法达成一致的观点。本研究应用资源和环境经济学的分析方法，创造性地提出森林环境资源的边际机会成本定价方法，并在国内外首次开展边际机会成本用于森林环境资源价值的评估研究。通过对具体样本区域森林环境资源的供求状况和消费偏好进行参与式访谈和问卷调查分析，设计基于边际机会成本的森林环境资源定价模型和方法，建立系统的森林环境资源边际机会成本定价理论，为森林生态环境资源计量评价和价值核算提供理论依据和技术支撑，对促进森林环境资源经济学学科发展有较高的理论价值。应用本研究提出的方法，依靠对闽江流域森林资源生态功能定位观测的数据和长期的相关研究积累开展对闽江流域森林环境资源的价值评估的案例实证研究，并提出相应的政策优化措施，有助于实现对闽江森林环境资源的优化配置和合理开发、高效与有偿使用。本研究成果对森林环境经济政策的制定也具有较高的决策参考价值，有助于最终解决森林环境资源的有效配置问题。本研究取得的主要研究成果包括：

(1)森林环境资源及定价理论方法比较

该研究成果全面系统地梳理了现有的森林环境资源价值理论，提出该领域的研究重点和努力方向，有助于进一步完善森林环境资源经济学科的理论框架。该成果在分析了森林环境资源的经济学特性的基础上，将森林环境资源的价值理论分为基于经济学的价值理论、基于自然生态系统的价值理论以及基于伦理学和可持续发展的价值理论三类，并就不同的价值理论的思路和重点问题进行了对比阐述。通过对森林环境资源价值理论的梳理，认为森林环境资源定价的机理和定价模型及森林环境服务市场的建立等是该领域亟待研究解决的问题。

(2)森林环境资源边际机会成本定价的理论及构成

该成果首次系统地阐述了边际机会成本方法在森林环境资源定价中的应用理论，丰富和发展了森林环境资源的价值评估理论方法。成果在全面分析边际机会成本理论应用于森林环境资源定价的可行性的基础上，结合森林环境资源的特点，提出了基于该理论的森林环境资源的具体价格构成，并阐述了各价格构成的内涵和计量思路，为下一步开展基于边际机会成本的森林环境资源定价工作奠定理论基础。

(3)基于边际机会成本方法的森林环境资源定价模型

该成果是森林环境资源边际机会成本定价理论体系的有机组成部分。结合森林环境资源的特点，在边际机会成本理论基础上提出了森林环境资源的边际生产成本、边际使用者成本、边际环境成本的具体定价模型，能体现森林环境资源开发利用时企业或者个人、社会所付出的全部成本，为森林环境资源的投资提供成本参考，促进森林环境资源的合理配置与可持续发展，促进人与自然、资源与环境的协调发展模式的建立。相比已有的资金或预期收益资本化法、总经济价值法、李金昌模型、效用费用评价法等，本成果所提出的定价模型站在完全成本的角度，更能完整合理反映森林环境资源利用的生产成本、使用者成本、环境成本，符合可持续发展的思想。

(4)森林环境资源边际机会成本定价的实证研究

该成果以前述的森林环境资源边际机会成本定价理论方法为指导，基于大样本调查和固定观测数据，对闽江流域典型区域武夷山保护区森林生态环境资源价值进行实际评估。该成果是首次应用边际机会成本方法对森林环境资源进行定价实证研究。与其他评价方法和实证研究相比，本研究结果较真实地反映了闽江流域和武夷山保护区森林环境资源采伐利用应该支付的最低价格水平。因为计算结果包含了森林环境资源利用的生产成本、环境破坏成本，可以刺激资源利用者，既要提高生产效益以降低生产成本，又要在生产过程中采取保护措施，减少环境破坏，以降低资源使用成本和环境成本。

(5)森林生物多样性的边际机会成本定价研究

该成果是森林环境资源边际机会成本定价理论方法在森林生物多样性评价中的应用。现有的森林生物多样性价值评价研究较活跃，多从生态学和生态服务功能价值角度进行研究，评估方法主要基于传统的价值理论。本成果探讨基于边际机会成本方法对森林生物多样性进行定价的可行性和具体定价思路，有助于丰富生物多样性评价研究和完善森林环境资源的边际机会成本定价理论。

笔者近年来主持了多项森林环境资源价值评估领域的国家和省部级科研项目，包括国家自然科学基金项目“基于边际机会成本定价的闽江流域森林环境资源价值评估研究”、福建省高校新世纪优秀人才支持计划项目“福建省森林生态环境价值计量评价研究”和福建省青年创新人才项目“闽江流域森林环境资源计量监测指标体系与信息系统研建”。本书是作者带领的研究团队完成的上述研究项目的主要研究成果的总结。参与本书研究工作的团队成员主要有：戴小廷博士、吴火和博士、刘旭东硕士、周慧蓉硕士、孙洁斐硕士、王湘湘硕士、徐端阳硕士以及国常宁博士生、黄朝宗硕士生和张钰洁硕士生。在项目研究过程中得到了张春霞教授、余建辉教授、刘伟平教授、魏远竹教授、谢志忠教授、石德金教授等的关心和帮助，在资料收集和数据调查过程中得到了福建省林业厅、武夷山自然保护区管理局、龙栖山自然保护区管理局等单位的大力支持，在此一并表示感谢。感谢气象出版社崔晓军编审对本书出版所做的努力。

著者

2014年7月

目　　录

理论篇:森林环境资源定价理论研究

实践篇:基于定价理论的森林环境资源价值评估

理论篇：

森林环境资源定价理论研究

第1章　森林环境资源及其价值

1.1　森林环境资源及其相关概念

森林作为地球生态系统的主体之一，伴随着人类社会的发展，人们对其功能、生态机理、带给人类的作用等的认识在不断地深化。在不同的发展阶段人们对森林环境资源价值的概念界定范围可能有所不同，特别是不同的研究者在研究过程中依据的经济学基础与价值理论存在差异，因而在不同的研究领域会见到各类概念，比如"森林环境功能"、"森林环境服务"、"森林环境效用"、"森林环境效益"、"森林生态系统服务"等概念，不将概念界定清楚，势必使得统计口径不一致，容易引起计量结果的混乱。因此，本节首先从森林环境资源的概念入手，对比分析各类相关的概念，避免概念上的混淆，清晰界定本节所涉及的概念，为接下来构建科学的森林环境资源定价方法奠定坚实的基础。

1.1.1　森林环境资源概念的界定

环境是以人类为中心或主体的，跟人类发展息息相关的有机物质、无机物质以及由这些物质提供的功能的一种总体概念。资源是指具有一定存量或可以持续利用的对人类社会和经济发展有用的东西。森林环境是地球环境的重要组成成分之一，可以为人类提供木材、生存场所以及各种生态服务，因此森林环境也是一种资源的认识逐步被人们接受。

森林环境资源是站在资源与环境经济学的角度提出的概念。森林环境资源有广义和狭义之分，广义的森林环境资源是指涵盖林地、林木、野生动植物、微生物等的森林实物资源和由实物资源派生而来的生态服务资源的以森林资源为物质基础的相对于人类的外部世界总称。狭义的森林环境资源是指仅由森林实物资源派生而来的生态服务资源。本书所采用的是森林环境资源的广义概念，使用该概念，有助于人们更好地理解和重视森林为人类提供的环境服务，更容易清晰地表达开展森林资源经济价值计量时要开展的计量范围。

森林环境资源主要为企业生产、人类生活和家庭消费提供自然资源和服务，其价值评估属于资产评估的范畴。对资源资产的界定理论上也有分歧,总体上分为两种:一种认为资源是生产性资本;另一种认为自然资源为环境资产。本书采用后一种观点,森林环境资源包括森林实物资源产品和非实物的环境服务产品。对森林实物资源产品的定价可以依据市场行为进行,而对非实物的森林环境服务产品的定价由于没有完整的市场存在,作为一种资产的环境资源的经济价值可以定义为其所提供的所有服务的价值贴现,这是森林环境资源价值计量的一般思路。

1.1.2　相关概念辨析

(1)森林环境功能与森林环境服务

对森林环境资源定价时首先需要区分森林环境功能与森林环境服务。森林环境功能是生态系统的概念,是指森林资源提供环境服务的能力,不依赖于人类社会是否利用而客观存在。森林环境服务是经济流量的一个过程,森林环境服务依赖于森林环境功能而产生,但二者并不等同。只有被人们或市场利用的森林环境功能才是森林环境服务,功能只有被利用才能从中获得效用,没被利用的功能人们不会愿意为其支付资金去购买。一定面积森林环境服务效益的大小不仅取决于森林环境功能的大小,还取决于人们对它的利用方式与利用强度。

当前有些研究常以功能替代服务价值的计量,或者二者混用,如很多"服务功能价值评估"字眼的论文都是犯了这种概念上的错误,在计量过程中把森林资源所产生的各种环境功能当作被人们全部利用,这样的计量无形中会扩大森林环境资源的价值,因为实际上森林环境功能能否转换为森林环境服务要看人类对其的需求程度,不同的森林环境服务产品具有不同的需求收入弹性(聂华,2002)。

所以,对森林环境资源的定价应该主要是对森林环境服务的定价。

(2)森林环境服务与森林生态系统服务

森林环境服务与森林生态系统服务这两个概念主要所指都是森林为人类提供的服务,二者是从不同的角度出发对森林带来的生态效益进行定义的。森林环境服务是从资源与环境经济学角度提出的概念,更强调资源的合理分配与利用,更强调森林资源的开发与环境保护。而森林生态系统服务是从生态经济学角度提出的概念,更强调生态经济建设。从概念上看来,二者研究的重点和角度不一样,虽然研究内容有重叠交叉之处,但二者不能简单等同。

产生这种现象的原因与当前经济学分支发展有一定的关系。学者们对资源经济学、环境经济学、生态经济学的关系也尚未形成统一认识,有的学者认为三者研究对象相同,只是名称不同;有的学者认为三者密切联系,研究中有交叉但又有不同的部分,各自是一门独立的学科。因此,出发点不同,会出现上述不同的概念。基于这种状况,考虑到研究对象的大体一致性,本书在对前人研究的综述部分没有严格区分这两个概念,但在其他部分还是强调采用森林环境服务这一概念,认为这种表述更符合将森林按照环境资源进行管理的理念。

(3)森林实物资源产品与森林环境服务产品

森林环境资源为人类提供了类似企业生产活动中的两类产品:一类是实物资源产品,如林木、果实、野生动植物、微生物等,这类产品具有实物形态,能够通过实物量进行核算,具有相应的市场价格;另一类是不具有实物形态,提供和使用在同一时间完成的森林环境服务产品,如水土保持、水源涵养、风沙防护、森林游憩、净化空气等服务,这种服务产品有的可以通过监测进行计量,有的难以计量,大多没有成形的市场价格。依据经济学原理,森林环境资源为人类提供的有形产品或无形产品都应该视为产品,应该得到为产品生产投入的回报。

森林环境资源提供的这两类产品组合关联性强,无形的森林环境服务产品依赖于森林有形产品的产生而产生,并且依附于它,随着实物资源产品的利用而减少或消失,二者存在提供上的不可分割性。对森林实物产品的界定学者们没有太大的争议,但对森林环境服务产品的界定至今尚未统一。纵观过去的研究,学者们对森林为人类带来的服务的种类、范围等的认识也是个逐步提高的过程。表达这种服务的相关概念较多,内涵参差不齐,有森林生态资源、森林生态效能、森林生态效益、森林生态价值、森林生态系统服务、森林生态资产、森林生态产品等,本书所提的森林环境服务产品与森林生态产品内涵基本等同,森林环境服务产品的概念既反映了森林环境资源的消耗性、稀缺性,也强调了森林环境资源的价值性和可再生性。

(4)森林环境资源的成本价值与效益价值

在过去的森林环境资源的价值计量中,大多都是集中在效益价值的计量上。森林环境资源的效益价值是指在人类的干预和控制下的森林生态系统为维持生物之间、生物与环境之间的动态平衡而输出的效益之和。这种效益包括涵养水源、固碳释氧、调节气候、防风固沙、森林游憩、生物多样性保护等。其价值计量属于效用价值论的范畴,主要是计量森林环境资源产生的作用被人类社会实际利用后所产生的经济和社会效果。一定数量的森林环境资源产品的效用程度越高,消费者的支付意愿越强,则其价值越大,反之则越小。一定面积的森林环境资源的效益价值大小不仅由其生态功能大小决定,还取决于人们对其利用方式,比如若一片森林用作生态公益林,则其物质产品的效益就基本没有,虽然其也具有木材生产能力;再如森林都有潜在的游憩功能,但如果没有开发利用,也不会产生这方面的效益。

森林环境资源的成本价值是指从成本的角度计量森林环境资源培育和经营过程中的各项生产要素投入,包括土地、资本、劳动、管理和技术等各项投入。从成本角度看森林环境资源提供的实物产品和环境服务产品,虽然表现形态不相同、使用价值各异,但产品功能的物质承担者即价值载体相同。本书所采用的由边际机会成本理论所确定的森林环境资源的价值,是从完全成本和森林资源采伐利用的角度计算一定单位森林环境资源采伐利用后全社会所付出的成本,有别于过去有的研究把森林环境资源的成本价值或效益价值简单相加得到总价值的思路。

(5)外部成本、环境成本与生态成本

外部成本是源于福利经济学对外部性问题的讨论提出的,是环境经济学的基本概念。外部成本概念比环境成本、生态成本概念出现得更早,在一定意义上讲,后两者是从外部成本概念衍生发展而来。外部成本是经济活动中产生的社会成本与私人成本的差值。当外部成本表现为某一特定生态系统的损害时,被称为生态成本;当外部成本表现为更广泛的环境系统的损害时,被称为环境成本。

对森林环境资源培育、利用过程中带来的经济损失,使用环境成本概念来反映较好,因为一方面森林环境资源的培育,特别是人工林经营过程中带来的地力衰退、病虫害等对农业、河流等生态系统有负面影响;另一方面森林环境资源的砍伐利用带来的水土流失、涵养水源量减少、水质变差等,还对流域区域的人们生产、生活等产生外部不经济。用生态成本则难以涵盖所有的外部不经济的影响。

所以后面章节对森林环境资源采伐利用所产生的社会成本与私人成本的差值,即外部成本,采用“环境成本”来表达。

1.2　森林环境资源的特性及其在我国的分布特点

1.2.1　森林环境资源的特性

相比煤炭、石油等其他自然资源,森林环境资源有其自身的一些特性。

首先,关于森林环境资源的产权只有一部分是明确的,就是随着林权制度的改革与健全,立木和原木的产权基本是明确的。而关于森林提供的环境产品或服务,其产权界定则不够清晰,即没有明确的产权,因此其作为公共物品被无偿地提供和使用。

其次,森林环境资源除提供林木等实物资源产品外,还以其巨大的生物多样性为人类提供众多类型的非实物的森林环境服务,如涵养水源、防风固沙、保持水土等。这些服务为人类带来巨大的福利,蕴含着巨大的经济价值。但这些非实物型的服务往往间接影响人类的经济生活,其经济价值难以通过商业市场反映出来,即不存在相应的市场。这样,其价值就难以量化,从而容易被忽视。过去的这种忽视带来的一个严重后果就是使得人类只重视实物资源产品的短期经济利益,引发森林的过度砍伐,从而对生态系统的稳定造成损害,直接影响了人类的可持续发展。好在伴随着生活水平的提高,人们越来越重视生活质量的提高,导致森林旅游、野营、垂钓、远足等户外休闲活动增多,使得森林的舒适性价值逐渐被人们所重视,从而森林这类可再生资源的环境和生态服务价值也越来越受到重视。森林生态系统的持续、健康、稳定发展是人类可持续发展的基础这一观点得到越来越多的人的认可。森林环境资源构成的森林生态系统是地球生命支持系统的重要成分已成为人类的共识。

再次，森林环境资源具有条件再生性，森林是可再生的资源，森林林木的利用存在反复的生长、砍伐过程。树木的生长周期比较长，一定树龄以下的立木经济价值低，到达一定树龄后停止生长，森林的各类经济价值达到最高值。超过一定树龄的树木会死亡、腐烂，失去经济价值。所以，树龄对森林环境实物资源的经济价值影响较大。但在外力或人为干扰超出森林的承载能力时，森林环境资源提供的环境服务如生物多样性可能就无法再生。正因如此，森林需要合理经营和利用，森林环境资源才可以实现永续利用。

另外，森林环境资源的实物资源与非实物资源不可分割，非实物资源依赖实物资源的存在而存在。森林分布在广阔的地域上，每一个森林群落都有其固定位置，移动会带来质的变化，其带来的生态效益有的只在特定区域、范围发生作用。自然力在森林的演替过程中发挥主导作用，没有自然力的作用，单纯依赖人力、物力、财力是不可能生产出森林环境资源的，在无外力作用下，森林环境资源能够自生、自灭，世代演替下去。森林环境资源的开发利用程度受森林结构、立地条件、交通等的影响较大，因此，即使相同丰度的森林环境资源在不同区域的价值也不相同。

1.2.2　我国的森林环境资源及分布

我国拥有较丰富的森林环境资源，根据第八次全国森林资源清查(2009—2013)结果，我国森林面积2.08亿hm^2，森林覆盖率21.63%，活立木总蓄积164.33亿m^3，森林蓄积151.37亿m^3，其中：天然林面积1.22亿hm^2，蓄积122.96亿m^3，人工林0.69亿hm^2，蓄积24.83亿m^3。

根据《中国森林生态服务功能评估》项目组(2010)的研究结果，在第七次全国森林资源清查期间，我国森林生态系统涵养水源量为4 947.66亿m^3/a，各省份在0.90亿～669.73亿m^3/a之间，其中四川最大，云南次之，广西第三，上海、天津、宁夏列倒数一、二、三位；固土70.35亿t/a，各省份在111.61万～82 510.43万t/a之间，其中西藏最大，四川次之，云南第三；我国森林植被总碳储存量78.11亿t，各省份森林固碳功能在8.04万～4 029.02万t/a之间，其中黑龙江最大，云南第二，内蒙古第三；全国森林释氧功能为12.24亿t/a，各省份在34.65万～13 341.16万t/a之间，其中云南最大，黑龙江第二，四川第三；森林净化大气环境功能内蒙古排名第一，上海排名最后。森林环境资源价值与森林面积有较大的相关性，相关系数为0.873 7。全国各省(市、自治区)森林环境资源总价值见表1.1。

表 1.1 各省(市、自治区)森林环境资源总价值评估结果

序号	省(市、自治区)	总价值(亿元/a)	序号	省(市、自治区)	总价值(亿元/a)	序号	省(市、自治区)	总价值(亿元/a)
1	北京	235.40	12	安徽	1 754.73	23	四川	10 590.48
2	天津	26.11	13	福建	3 975.86	24	贵州	2 515.11
3	河北	1 598.09	14	江西	5 213.59	25	云南	10 257.22
4	山西	1 053.95	15	山东	935.82	26	西藏	5 480.44
5	内蒙古	7 156.61	16	河南	1 302.15	27	陕西	2 684.48
6	辽宁	2 273.55	17	湖北	3 283.13	28	甘肃	1 802.37
7	吉林	3 081.32	18	湖南	4 844.73	29	青海	761.25
8	黑龙江	8 579.18	19	广东	5 545.73	30	宁夏	153.33
9	上海	23.09	20	广西	7 740.20	31	新疆	1 070.25
10	江苏	506.08	21	海南	1 126.59			
11	浙江	3 037.16	22	重庆	1 539.60			

数据来源:《中国森林生态服务功能评估》项目组(2010)

从以上统计数据与研究结果可以看出,我国森林环境资源虽然总数排世界前列,但人均占有比例小,各省(市、自治区)分布不均,80%以上集中在东北、西南和南方偏远山区的江河上游,华北、西北地区分布较少,同时,林种结构不合理,林分结构低龄化,中幼林多,成熟林少。从总体上看,森林环境资源的增长依然没有满足社会对林业多样化的需求,生态问题依然是我国可持续发展道路上的突出问题。针对我国森林环境资源的现状,更加应该加强区域森林环境资源的价值评估,促进森林环境资源的保护,提高森林环境资源的数量和质量。

1.3 森林环境资源价值的特点与分类

根据前面所述,评估森林环境资源的价值就是对森林实物资源产品价值和森林环境服务产品价值的评估。本书所提的森林环境资源价值是以新古典福利经济学为基础的,福利经济学提出经济活动的目的是为了增加社会中个人的福利,这种福利不仅包括市场条件下的产品和服务,而且也包括从环境资源系统中获得的非市场性产品和服务。在开展森林环境资源的保护与利用的过程中,还需要重视森林中生物物种的福利。

由于森林环境资源本身的特殊性,其价值也具有不同于一般商品价值的特点。首先,森林环境资源价值在时空上动态变化。18 世纪以前由于人类生产力水平的限

制，人类对森林的影响并不明显，在森林环境资源本身的自我调节范围之内，不存在补偿问题；随着科技水平的发展以及人类社会对森林的过多索取，人类与森林环境资源的相互作用与影响越来越大，森林环境资源地区分布的不平衡、不同的地区利用方式、程度的差异等使得森林环境资源价值的构成也在时空范围内发生变化，特别是随着科技进步，人们对森林环境资源价值的认识也在不断提高，单位森林环境资源的价值也越来越大。其次，森林环境资源具有多种价值形态。一般商品的价值表现形式就是价格，有时可以直接使用市场价格来反映商品的价值。而森林环境资源产品是一种特殊商品，除了其提供的木材等各种林产品可以在市场上进行交换，有直接的经济价值外，森林环境资源的功能和用途的多样性还决定了其具有涵养水源、调节气候、水土保持、防风固沙等各种生态服务，以及森林游憩、自然遗产等社会服务，这类服务没有市场价格，价值度量更困难。最后，森林环境资源价值具有整体性。森林环境资源的整体性决定了森林环境资源价值的不可分割性。对森林实物资源产品经济价值进行利用，势必造成森林生态服务、社会服务价值的流失，所以森林的经济价值、生态价值、社会价值是不可分割的整体。开展森林环境资源价值研究的同时需要考虑这些特性，才能更好地分析其构成。

过去近 20 年以来许多学者开展了对森林环境资源价值构成的分类研究，如 Pearce 等(1994)、徐嵩龄(1998)、欧阳志云等(1999)、李金昌(1999)等个人和 UNEP(1993)、OECD(1995)等组织都提出了各自的分类模型。其中比较有广泛影响和代表性的森林环境资源的价值分类归纳为以下两种模型。

1.3.1　“二分类”模型

人类对森林环境资源的价值评估早期由于认识的不足，偏重于核算森林所提供的实物资源产品，忽视了对森林环境服务产品的评价。随着认识的提高和测量手段的进步，人类才开始重视森林为人类提供的各种服务的评价上来。国外最早定义自然环境资源价值的是克鲁梯拉(Krutilla)，这位美国的经济学家早在其 20 世纪 60 年代发表的论文中就对为人类提供舒适环境的这类舒适性资源的经济价值进行了理论上的分析与定义。Krutilla(1988)将环境资源分为商品性资源和舒适性资源，环境资源的价值也就包含两部分：一部分是商品性资源产品价值，对森林而言就是森林提供实物资源产品的价值，包括木材产品、非木材产品这类看得见的可通过直接市场法进行评估的商品性资源产品价值；另一部分就是舒适性资源产品价值，对森林而言即森林环境服务产品的价值，包括涵养水源、保持土壤、防风固沙、固碳释氧、调节气候等这类无形的无法通过直接市场法进行评估的服务产品价值。国内李金昌(1999)将森林环境资源价值分为两类：一类是实物性的有形资源产品价值；一类是无形的生态服务产品价值，简称为资源价值和生态价值。这种分类与克鲁梯拉的分类方式实质上基本一致，是森林环境资源的“二分类”模型，但其将比较实的物质性的有形的资源产品价值简称资源价值容易引起概念上的混淆，简称为森林实物资源产品价值笔者认为会更恰当些，而生态价值改为森林环境服务产品价值，范围所指会更加清晰，并与前面的实物资源产品概念匹配。

森林环境资源未被开发利用时，不能用于交换，不具备商品的性质，只有开发成为森林环境资源产品，即森林实物资源产品和森林环境服务产品时，资源才成为商品。基于此，一般意义上森林环境资源价值的"二分类"模型可以表示为：

森林环境资源价值＝商品性资源产品价值＋舒适性资源产品价值
＝森林实物资源产品价值＋森林环境服务产品价值

1.3.2 "五分类"模型

相比森林环境资源价值的"二分类"模型，"五分类"模型在当前更得到广泛的应用。

克鲁梯拉在提出"二分类"模型后，又在 Weisbrod 提出的"选择价值"的概念基础上，提出了"使用价值"、"存在价值"等概念。之后的 20 世纪 70—80 年代又提出了一些关于非使用价值的概念，如遗赠价值、保留价值、审美价值、准选择价值、内部价值等。20 世纪 80 年代以来，如何维持人类生存的地球的可持续发展越来越受到关注，许多环境经济学家(Pearce *et al.*，1994)在克鲁梯拉研究的基础上，深入研究环境资源的经济价值，相应产生了许多环境价值的新理论与新观点。联合国环境规划署在《生物多样性国情指南》一书中提出将生物多样性价值分为五类，包括直接价值两类(显著实物型与非显著实物型)、间接价值、选择价值、消极价值等(UNEP，1993)。Pearce 等(1994)将环境资源价值分为使用价值和非使用价值，使用价值又进一步细分为直接使用价值、间接使用价值和选择价值。环境资源为人类生产和消费提供的服务产品的价值是直接使用价值；环境资源带来的间接效益的这部分价值是间接使用价值；为使环境资源保护下来留作以后使用而愿意支付的数额是环境资源的选择价值。Pearce 等(1994)所提出的非使用价值包括存在价值(指为确保某一资源存在的价值)和遗产价值(指为了后代而维持资源完整性的价值)。

皮尔斯(Pearce)提出的概念较具代表性，虽然也有学者对非使用价值的概念内涵有不同的看法，但总体上还是赞同通过对非使用价值的测度，来更好地引导森林环境资源的科学配置和利用。所以，森林环境资源价值的"五分类"模型可以表示为：

森林环境资源价值＝使用价值＋非使用价值
＝(直接使用价值＋间接使用价值＋选择价值)＋
(遗产价值＋存在价值)

从表 1.2 可以较清晰地看出森林环境资源价值"五分类"模型的价值脉络。

表1.2 森林环境资源价值“五分类”模型的价值分类

分类对象	价值类型一级分类	价值类型二级分类	内涵	举例
森林环境资源价值	使用价值	直接使用价值	实物型产品的直接价值和能够直接被消费的服务产品的价值	木材产品、非木材产品价值;森林的游憩、教育与科研价值等
		间接使用价值	不能够被直接消费的森林环境服务产品的价值	涵养水源、水土保持、防风固沙、固碳释氧、净化空气、调节气候等的价值
		选择价值	人们为了保存或保护某一环境资源,以便将来用作各种用途所愿支付的数额	生物多样性、药用植物的价值等
	非使用价值	遗产价值	为了后代而维持资源完整性的价值	生物生境,生物多样性
		存在价值	为确保某一资源存在而愿意支付的费用	生物生境,濒危物种,不可逆转的变化

从森林环境资源价值的“二分类”和“五分类”模型可以看出,过去对森林环境资源价值的评估基本都是站在森林为人类带来的正效益的评估上,现有的价值分类框架还不是尽善尽美,一些人类尚不知晓的价值可能未包含在内。现有的评估技术比较容易区分直接使用价值与间接使用价值,而对选择价值、遗产价值与存在价值则更不容易区分,因为它们的概念界定还不是特别清晰,认识尚未统一,存在一些价值重叠,测量困难。采用将各项价值分开计算然后加总得到总经济价值的思路,表面上看上去是简单直观,但这种分类计算方式却往往割裂了森林环境资源提供的各项服务之间的有机联系和复杂的相互依赖性,容易带来遗漏或重复计算,影响结果的准确性和可信度。本书认为对森林环境资源价值的分类有助于人们对森林环境资源价值的认识和计算,但整体测算体系还有待完善。本书没有过多纠缠在森林环境资源价值分类研究上,而是依据边际机会成本的理论,选取了有别于传统依据分类思想计算总价值的森林环境资源定价思路,这在后面章节将会详细阐述。

1.4 森林环境资源定价现状分析

1.4.1 森林环境资源价格扭曲的现状分析

很长时间以来,人们对森林环境资源的价值认识不足,企业和个人为了眼前利益对林木资源的掠夺式开发和低效利用比比皆是。森林环境资源的价格未能充分反映其真实价值，构成不完整，主要表现在以下几个方面：

(1)在相当长的一段时间里，相当多的人对“劳动创造价值”的价值观念片面理解，对天然的森林环境资源价值认识不足，只看见其使用价值而对其价值认识不全面，没有人类劳动参与的森林环境资源特别是天然林资源被长期无偿占有和任意使用。直到后来由于森林环境资源的过度开发利用带来的生态危机出现时，人类才开始意识到森林环境资源也不是取之不尽、用之不竭的免费资源，认识到需要通过经济学的手段开展森林资源的定价，通过价格来影响供求关系，引导人们的经济行为。只是现有这种定价的体系和方法还不够完善、科学，所得到的资源价格偏低，不利于森林环境资源的保护与可持续发展。

(2)现有的森林环境资源价格中“代际成本”内部化有限。森林环境资源虽然是可再生资源，但如果过度开发，一定时期内也是会耗竭的，但现行森林环境资源价格的确定，主要只是包括林木的价格，未能考虑自然资源的代际公平的代际补偿成本。

(3)环境成本补偿性缺失。当前林木价格的形成基本都由市场决定，但市场定价并没有考虑森林环境资源开发利用对生态环境产生负效应的费用，即使有人提出开采利用后恢复生态，也只是象征性的，并没有对森林环境资源开采利用后带来的水土流失、居住环境变化、景观资源破坏等损失进行具体补偿，因此，造成价格体系的扭曲。

正是由于以上这些方面的原因，造成了森林环境资源价格构成残缺不全，资源产品价格偏低，价格机制不能有效地按照市场规律来调节森林环境资源的开发利用与合理配置(马承祖，2007)。森林环境资源价格的扭曲加剧了森林环境资源的供求矛盾，偏低的森林环境资源价格使资源采伐利用部门缺乏技术创新、管理创新以及寻找替代品的动力，有碍于走资源节约、可持续的经济发展道路。只有完善森林环境资源价格构成，将开发利用中的各项成本全部足额反映到价格中来，构建健全的森林环境资源价格体系，才能促进森林环境资源的科学利用和合理配置。

1.4.2 有关森林环境资源定价的分歧

近年来人们已经逐渐认识到森林环境资源的价值不仅仅是传统意义上的林木等实物资源的价值，森林环境资源的非市场要素的价值也已得到广泛认同。国内外研究者开展了很多森林环境资源定价工作的相关研究，已经形成了基本的理论与方法，但与现实要求还存在较大差距，有待进一步的深化研究。围绕森林环境资源的定价研究，国内外学术界出现了众多的观点冲突和争论，有关分歧主要集中在以下几个方面。

(1)有关森林环境资源定价是否必要

用价格来反映森林环境资源价值的变化存在较多争论。一些学者依据主流经济理论认为森林环境资源未进入市场体系，不能算作真正的经济资源，不具有经济分析的意义，采用经济评价的方法对森林环境资源及其对社会的福祉或影响进行评估是不合适的。有的持这种观点的学者直接用马克思的论述来支持自己，“自然资源是天然形成的，其中没有人类劳动的凝结，所以没有价值”、“没有进入市场交易的自然资源没有价值”。但有更多的学者认为，森林环境资源被过度消耗与它的公共品属性以及由它产生的非排他性、无偿性等密切相关，企业或者个人在对森林环境资源的利用过程中经常处于低价或免费状态，而这种森林环境资源价格偏离真实价格是森林环境资源无偿占有、使用、加速耗竭引发生态危机的主要原因，只有形成合理的森林环境资源定价机制，才可能使人们在利用该资源时认识到其价值，减少滥用和浪费；也才可能使企业在生产过程中考虑成本，降低消耗，并重视替代品的选择。

很多对生态系统价值评估的看法对森林环境资源的价值评估有很好的启发意义，因为二者只是站在不同的评估视角，评估的对象实质上大同小异。围绕生态系统价值评估的争论最有名的就是1997—1998年围绕“世界生态系统功能价值”的学术争论，Costanza等(1997)综合了有关当时最新的生态系统服务价值评估方法，在学术界率先开展了全球生态系统服务价值的评估工作，根据其公布的研究成果，全球生态系统服务每年的总价值在160 000亿～540 000亿美元之间。但该结果没获得以D. W. Pearce和V. Smith为代表的环境经济学派的认可，他们并不赞成生态系统功能价值的“总”价值的计算，认为这种计算实际意义上由于其可计算性效果打了折扣。以R. Costanza等为代表的生态经济学派认为可以计算生态系统的“总”价值。在生态功能价值计算方法上这两种学派的代表也有不一致的观点：R. Costanza等更愿意运用市场价格法、替代成本法等直接开展价值的计算；而D. W. Pearce等偏好于采取支付意愿(WTP)的方法获取难以直接测量的资源价值并注重在分析方法上采取边际分析。中国社会科学院环境与发展研究中心徐嵩龄(2001)认真研究分析了这些争论，他认为在生态系统功能价值的计量上人们习惯于从生态系统带给人类的各种效益方面正面计算，因此产生了各种不一致的概念或是计量的方法。作为研究者更应该去深入分析、研究这些差异形成的原因、背后的缘由，并强调生态学与经济学的融合，而不是站在其中一方的角度，强调自身的正确性，从而使二者形成事实上的脱离，针对这些争论的重视并深入研究有可能就成为推动生态系统功能价值评估工作的重要动力(徐嵩龄，2001)。所以，对森林环境资源价值的可计算性、计量方法和有关的内容还需要进一步研究，需要去探讨价值计量的操作性障碍。

本书认为站在人类社会可持续发展的角度，需要在森林环境资源定价方面不断拓展研究，并力求寻找能获得广泛认可的定价方法，解决现有方法中的障碍与不足，努力将其应用于森林环境资源保护和利用实践。只有这样，方可在经济发展的同时，创新决策过程，保护人类赖以生存的物质环境，做到经济、社会与生态协调发展。

(2)定价方法上的分歧

目前，森林环境资源定价理论研究已经取得了一定的进展，但还需要不断地完善。其中由于依据的价值理论基础不同,在价值内涵、价值来源的确定、价值构成方面见解不同,所形成的各种具体方法所采用的定价思路、定价模型各异,评估结果因此可能大相径庭,引发较多的争议,即便是同样从劳动价值论出发,对森林环境资源的价值问题,不同学者也有着不同的理解,还未能形成统一的观点。

现有的有关森林环境资源评估方法的可行性、准确性的学术争议一直存在。在已知的评估方法中,市场价格法简便易行,结果较客观,但只能评估直接实物使用价值,且低估存在消费者剩余的物品的价值;替代市场法难以找到能完全替代环境服务的物品;模拟市场法存在信息偏差、战略偏差等偏差;支付意愿(WTP)与受偿意愿(WTA)的评估方法存在结果不一致,确定相关受益群体的困难性,价格与范围的敏感性,评估结果存在可信度低等不足(徐中民 等,2003)。虽然森林环境资源价值评估在理论上还存在争论,但现实森林环境资源保护的需求不允许我们对其价值的评估长期争而不决,需要研究者进一步完善森林环境资源价值评估体系,改进评估方法,并尽可能地在实践中去完善改进它。

(3)森林环境资源价值分量的可分解性问题

徐嵩龄(1998)指出,森林环境资源的价值分量中,不管是直接使用价值还是间接使用价值,有可能某一价值分量只是另一产业或是工程的组合价值的一部分。因此,在开展森林环境资源的价值分量分解时,一定要注意将这类组合分量进行分解,但在当前国内的森林环境资源价值计量分量的分解工作中,还存在一些不准确的分解,如对森林游憩价值的计量,有的研究的对象不仅包括森林,还包括人文遗产的景点,那么如果将所有的旅游收入作为森林游憩的价值,无疑最终夸大了森林环境资源的价值。

对森林的防风固沙带来的农业增产也是同样的道理,不能将农业增收的所有收入都作为森林环境资源防风固沙服务带来的效益,因为还存在改进耕作手段、施肥、科学管理等其他措施带来的增产收益,在价值分量的计量模型设计中要将类似的这种价值进行分解,才可能更加准确地反映森林环境资源的真实价值。有些对同一研究对象的定价产生了较大的研究结果差异,一部分原因就是在价值分量的分解上产生了分歧。

(4)计算分量的重复性问题

现有的对森林环境资源所提供的服务价值的计量,如水土保持、环境净化、生物多样性保护等的计量存在根本性的不足,有的是针对中间效果,有的是针对其对社会系统的最终影响,这样势必在分量相加的过程中带来计量的重复性问题。而且对中间效果的价值计量和最终效果的价值计量在理论上和实践上都是不相等的(徐嵩龄,2002)。而只有最终效果才体现森林环境资源对社会经济系统的作用,设计森林环境资源计量模型时不能使用中间效果来计量森林环境资源的服务价值,而应该落实到其在工农业、居民生活质量等的最终影响上,这样的计量才符合一致性原则。具体森

林环境资源的服务产生的中间效果与最终效果见图 1.1。

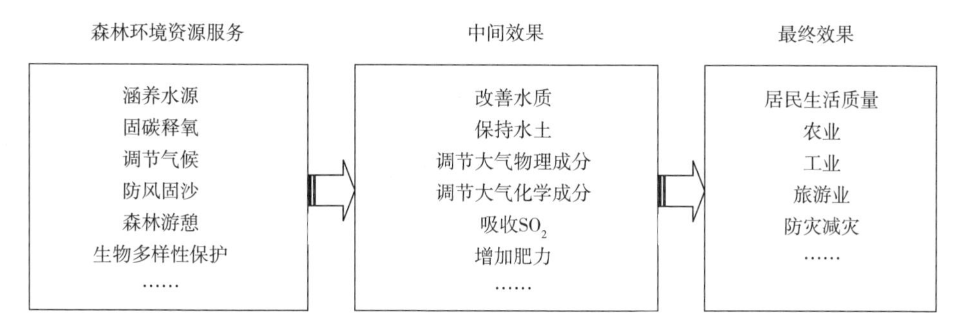

图 1.1　森林环境服务及其中间效果、最终效果

所以，本书认为应该重视森林环境资源服务价值评估中容易产生的计量重复性问题，在思考与设计具体经济价值计量方法时尽可能站在服务的最终效果上进行考虑。

1.4.3　有关森林环境资源定价分歧的原因分析

关于森林环境资源定价，之所以还存在不少的分歧，其背后深层次的原因是人类科学技术水平的局限、对森林环境资源的认识不足、没有完善的森林环境服务市场等原因造成的。

(1)森林环境服务的复杂性、非竞争性与非排他性

一般商品具有较明确的效用边界，而森林环境资源提供的服务产品却由于森林环境服务的复杂性和特殊性，造成产品之间具有复杂的关联关系。如某个地区享受到的森林环境服务可能由本区域内森林环境资源提供，也可能由其他区域森林环境资源提供，要分割这两者或多者之间形成的集合效应是很困难的。另外，森林环境资源提供的服务不像私人物品具有清晰产权、一个人的消费会影响另一个人的消费等这种竞争性。森林环境资源提供的服务是非竞争性的，一个人的消费不会妨碍或减少另一个人的消费量。如森林环境资源提供的水、氧气等服务，公众在消费上不具有竞争性，生产者缺乏生产者权利，不可能排除不付费的受众或排除的成本很高，这样的服务就难以进行交易，消费者缺乏动力进行服务的购买(刘向华，2007)。森林环境服务的复杂性、非竞争性、非排他性这些特点是其能否定价、如何定价上产生分歧的重要原因。

(2)对森林环境服务价值内涵认识不足

由于森林生态系统的复杂性和科学认知的局限性，人们对森林环境资源的服务机理、服务的分类等还不是很清楚或很科学，造成在实际开展森林环境服务价值计量工作时对价值内涵的处理各异。比如，对森林游憩服务价值的内涵的认识，有的将森林旅游者的总消费作为森林游憩服务价值，有的将消费者剩余加上花费时间的机会

成本作为其价值。这种对森林环境服务价值内涵的认识的不同,会直接产生定价方法上的分歧。

虽然当前关于森林环境资源有价已逐步成为共识,但由于对其价值内涵的认识不一致,特别是依据的价值理论基础可能来自不同的理论,如劳动价值论、级差地租理论、效用价值论、资源稀缺理论和福利经济学等,因此,当单独运用某一种理论来解决森林环境资源的价值问题时,都会遇到这样或那样的问题(岳泽军,2004)。森林环境资源价值构成的特殊性要求价值理论应当在原有的基础上创新、发展,才可能为森林环境资源价值评估奠定坚实的理论基础。

(3)森林环境服务市场不完善

森林环境资源提供的环境服务大多数没有成型的市场,比如提供的氧气服务、净化空气服务、降低噪声等服务等都是公共品或准公共品,都不能通过市场进行交易,不具有市场性;有些如水文服务、固碳服务、森林游憩等部分能够通过市场交易的服务由于受市场发育不完善、人类经济发展水平、认识水平的限制等,也还没能实现完全意义上的市场化,还没形成一个由供求均衡决定价格的市场机制,只是开始了一些交易的尝试(戴广翠,2009)。造成森林环境服务市场发展缓慢的一个重要原因就是服务的价格难以形成。没有实际市场价值是造成森林环境资源定价分歧的重要原因之一,在未来的森林环境资源定价工作中有待于不断完善森林环境服务市场,将价值分量的内涵统一到实际市场价值上来。

第 2 章　国内外研究动态

2.1　国外森林环境资源价值评估研究动态

2.1.1　评估方法

国外对森林环境资源价值的研究开展较早，早在 18 世纪法国科学家巴丰(Buffon)就开展了研究人类经济活动与自然环境作用的关系。19 世纪后期，众多的学者从宏观的角度探讨自然与人的关系，马歇尔、马尔萨斯等都开展了资源、环境问题的研究。20 世纪初期，许多关于森林学、农学的文献中有关于植被对环境影响的论述。受当时技术手段和科学水平的约束，早期对森林环境资源的价值的认识只是停留在定性的描述上，没有开展定量的研究(迈里克・弗里曼，2002)。

20 世纪后半叶开始，有关森林环境资源的核算研究进入了全新的发展阶段，很多国家的科研人员在这一领域取得了令人瞩目的成果，特别是美国、苏联、德国、日本、加拿大等国家的学者做了大量的理论探索和案例研究，森林环境资源的价值逐步得到人们的认识，并开始在实践中应用森林环境资源价值评估方法开展一些具体的案例研究。初期开展的研究内容包括对环境资源服务的定义和分类，如 Study of Critical Environment Problem(1970)提出了土壤形成、物质循环等“环境服务”，Ehrlich 等(1977)对“生态系统服务”的概念进行了深入的探讨，分析了生物多样性的丧失如何影响生态系统服务功能以及人类是否能够利用技术替代生态系统服务功能。这一时期 Pearce 等(1989)、de Groot(1992)等开展了对自然资源的分类研究，其中被公认的是英国著名经济学家 Pearce 等(1994)的分类，他将自然资源的价值分为使用价值和非使用价值，其中使用价值包括“直接使用价值”、“间接使用价值”与“选择价值”，非使用价值包括“存在价值”(指为确保某一资源存在的价值)和“遗产价值”(指为了后代而维持资源完整性的价值(Pearce *et al.*，1994)。后来的各种分类多是在此基础上的变化或拓展。如经济合作与发展组织(OECD)基本沿用了 Pearce 的分类系统，只是在选择价值是归于前者还是后者上有一些观点上的差异(OECD，1995)。各分类系统的基本框架没有本质上的差别，为人们了解森林环境资源提供了价值认知的视角。

后来众多的研究者在 Pearce 的分类方法基础上进行了广泛的评估方法和应用研究。森林环境资源价值的评估方法研究在劳动价值论、效用价值论、边际理论、福利经济学等理论支持下，逐步形成了多种评估方法，并还在不断地研究完善中。苏联在 20 世纪 50 年代末提出采用森林环境资源服务的作用程度与自然形成的公益效能最大作用程度之比来评价森林环境资源价值。德国、美国等国家 20 世纪 60 年代开始了森林效益的调查(晏智杰，2004)。Costanza 等(1997)负责的研究组研究了生物多样性间接经济价值及其评估方法。Turner(1994)开展了生态系统服务经济价值评估的技术和方法研究。经济合作与发展组织(OECD，1996)将评估方法分为实际市场价格法、替代市场法和模拟市场法三类，三类方法下包括了众多的具体评估方法。

(1)实际市场价格法

实际市场价格法是用来评估具有市场价格的服务或产品的使用价值的一类森林环境资源价值评估方法，如各种野生动植物产品的价值、旅游服务产品的价值等。这类方法直观，易操作，由于服务或产品都是来自于有形市场，可信度高，容易得到人们的认可与接受，是目前评估森林环境资源直接使用价值应用最广泛的一类评估方法。常用的方法有直接市场价格法、生产率变动法、替代成本法、机会成本法、重置成本法、人力资本法、防护成本法等。

(2)替代市场法

替代市场法是间接运用市场价格来评估森林环境资源价值的方法。适用于不具有市场价格的森林环境资源使用价值的评估，如水土保持、固定 CO_2、释放 O_2、农作物增产量等各种服务功能的评估。主要包括旅行费用法(Travel Cost Method，TCM)、预防疾病费用法、享乐价值法、资产价值法、生产力价值变化法、规避损害法等。

(3)模拟市场法

模拟市场法主要用于森林环境资源非使用价值的评估，如存在价值、选择价值等。主要代表是意愿调查价值评估法(Contingent Valuation Method，CVM)，或称为条件价值法(Mill *et al.*，2007)。该方法产生后，经过不断改进与完善，在计算非使用价值方面发挥了重要的作用。但因为该方法来自假设的情境，因此许多人对这种不是通过真实交易计算出来的结果表示怀疑。这样的辩论在 1989 年美国 EXXON(埃克森)石油公司因撞船而对阿拉斯加海域所造成的漏油事件后达到最高峰。美国联邦政府采用这个方法估算出要求 EXXON 石油公司对阿拉斯加所造成的天然损害的赔偿金额，自此这种方法走向了具体应用，这种方法也因此成为美国及学术界用来估算完全没有市场价值资源的一种常用方法。根据 Carson(1998)和 Carson 等(2003)对 1995 年国际文献的统计反映，当时围绕 CVM 开展资源价值评估的研究已经多于 2 000 例。而到 2005 年已经超过 5 000 例，有 100 多个国家的学者围绕该方法开展了相关研究。

虽然有关现有评估方法的可行性、准确性的学术争议一直存在,但现实领域里关于森林环境资源价值评价研究的需求越来越强烈。首先,对非木材森林服务的需求明显增加,许多非木材服务越来越重视消费者的偏好。在大多数情况下,这些商品市场缺失,从而诱导分配问题,比如供应不足或者过度开发利用,生产者动力不足(孔蕊,2002)。由于在市场的情况下,对货币实用价值的研究可以帮助克服这种市场失灵,甚至能为森林所有者建立一些新的、潜在的未来收入。其次,也是各类政治机构对森林环境资源价值的信息不断增长需求的推动,许多欧盟的文件要求考虑把森林非市场产品价值作为政策决策的基础,如2006年欧洲共同体委员会提出的欧盟森林行动计划。所以,森林环境资源价值评估的一些研究方法被社会各界广泛接受,并且被付诸应用,世界范围广泛开展了森林环境资源价值的评估,为森林环境资源保护做出了贡献。

2.1.2　评估案例研究

在森林环境资源价值的评估实例研究方面,很多国家的研究者投入时间和精力开展了卓有成效的研究。如日本林野厅(1978)采用数量化理论、多变量解析方法对其本国森林环境资源价值进行了评估,价值为910亿美元。Pearce等(1990)等曾经讨论了森林环境资源经济价值,开展了对特定区域的湿地、雨林、海洋系统等价值的评估。Lehtonen等(2003)对芬兰南部地区森林保护的非市场效益进行了研究,主要采用意愿调查价值评估法和选择试验方法,结果显示:74%的调查者愿意为增强对森林的保护支付费用;16%的人支持增强对森林的保护,但是不愿意支付费用;此外有5%的人支持减少对森林的保护。韩国的Leea Choong-Ki等(2002)利用条件价值评估方法对五个国家公园旅游资源进行了价值评估,评估结果表明国家公园具有相当可观的经济价值,远远高于现在每位旅行者所支付的费用,结果还表明五个国家公园的价值是不同的,这为国家公园门票的制定及不同公园门票的差异化管理提供了政策支持。Campos等(2007)对西班牙两处森林保护区的非使用价值进行评估,采用了门票费用法和旅行费用法,发现后一种方法的支付意愿是前一种的3倍。通过Elsasser等(2007,2009)建立的来自奥地利、法国、德国和瑞士的有关森林价值评估研究的数据库(该数据库截至2008年6月,包含86个数据集,其中包括45个不同的研究)分析,数据集9个来自奥地利,32个来自法国,33个来自德国,12个来自瑞士。其中:研究森林旅游服务明显占主导地位,有51组数据;其次是生物多样性研究,有20个数据集。当然,它并没有包含森林所提供的所有的服务,其中最值得注意的是,地下水水质和流域管理问题尚未受到环境评价研究者的注意。而采用的评估方法中使用最广泛的是条件价值法(CVM),有56个数据集;其次是旅行费用法(TCM),有18个数据集,以及享乐价值法,有4个数据集,其中不超过三个研究是在

1990年之前发布的，早期的研究几乎完全集中于森林游憩服务价值方面。1997—2007年10年中逐步向森林其他服务方面扩展，特别是生物多样性的价值评估（Knut *et al.*，2007）。根据Peter等（2008）对他人研究的统计，英国民众对生物多样性和栖息地的服务和价值的支付意愿在濒危物种保护上最高，为120.9欧元；其次是景观57.5欧元，国家公园和自然保护区为8.7欧元；最少的是保护野生动物的支付意愿为1.8欧元。

总之，国外有关森林环境资源价值评估的研究开展的历史比较长，理论和方法较系统，取得的研究成果较多，为促进森林保护等工作做出了贡献。但至今还未形成全球范围统一的定价理论和方法体系，有关森林环境资源价值的分类、评估指标体系、方法等还处于科学探索时期，需要进一步地深入研究和发展。

2.2 我国森林环境资源价值评估研究动态

2.2.1 国内研究的阶段划分

国内关于森林环境资源价值评估的研究相比国外开展较晚，研究主要集中在对国外评估理论和方法的引进及结合我国特点具体开展评估应用方面。近30年来，经众多生态学者、经济学者的努力，在森林环境资源价值研究方面也取得了一定的成绩。通过对现有文献的分析，将国内的研究大体分为以下4个时期。

首先是初始研究时期，即20世纪80年代末之前。在初始阶段尚未开始完整意义上的自然资源环境价值核算工作，只是随着对森林资源的非木材经济价值及其他功能认识的逐步深入，开始进行森林生态效益的种类及其计量方法的研究，如张嘉宾（1982）、邓红海（1985）、翟中齐（1982）、陈太山（1985）、廖士义、李周（1983）、宋宗水（1982）等先后对森林资源综合效益计量的理论与方法进行了探讨。但这一时期的研究大多局限于零星的思考，缺乏系统的认知。

其次是20世纪80年代末到90年代初期几年的推动时期。这一阶段以李金昌（1999）的研究成果为主要标志，他提出了一些森林资源核算的方式、方法。另外，有些学者也对森林资源使用给环境带来的损失开始理论上的研究与分析，只是具体的度量方式、方法当时未能取得完全突破。

第三时期为成型时期。以孔繁文等（1993）《森林资源核算与国民经济核算体系》的研究为标志，第一次系统地研究了森林资源核算包括环境价值问题；侯元兆等又于1994年第二次比较全面地对中国森林资源价值进行了评估，《中国森林资源核算研究》对森林资源的涵养水源、净化空气以及防风固沙的生态服务价值进行了评估（侯元兆 等，1995）。这一时期，《生态价值论》（李金昌，1999）的出版标志着研究重点由实物型的实物资产核算转向无形的生态价值核算。这一阶段大体上形成了我国森林资源核算研究的整体框架。

第四时期为1998年以后的蓬勃发展阶段。这一阶段显著的特点是研究队伍在壮大、研究内容有拓展、研究方法有创新、应用研究更深入(徐慧 等,2003;孟祥江 等,2010;张春霞 等,2004;宗文君 等,2006;侯元兆 等,2008;李文华 等,2009;袁畅彦 等,2011)。

2.2.2 目前国内研究主要进展

(1)研究队伍在壮大

相比前阶段,自1998年以来有更多数量的研究者投入到了有关森林环境资源价值的研究中来。从中国知网(CNKI)的中国学术文献网络出版总库以"森林资源价值"为主题进行检索,1998年1月1日前只有500多条文献记录,1998年1月1日—2013年12月则有2 800多篇相关文献,是前期的5倍之多。

(2)研究内容有拓展

在前期研究范围的基础上,这一阶段在研究内容上进行了拓展。出现了一些前期未见的研究内容,如薛达元(1999)对森林生物多样性价值的评估,葛继稳等(2006)对森林野生动植物价值评价问题的研究。

(3)研究方法有创新

这一阶段由原来的着重市场价值评价方法转向市场价值、替代市场价值及模拟市场价值评价方法并用。如薛达元(2000)以长白山自然保护区生物多样性为研究对象,运用费用支出法,并且在国内生物多样性价值评估中率先引入条件价值法(CVM),建立了一套较完整的评估体系,开展了森林资源非使用价值的评估,为森林生物多样性价值评估奠定了一定基础。其研究结果显示,1996年长白山自然保护区生物多样性的非使用价值达43.19亿元,旅游价值为43 205万元(薛达元,2000)。张颖(2001)采用直接市场评价法和条件价值法对我国森林生物多样性价值进行了评价,得出1998年我国森林生物多样性价值达70 308.27亿元。成克武等(2000)对北京喇叭沟门林区森林资源经济价值的使用价值进行了计算,评价了包括活立木价值、野果及其他林副产品价值、畜牧养殖价值、森林旅游价值等直接使用价值,以及森林资源的提供有机物质价值、固碳释氧价值、保持水土价值等各类间接使用价值,其直接使用价值为845.67万元,间接使用价值为24 918万元。李金良等(2003)采用目标法与专家咨询法相结合的方法,建立了一套东北过伐林区林业局级森林环境资源指标体系和评价方法。葛继稳等(2006)在开展野生动物保护价值的研究中,提出了司法价格法这一野生动物经济价值评估方法中的新方法,并设计了国家保护的有益野生动物司法价格由野生动物市场价格、违法处罚系数、季节性迁移系数3个条件确定。按照该方法,以湖北省湿地水禽为研究对象,确定全省湿地水禽的总经济价值为257 210 058元人民币,平均161元/只。卜跃先等(2006)采用市场价值法、机会成本法、影子价格法、生产成本法、影子工程法和旅行费用法等评估了湖南省生物多样性的经济价值，该研究计算结果表明：2000 年湖南省生物多样性直接使用价值为 2 020 亿元、间接使用价值为 16 800 亿元、潜在使用价值为 2 500 亿元，分别占湖南省全省生物多样性经济总价值的 10.6%，88.1%和 1.3%。湖南省 2000 年生物多样性经济总价值为 19 100 亿元，占全国生物多样性经济总价值的 4.9%，是湖南省 2000 年国内生产总值(GDP)的 5.17 倍。宋磊(2004)采用机会成本法、市场估价法、支付意愿法等方法辅以专家咨询、国内外游人问卷(特尔菲法)，对泰山生物多样性价值开展了评估，但该研究的评估指标不够全面，方法还不够完善。王维芳(2006)采用直接市场法、替代市场法对方山林场 1960，1994 和 2004 年三年的生物多样性直接价值做了评估，采用替代市场法、支付意愿法按林业生态工程生态效益的理论对方山林场生物多样性间接使用价值做了评估，该研究对森林生物多样性价值评估还不够全面，如直接价值中没有考虑动物、微生物等的价值，只考虑林木的价值。

(4)应用研究更深入

研究区域有由大范围、大尺度转向选择特定的区域进行研究的趋势，整体应用研究更深入。如：由北京市林业局和中国林业科学院的专家共同完成的“北京市森林资源价值”等研究课题(2000 年)，张志强等(2004)、徐中民(1999)对张掖地区，成克武(2000)、余新晓等(2002)、高云峰等(2005)、袁畅彦等(2011)对北京，周晓峰等(1999)对黑龙江，薛达元等(1999)对长白山，张建国等(1994a，1994b)对福建，谢高地等(2003)对青藏高原，王升景等(2007)对西藏等所做的森林资源环境价值研究，应用研究逐步完善和深入。在此之后，孙发平等(2008)对生态系统使用价值和非使用价值的内涵、价值功能分类及对应的具体评价方法做了较为全面的、完整的总结和归纳，并建立了三江源区生态价值量化分析的理论框架，通过计算得出了三江源区生态服务的总价值量。李文华等(2008)在大量实地调查和试验的基础上，对森林、草地、农田、湿地等主要陆地生态系统的服务价值进行了分析和评估。杨芳(2010)利用替代工程、市场价值等方法，客观地评价了福建省森林生态系统的生态服务功能价值，其研究结果认为福建省森林环境服务产品的价值大小顺序是净化空气、维持生物多样性、森林游憩、净化水质、涵养水源、固碳释氧，并通过计算得到福建省森林环境资源价值中的环境服务价值为 1026.78 亿元，衡量结果对于森林资源保护及其科学利用具有重要意义。黄丽君等(2011)选取贵阳市森林环境资源的非市场价值开展研究，对贵阳市居民保护森林环境资源的支付意愿开展调查，在调查问卷中一并收集了影响意愿的社会经济因子并开展统计分析，构建了相应的评价模型，得到了贵阳市的森林资源的非市场价值。

总之，国内有关森林环境资源价值评估的研究在过去的几十年里有了很大的发展，做了很多有益的探索，但要科学评价森林环境资源的价值，指导我国生态环境建设，尚存在一些亟须解决的问题。有关边际机会成本的理论和方法，国内研究和应用开展得不是很多，较多的是在水资源的定价方面，比如：章铮（1996）在国内较早开展了边际机会成本方面的研究；武亚军（1999）应用边际机会成本法开展水资源定价的研究，并提出了一个涵盖供水社会成本的动态水资源定价模型；陈祖海（2003）选取赤壁市的水价问题运用边际机会成本理论开展了实证研究，为该市水价制定提供了有益的参考；傅平等（2004）提出了稀缺水资源边际机会成本模型；边学芳等（2006）通过理论与实证分析，利用边际机会成本定价的方法探讨体现农地真正价值的江苏省江都市农地完全价格；杨秋媛（2009）利用该理论做了煤炭完全成本的研究。还没有发现利用边际机会成本系统开展森林环境资源的定价研究的文献，一些文献中只是提到可以利用该理论来进行定价。

2.3　研究动态评述

2.3.1　文献分析的主要结论

纵观前人有关森林环境资源价值评估方面的研究成果，得知森林环境资源价值的评估理论及其方法尚未形成统一的观点。开展科学合理的评估，还需要完善评价方法，特别是创新设计森林环境资源利用带来的损失或森林环境资源保护带来的经济效益的评估方法。这类科学、实用的评估方法的提出是开展森林环境资源价值核算的基础。现有的评估方法离森林环境资源的保护、利用实践要求还有一些距离，有待进一步的研究。

过去的研究主要集中在价值的分类、评估的方法与过程、大范围区域的评估实例上，对森林环境资源定价的理论基础研究较少，对森林环境资源的定价方法这一解决森林环境资源的计量评价和价值核算的基础问题的研究不多，代表性的有曹建华等（2003）提出的一种基于木材需求曲线修正法改进的森林环境资源定价方法。杨建州等（2006）探讨了外部性理论在森林环境资源定价中的应用。相关的研究主要来自于对自然资源定价问题的研究（章铮，1996；陈祖海，2003；王晶 等，2005）。

森林环境资源定价的理论基础研究还比较薄弱，尚未形成一致的有关森林环境资源定价的原理、经济学缘由、定价的方法与模型、评估体系等。如何采用经济学手段来合理分析与解决森林环境资源利用、配置过程中的现实问题，使其能够真正应用在诸如森林环境资源产品的供给激励与保护等实践工作中，这方面的研究尚待深入开展。

森林环境资源价值涉及面广，十分复杂，受多种条件限制，现有的研究在基础理论的框架、资料的选择、计量理论和方法的采用、计量内容与计量参数的选取及计量结果的表达方式等方面缺乏规范化和程序化。由于缺乏森林环境资源具体定额数据，用于计量评价的数据均系用推算或类比方法，计量方法也大多采用现有或国外案例中的某种方法，大多只包括了森林环境资源的部分分量，尤其是由于缺乏森林环境资源的合理的定价模型和方法，各类森林环境资源价格系数只能人为设定，有的缺乏严谨的科学依据，使评价结果的可靠性和可信程度大打折扣，有的就某一区域开展的森林环境资源价值的研究结果数额巨大，除了能够警醒人们保护森林环境资源的意识外，想将这些数据用在生态环境补偿、森林环境资源利用与保护的管理中还是非常困难的，难以支持决策。

现有的研究几乎都是基于森林环境资源发挥生态功能带来的效益的正面进行计量，而这种计量结果如果用在同一森林环境资源的连续动态评估中，可能由于人们认识水平的提高、经济生活水平改善等带来支付意愿增强，使得效益计量结果飞速增长。有可能就会存在这种情况：整体森林环境资源价值评估结果相比上一年度增大了，但森林环境资源实际存量却是减少的。这种计量结果有可能误导森林环境资源采伐利用的实际决策。在这种情况下，基于正面的这种计量方法存在天然的缺陷。

2.3.2 对进一步研究的启示

基于上述的文献综述和分析，本书期待从森林环境资源定价的基础理论入手，构建不同于以往这些方法的基于边际机会成本的森林环境资源定价方法体系，试图从森林环境资源采伐利用带来的损失这种有别于森林环境资源产生的正面效益的反面计量方法，为森林环境资源定价工作提供新思路、新方法。

第 3 章　森林环境资源定价的缘由

3.1　传统的资源价值观带来的负面影响

资源的价值是价格的基础，价格是价值的货币表现。传统的资源价值观认为“资源无价”，主要有“无价论”、“福利论”、“低价论”等几种论调。认为森林环境资源这类可再生资源是取之不尽、用之不竭的。在这种思想或观念的支持下，人类发展进程中出现了很多地区的森林环境资源滥砍滥伐，造成水土流失、生态恶化，有的地区由广袤的森林区域变为沙漠，直接影响了人类经济社会的可持续发展。具体表现在以下方面。

3.1.1　传统的资源价值观是引发森林资源过度利用的重要原因

资源无价的观念使人们认为自然资源可以无偿使用，特别是在经济发展的早期，人们过分追逐经济利益，在经济发展的过程中过分依赖资源，不注意资源节约型社会的建立，在企业生产过程中经营粗放、效率低下、资源浪费现象严重。传统的资源价值观使得资源的价值没有得到正确评估，资源的耗竭程度不能用价格信号体现出来，无法发挥市场这只无形的手对资源使用的调控作用，使得人们对资源短缺认识不足，经济决策过程就缺乏对资源短缺的重视，国民经济核算体系也不能反映资源耗竭的变化，经济发展中出现资源空心化现象。这些现象直接引发了资源环境的退化。据相关统计数据显示，我国近年自然资源日益匮乏，生态平衡遭到破坏，环境不断恶化，如我国纯天然林已不足森林面积的十分之一，草原退化面积达 62%。我国资源的承载能力已经接近极限。

3.1.2　传统的资源价值观危及人类社会可持续发展

传统的资源价值观使得经济发展过程中对资源掠夺式开发，粗放式经营，超过了环境的承载力，在我国部分地区由于早年对森林资源的过度砍伐已经出现了如干旱、洪灾、泥石流、滑坡、地下水枯竭等严重后果，严重制约了国民经济的发展。

伴随着资源环境的日益退化，人们开始重视其带给人类和地球的影响，出现了可持续发展的理论。自然资源是人类生产、生活资料的重要来源，是社会经济发展的物质基础。无论是不可再生资源还是可再生资源，在一定时期内的过度耗用，都会引发一系列的环境问题，比如生态破坏、环境恶化、水土流失等等。资源是环境的构成因素，可持续发展理论要求森林环境资源的开发利用要在环境阈值范围之内，不能以牺牲环境或后代人利益的代价换取经济的暂时发展。传统的资源价值观应该说是与可持续发展背道而驰，过去的经验教训已经告诉了我们这种认识的严重后果，可以说，传统的资源价值观危及人类社会可持续发展。

因此，需要在森林环境资源的利用工作中摈弃传统的资源价值观，建立科学的森林环境资源价值观，应用可持续发展理论来指导规范森林环境资源的合理开发利用。

3.2 森林环境资源定价的若干经济学观点

目前国内外学者对森林环境资源价值评估的研究多采用物理量与单价相乘，然后对各项价值加总，对森林环境资源价值评估的经济理论研究不足。而价值与价格理论的探讨关系到评估结果在经济学上的逻辑含义和定价的必要性，公共产品理论、外部效应理论、市场失灵与政策失灵、边际效用论、边际生产力论等理论的探索关系到定价方法的创新。因此，对这些经济学观点的分析能为森林环境资源价值评估的研究工作提供理论基础。

3.2.1 价值与价格理论

“价值”一词起源于哲学，哲学价值的含义是指客体与主体之间需要与满足需要的关系，是客体对主体的影响或意义(李向明，2011)。价值是主体追求的目标，人类经济活动的目的就是追求价值的最大化。可以说，人类的经济活动史就是一部价值追求史。

森林环境资源价格是使用者为了获得森林环境资源的使用权需要支付给森林环境资源的所有者的一定货币额，它反映了森林环境资源所有者与使用者之间的经济关系，是森林环境资源有偿使用的具体表现，是对所有者资产付出的一种补偿。与一般的具有有形市场的商品不同，森林环境资源的价格不是完全由市场决定的，它不仅受稀缺程度、利用程度、劳动投入等多种因素的影响，还受政策调控作用的影响。自然规律、市场规律和政策调控在不同时空的耦合形成森林环境资源的差别价格。价格是反映商品以及资源多寡的重要表现形式，它能够帮助人们合理消费，优化资源配置(高建中，2005)。合理的森林环境资源定价可以给消费者一个森林环境资源珍稀程度的准确概念，从而引导人们合理对待森林环境资源。

森林环境资源价值是其价格的基础，其价格是森林环境资源价值的货币表现。影响森林环境资源价格的可变因素有很多，价格受供求关系的影响围绕价值上下波动，形成价格曲线。当森林环境资源的价格背离价值时，必然导致资源利用上的低效率。

价值理论主要有劳动价值论、生产要素价值论、边际效用价值论、均衡价值论等。其中：劳动价值论和生产要素价值论都是从生产者角度采用供给分析法开展研究的客观价值论；边际效用价值论是从消费者角度采用需求分析法开展研究的主观价值论；均衡价值论则是从生产者和消费者角度采取供求混合分析法开展研究的主客观混合价值论（周万清 等，2009）。几种价值理论提出的价值决定因素或价值源泉各不相同，劳动价值论是“劳动是价值的唯一源泉”的一元论；生产要素价值论是“劳动、资本、土地等是价值的决定因素”的多元论；边际效用价值论认为效用和稀缺性是价值决定因素；均衡价值论则是将劳动、资本、土地、效用等都认为是价值源泉的混合多元论。在这些价值理论的基础上，形成了不同的森林环境资源价值决定因素的观点，这点将在下一章中展开探讨。

3.2.2　公共产品理论

公共产品理论是由萨缪尔森提出的，该理论将社会产品划分为公共产品和私人产品两类。公共产品具有非竞争性和非排他性，非竞争性是指某人对一种产品的消费不会减少他人对该产品的消费的数量和质量，非排他性是指在技术上无法排除那些不愿意为其消费该产品付费的人，或者排除成本很高经济上不可行。纯公共产品是同时满足非竞争性和非排他性的物品。公共产品的这两个特性使得在现实中很难有效配置该资源，因为消费者不付费同样能够享受到消费服务，难免都会有“搭便车”的愿望。对此休谟在 1740 年进行了“搭便车”问题的分析，通过分析他认为经济社会里只要存在公共物品，就会存在搭便车的消费者，如果不进行干预，长期就会消耗生产者的积极性，从而引发供给短缺。加特勒哈丁 1968 年在《公地的悲剧》一文中讲述了一个对所有人开放的公共牧场必然会导致过度放牧的故事，引发了人们对解决公共产品的需求和供给方面的深入思考。

森林环境资源的消费中存在非竞争性、非排他性，也是一类典型的公共产品。分析森林环境资源提供的各种产品，特别是它提供的服务产品，我们就不难发现其这一公共产品的特性。比如，森林环境资源为人们提供了固碳释氧、水土保持、减少噪声、净化空气等各种各样的生态服务，这类服务很难界定消费的范围，提供森林生态服务的生产者不能或很难排除那些不愿意付费的人，既然如此，不付费同样可以享受其带来的服务，自然而然会有些人乘机搭便车。正是因为存在这种公共产品共有的特性，就会看到现实中人们都愿意享受森林环境资源带来的各项服务，却不愿意为森林环境资源的培育、管护等付费（任勇，1999）。特别是在传统自然资源无价的观念的影响下，缺乏科学合理的定价方法，人们对森林环境资源的价值认识不足，虽然消费了各项服务产品，但由于现行市场经济体系下并无这类产品的价格，要想让其付费就更是不容易了。要想使森林环境资源持续有效经营，就需要刺激投资者的投资意愿，需要建立起森林环境资源的市场体系，使其有投资、有产品，有回报。同时要防止人类对森林环境资源的破坏性、掠夺性开发。而解决这些问题的首要的事情就是要使人们认识到森林环境资源的价值，建立森林环境资源合理定价的体系及方法。只有在合理定价的基础上，才能更有效地解决森林环境资源这类公共产品的有效供给问题，防止类似“公地悲剧”事件的发生，促进人类的可持续发展。

3.2.3 外部效应理论

外部效应概念是由庇古于20世纪30年代提出的，外部性理论后来也被人们称为庇古理论。外部效应是指在实际经济活动中，某个生产者或消费者的生产或消费活动对另一个生产者或消费者所产生的有益或是有害的非市场性的影响，这种影响独立于市场机制之外，是私人收益与社会收益或私人成本与社会成本不一致产生的结果。根据外部效应的影响效果可将其分为外部经济与外部不经济或正外部性与负外部性。

在森林环境资源的生产、开发与利用过程中也存在正外部性与负外部性。作为森林环境资源的生产者，其在开展森林环境资源的培育过程中，不仅为自身生产积累了林木蓄积量，也同时为社会和他人提供了各类森林环境服务产品，如涵养水源、水土保持、防风固沙、净化空气、减小噪声等各种重要的生态环境服务，这类服务直接给其他企业，如为下游的发电厂提供更多的水力资源；为自来水厂提供充足的、泥沙含量更少的饮用水资源；为农业生产减少风沙带来的损失，促进农业增产增收；为社会提供清新的空气，有利于人们的健康，从而能有效减少疾病带来的损失等等，这些都是森林环境资源正外部性的体现。虽然其他企业、个人事实上消费了森林环境资源生产者提供的这些服务产品，但由于现实中并无客观存在的森林环境资源服务市场，企业、个人并不需要为此付费，从而使得森林环境资源生产者的生产带来的私人收益小于社会收益。另一方面，森林环境资源生产者在资源的采伐利用过程中，如果超出合理采伐的范围，就会因为自身资源的开发利用给其他企业和个人带来损失，产生外部不经济。比如，上游森林环境资源过度砍伐，带来的严重后果可能就是山洪暴发、水土流失等等。由此引发的损失在现实环境里也并不会转嫁到上游森林环境资源生产者头上，此时森林环境资源经营者的生产的私人成本远低于社会成本。由于森林环境资源外部性的存在，如果缺乏有效的机制将这种外部性合理内部化，外部经济会有损生产者的积极性，外部不经济则会使生产者只顾自身利益，二者都会影响森林环境资源的有效配置与合理利用。

如图3.1所示，图中MPB(Marginal Private Benefit)为森林经营者边际私人收益，MSB(Marginal Social Benefit)为森林边际社会收益，MC(Marginal Cost)为造林边际成本。因为森林外部经济性的存在，MSB＞MPB，所以虽然社会对森林的需求数量为 MSB 与 MC 的交点 Q_2，但森林经营者将选择边际私人收益等于边际成本时的数量 Q_1 作为最佳森林经营数量，如大于 Q_1 所增加的收入将小于所增加的成本，这对经营者来说是不合适的，这是理性决策。正是由于这样，森林资源的提供普遍存在私人投入不足的问题，如果想要提高森林经营者营林积极性，更多地提供森林资源，提高森林覆盖率，就必须考虑对这种森林环境资源的正外部性进行内化（杨建州等，2006）。在准确度量这种外部性的基础上，对正外部性，政府可以通过宏观调控的手段，如向消费者征收生态建设费、向生产者拨款补贴等方式实现正外部性内化；对外部不经济性，政府可以向林产品生产者征收生态破坏税来将外部成本内化。通过补偿和内化外部性来实现森林资源的环境保护和经济利用，实现森林环境资源的永续、高效利用。

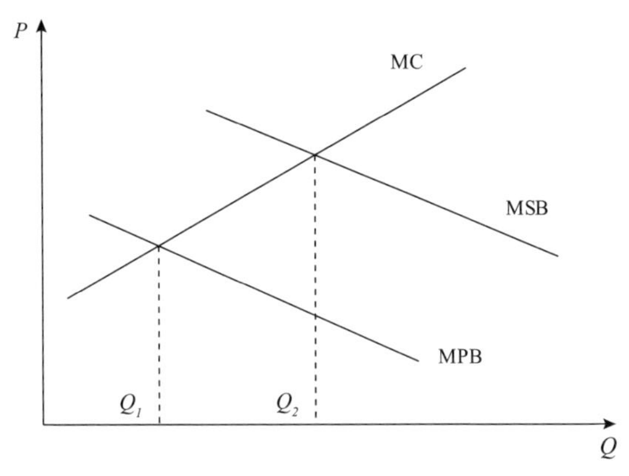

图 3.1　森林环境资源的外部性

3.2.4　森林环境资源利用中的市场失灵与政策失灵

在市场完全竞争、信息对称、不存在公共物品和外部效应、交易成本为零等理想的条件下，市场能够发挥高效作用，作为一只“无形的手”起自发调节作用，通过价格机制传递信息，在追求个人利益最大化的动机驱动下，实现资源的高效配置。但事实上，完全理想的市场状态并不存在，总会存在这样或那样的不足，当市场机制不健全或市场根本就不存在时，就会带来资源配置的低效率或无效率（刘璨 等，2002）。从 1929 年世界经济危机爆发后，众多经济学者开始认识到市场不是万能的。市场机制本身的缺陷或者外部环境的限制带来的资源配置低效或者无效，受到越来越多的经济学者重视，并逐步开始寻求解决这种问题的有效办法。

从前面所阐述的森林环境资源的公共物品特性与其生产、利用过程中外部性客观存在的观点，我们不难发现，在森林环境资源的配置中由于森林环境资源市场的不健全，也存在市场失灵这一现象（李智勇 等，2001）。仔细分析森林环境资源配置中这种市场不能完全发挥作用的现实情况，究其原因，应该主要包括以下几个方面：首先是还缺乏完整的森林环境资源市场。当前除了森林环境资源的实物产品如林木、林副产品等具有较完善的市场条件，基本能够通过市场的价格体现其稀缺性和价值之外，大部分的森林环境资源服务产品都没有形成有形的市场，有的甚至还没被人们认识或者承认，还谈不上利用市场机制来进行森林环境资源服务产品的科学配置。而森林环境资源的这种有形产品和无形产品却又是相互联系、密不可分的，不可能只考虑其中的一个方面，否则就会带来对其价值的严重低估，带来生态破坏的严重后果。其次，森林环境资源的外部经济性和外部不经济性都基本无法通过现有的森林环境资源价格体系实现内部化，由此影响了森林环境资源的配置与利用，无法真正达到帕累托最优状态(Costanza，1997)。另外，现有部分森林环境资源市场中，存在的信息不对称现象，也是造成市场失灵的部分原因。

森林环境资源利用过程中存在市场失灵的同时，还可能存在政策失灵。比如政府制定政策加大公益林的建设，将大面积的天然林和人工林划入进来，没考虑消费者对环境服务消费的承受能力和支付水平，就可能会带来环境服务供给过剩，给公益林建设、管护带来负面影响(周海林，2001)。

对于森林环境资源利用中的市场失灵与政策失灵，应该考虑采取适当措施来消除这种失灵，特别是要求政府能够在森林环境资源管理方面加大作为，如制定科学的政策法规、设定森林环境资源产权界定与交易的规则等，当然也要避免政府干预过程中由于政府强势带来的政策失灵，要寻求政府与市场之间的合理平衡。

3.2.5 森林环境资源价值的边际理论分析

(1)森林环境资源的边际效用与总效用

效用可以区分为总效用和边际效用，这两个概念既相互联系又存在区别。总效用是指消费者从消费一定量某种物品中所获得的总的满足程度。边际效用是指每增加消费一单位物品所增加的效用。边际效用在消费物品过程中递减，它决定了消费者对单位物品的支付意愿。从消费者角度看，只要商品价格低于其支付意愿就会进行消费，商品价格与支付意愿之差被称为消费者剩余。

目前基于效用价值论对森林环境资源价值的评估，往往用总效用而不是边际效用计量。这种计算结果放大了森林环境资源价值评估的结果，不能有效激励经济活动的开展(闫平 等，2011)。现以森林环境资源提供的游憩服务的价值评估为例来说明。假如某一消费者(假定只有一个)一段时间内连续四次到同一森林中开展户外游憩，则总效用为其四次游憩所带来的效用之和，而边际效用则是每多去一次所增加的效用。根据边际效用递减原理，消费者每多去一次增加的效用是逐渐递减的，相应地其支付意愿也是逐步递减的，假如第一次支付意愿为50元，第二次为45元，第三次为40元，第四次为35元，则其四次森林游憩的总效用为50＋45＋40＋35＝170(元)。我们并不能将总支付意愿转化为森林环境资源提供的游憩收入，因为如果依据总效用来进行森林游憩服务的定价，那则会取四次森林游憩的总效用的平均值即 42.5 元作为其价格。但按照这个价格，从消费者角度只有当边际效用决定的支付意愿高于或等于商品价格时才会进行消费，因此该消费者不会进行第三次、第四次森林游憩活动。从需求的角度分析，是边际效用决定商品价格，当消费者通过判断门票价格与边际效用的大小关系来决定其消费量时，商品价格的决定因素除了需求方面的边际效用外，还有供给方面的边际成本，由边际效用等于供给方面的边际成本决定商品价格和交易数量。

(2)边际生产力论

边际生产力理论历经几代经济学家的努力而形成。在生产要素价值理论研究中，使用边际生产力代替了适用于通过消费研究商品价格的边际效用来说明生产要素的价格决定问题(高素萍 等，2002)。

生产者生产过程中会按照边际生产成本与边际收益相等的原则来安排最后一单位生产要素的投入以实现利润最大化。与消费理论中边际效用递减相对应的是生产要素的边际生产力也是递减的。人类对森林环境资源的需求除了木材等实物产品需求外，还有涵养水源、防风固沙等各类环境服务需求。这些需求往往也是作为生产要素投入到森林环境资源利用部门的生产中，如涵养水源服务为发电企业、供水企业提供水源，防风固沙服务为农业生产部门提供生产条件保障。根据边际生产力理论，衡量单位森林环境资源服务的价格应该是其边际生产力，即资源利用部门增加的最后以单位森林环境资源产品或服务利用所增加的收益。目前较多的研究是将森林环境服务产生的总收益作为其价值，这和消费领域用总效用而不是边际效用核算环境资源价值道理一样，是不合理的(聂华，2006)。

通过对森林环境资源价值研究中的边际理论分析，我们可以知道，采取总效用或是总收益来计量森林环境资源的价值是错误的，有必要在森林环境资源定价工作中引入边际的概念。森林环境资源的边际机会成本定价采用新增单位森林环境资源利用所付出的全社会代价思路开展工作，符合森林环境资源价值边际分析的要求。

3.3　森林环境资源与经济可持续发展的需要

森林环境资源是地球生态环境的重要组成，其丰度是衡量环境质量的一个重要指标。了解森林环境资源变化与经济发展的规律，有助于在森林环境资源约束条件下实现经济社会的协调发展，同时也有利于分析了解森林环境资源数量变化的原因，从而在经济社会发展的同时，注重森林环境资源的保护与利用，实现人与自然的和谐及协调发展。

自 20 世纪 90 年代开始，随着环境库兹涅茨曲线理论的提出，经济增长与环境之间的关系问题逐渐引起国内外学术界的重视。该理论由美国经济学家 Grossman 等(1991)提出,他们认为环境问题与经济增长存在倒 U 形关系,即污染在低收入水平上会随 GDP 增加而上升,在高收入水平上随 GDP 增长而下降。后来国内外一些学者对森林环境资源变化与经济增长的关系也开展了相关研究,对森林环境资源环境库兹涅茨曲线的存在性进行了经验验证,取得了较多的研究成果。从相关文献分析可知,森林资源消长变化是一个非常复杂的问题,受诸如制度和政策、技术进步、人口变化、地理环境等众多因素的影响,对森林覆盖率、森林面积或蓄积等反映森林环境资源的正向指标,一些研究认为其变化呈现正"U"形曲线(陈晨 等,2011);对工业原木产量与森林面积或蓄积的比率等负向指标,认为其表现为负"U"形曲线(许姝明 等,2010)。目前还没有确定的结论说明我国森林环境资源发展状况在环境库兹涅茨曲线的位置,大多数研究支持森林覆盖率与人均 GDP 的变动呈现正向的变化关系。

3.3.1 森林环境资源对经济发展的价值功能

资源是社会经济发展的基础。森林环境资源具有经济价值、生态价值和社会价值,在人类经济发展中发挥重要的作用。首先,森林环境资源为人类提供了大量木材和其他林副产品,木材为国民经济建设,如铁路、建筑、采矿等提供建设用材,还为造纸、家具等加工业提供原材料,为人民生活提供薪柴、木炭等能源。其次,各种林副产品是人民生活的重要物质来源,对林区经济发展起到重要作用。再次,森林环境资源提供的涵养水源、保持水土、防风固沙、净化空气等服务为人类的生产、生活提供了良好的环境条件,森林环境资源提供的游憩服务带来的旅游业的发展,成为很多森林丰富地区的重要支柱产业。另外,森林环境资源的生产、消费维系了人与人之间的关系,满足了人类文化、教育、精神等方面的生存以外的需求,是促进社会经济发展的重要因素。

资源丰富,特别是能源资源丰富,是保持经济增长的必要条件之一。在人类工业化之前的阶段,经济的增长在资源供给充足条件下,通过增加劳动力、提高劳动者技能和开展专业化分工获取经济的发展。但随着资源的使用,经济发展相对比较快的地区出现了资源稀缺,这种资源稀缺前期还只是相对稀缺,因为经济相对发达地区可以从经济落后地区获取资源。此后经济落后地区也开始工业化,相对稀缺的资源变为绝对稀缺,如果还是采取过分依赖自然资源的资源型经济增长方式,则会抑制经济的增长,这时经济增长的决定因素是技术进步和制度创新,在资源环境约束下获得经济增长。

综上所述,森林环境资源对经济发展的价值功能有多种,需要在多种价值之间进行均衡,并且要注意到资源利用是经济增长的必要条件,但不是充分条件,需要协调好资源利用与经济增长的关系。各地在协调森林环境资源利用与经济增长的关系时,首先判断森林环境资源是处于相对稀缺还是绝对稀缺阶段,若是处于相对稀缺阶段,则经济增长中要注意提高生产能力;若处于绝对稀缺阶段,则应减轻经济增长对森林环境资源的压力，通过技术和管理提高森林环境资源利用率，采取经济手段均衡森林环境资源的实物产品与无形服务之间的需求。

3.3.2　经济发展对森林环境资源的影响

经济增长要消耗森林环境资源，一方面要满足人类高水平生活方式下对森林环境资源提供的林木等实物产品的需求，另一方面又要满足对森林环境资源提供的服务产品的需求的增加，这两方面的需求相互制约，影响着森林环境资源的数量变化。社会经济发展水平是既决定需求量又决定采伐利用方式的决定性因素。同时，大面积的森林环境保护与人工培育还需要经济的持续发展以提供资金的保障和支持。可以说，经济发展既是森林环境资源消失的原因，又是森林环境资源恢复和保护的条件。

下面以我国改革开放30多年来的相关数据来分析森林环境资源的消耗与经济发展的关系(见表3.1)。考虑到过去我国森林环境资源价格体系的不完整，森林环境资源在市场中仅以木材产品的形式出现，所以选取木材产量作为分析指标。

表3.1　我国森林木材产量与GDP增长率比较

年份	木材产量(万 m^3)	产量增长率(%)	GDP增长率(%)	年份	木材产量(万 m^3)	产量增长率(%)	GDP增长率(%)
1980	5 359.31		7.8	1996	6 710.27	−0.84	10.0
1981	4 942.31	−7.78	5.2	1997	6 394.79	−4.70	9.3
1982	5 041.25	2.00	9.1	1998	5 966.20	−6.70	7.8
1983	5 232.32	3.79	10.9	1999	5 236.80	−12.23	7.6
1984	6 384.81	22.03	15.2	2000	4 723.97	−9.79	8.4
1985	6 323.44	−0.96	13.5	2001	4 552.03	−3.64	8.3
1986	6 502.42	2.83	8.8	2002	4 436.07	−2.55	9.1
1987	6 407.86	−1.45	11.6	2003	4 758.87	7.28	10.0
1988	6 217.60	−2.97	11.3	2004	5 197.33	9.21	10.1
1989	5 801.80	−6.69	4.1	2005	5 560.31	6.98	11.3
1990	5 571.00	−3.98	3.8	2006	6 611.78	18.91	12.7
1991	5 807.30	4.24	9.2	2007	6 876.65	4.01	14.2
1992	6 173.60	6.31	14.2	2008	8 108.34	17.91	9.6
1993	6 392.20	3.54	14.0	2009	7 068.29	−12.83	9.1
1994	6 615.10	3.49	13.1	2010	8 089.62	14.45	10.4
1995	6 766.90	2.29	10.9	2011	7 272.00	−10.11	9.2

注：资料来源于《中国统计年鉴》、中国林业网 http://www.forestry.gov.cn，按可比价格计算，2005—2008年数据在第二次经济普查后做了修订

根据表3.1中的数据，对我国森林木材市场木材产量的变化做如下的对比分析：

改革开放30多年来，我国经济经历了一个长期快速增长的时期，但粗放型的经济增长方式也带来了包括森林环境资源的过度消耗和生态环境的破坏问题。从我国

森林木材产量的统计数据可以看出，我国木材产量在1983年以前缓步增长，在经济发展速度较快的1984,2006和2007年前后（GDP增长10.9%～15.2%）木材产量增长较快，达到22.03%，18.91%和17.91%，其余年份增长幅度不大；在经济发展速度较缓的1981,1989和1999年，相比各自的前一年木材产量都呈现较大的降低态势（见图3.2）。从图3.2中也可以发现，木材产量增长率大致与经济增长变化的态势一致，说明在经济高速增长的时期，短期内产品的市场消费需求快速增长，刺激了木材等自然资源的需求上升；而在经济发展平缓时期，这种需求压力降低，对木材的需求趋于平缓。

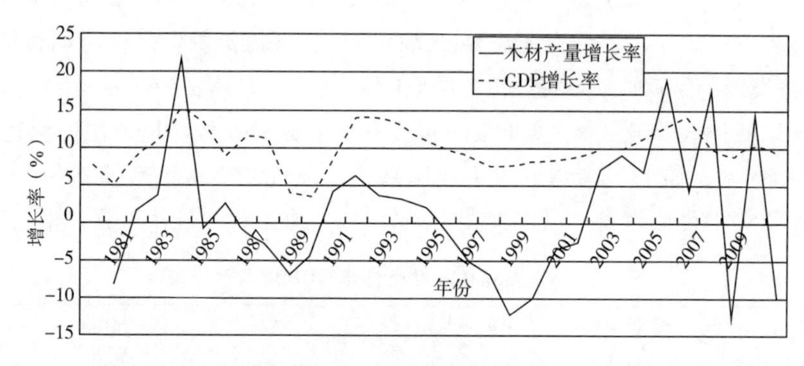

图3.2　我国森林木材产量增长率与GDP增长率变化曲线图

1984—1997年期间木材产量保持在6亿m^3左右，产量的变化经历了小幅下降、小幅上升然后再下降的过程。1997—2006年期间，经济呈现稳步上升的趋势，该期间一方面产业结构调整明显，另一方面由于1998年长江流域特大洪水等自然灾害的影响，森林环境资源的生态效益日益受到重视，基于保护为主的森林采伐限额管理等制度的实施，限制了木材产量的增加，所以这期间头几年的木材产量持续减少，而2003年以后随着前期森林环境资源存量规模持续增加，林木产量又呈现缓慢增长的趋势。尤其是2006,2008和2010年三年木材产量增长较多，相比较这几年GDP增长率也较高，2011年随着经济增长速度放缓木材产量又有较大幅度降低。

总之，经济增长是影响森林环境资源数量的重要因素，改善森林环境资源状况，要依赖于产业结构的调整；森林环境资源状况的改善还取决于全社会森林环境资源保护意识的提高、相关保护制度的实施、资金的支持、科学技术的进步与发展、森林环境资源市场体制改革及森林经营管理模式的创新等因素。值得注意的是，我国当前的森林环境资源市场机制不完善，代际成本、环境成本还未能完全计入木材市场价格（蒋洪强 等，2004）。所以，在森林环境资源市场体制改革的过程中，我们要注重合理地将代际成本和环境成本纳入价格考虑因素，要改变经济增长模式，走资源节约型发展道路，在维持经济平稳发展的过程中实现森林环境资源的合理价格。

3.3.3 经济与森林环境资源的可持续发展

从前面森林环境资源与经济发展的互动关系分析可知：资源环境利用是经济增长的必要条件，但不是充分条件；经济增长是影响森林环境资源数量的重要因素（李金昌，1994）。依据可持续发展思想可知，单纯的依赖自然资源的消耗换来的经济增长并不等于经济发展，经济增长与经济发展是相互联系又相互区别的概念，前者是后者的必要条件但不是充分条件，两者不能等同，后者比前者有更加丰富的内涵。人类需求是经济发展的方向，经济增长是满足这种需求的手段，人类社会需要经济增长，但经济的增长不能以过度消耗森林环境资源为代价，需要协调森林环境资源变动与经济增长的关系，这种协调要综合考虑区域森林环境资源状况和社会经济发展水平，需要相关政策措施的支持（谷振宾，2007）。我国目前的森林环境资源的相关政策更多强调森林环境资源的保护，林木价格未能包含森林环境资源的服务价值，在森林环境资源保护与经济发展之间不能起到很好的杠杆作用。

单纯依赖强制措施来控制森林环境资源的消耗并不能很好地协调森林环境资源变动与经济增长的关系，森林的全面禁伐定会影响经济的增长，因此，我们需要采取多种手段来保障森林环境资源的保护与经济增长双重目标的实现，其中一个比较好的手段就是建立完善的森林环境资源市场机制，利用价格手段建立基于市场的激励机制来调节保护与利用的关系，引导森林环境资源的利用方向。因此，开展森林环境资源的定价的基础理论研究，尝试对各类森林环境因子进行合理定价，以形成完善的森林环境资源价格体系是森林环境资源与经济可持续发展的现实要求。

（1）对森林环境资源的定价有利于抑制不合理消费和浪费

根据前面分析，森林环境资源提供的环境服务产品本身具有公共产品属性，具有非排他性、无偿性、强制性、不可分割性等特点，这使得企业和个人可以低价或免费消费森林环境资源，获取更多的经济利益，从而导致森林环境资源被过度消耗，引发环境危机。森林环境资源价格偏离其真实价格应该说是森林环境资源被无偿占有、无偿使用、引发森林生态环境问题的主要原因（韩丽晶 等，2010）。特别是对森林环境资源利用的负外部性，几乎没被计入木材生产企业的生产成本，现行的木材价格未能体现森林环境资源开发利用的完全成本。基于这个原因，开展森林环境资源的定价研究就显得非常重要，合理的森林环境资源价格将有利于提高人们对森林环境资源价值和稀缺性的认识，从而减少滥用和浪费，尽可能降低消耗。

（2）对森林环境资源的定价有利于建立完善的资源管理制度

要改变现行的森林环境资源服务免费享受、过度开发等问题，需要政府层面建立相关配套的与产权明晰相符的制度，通过制度来激励人们开展森林环境资源的建设、约束对森林环境资源的滥用。而这必须建立在对森林环境资源合理定价的基础上，因为只有价格清晰，实施诸如森林产权交易、森林生态效益补偿、绿色GDP核算等制度才有可靠的基础。

第4章 森林环境资源定价方法比较分析

4.1 森林环境资源定价的价值理论评析

森林环境资源作为一种特殊的资源形态,具有公共物品或准公共物品的特征,一旦引入经济系统中,出现了很多传统经济学理论无法解释的现象和情况(李磊,2004)。森林环境资源的价值问题是学术界广为争论的理论与现实问题,难以用传统经济学中的价值来说得齐全和明白。目前,森林环境资源的价值理论主要有马克思劳动价值论、效用价值论、均衡价值论及生产要素价值论等。不同的价值理论对森林环境资源的价值来源解释不同。

4.1.1 基于马克思劳动价值论的森林环境资源定价

劳动价值论是马克思主义价值论的核心,它是在对古典政治经济学劳动价值的批判和继承基础上发展起来的。威廉·配第在《赋税论》一书中首次提出了劳动价值论,在该书中论述了劳动创造商品价值,而其价值量是由生产该商品所需耗费的劳动量决定的等一些基本命题和科学见解,只是还尚未形成完整的理论体系。他认为价格分为自然价格和政治价格两种。商品的价值是自然价格,政治价格是指商品的价格,价格会随着供求关系的变化而波动。后来,皮埃尔、马西、洛克、休谟、斯图亚特等经济学者从多个方面对劳动价值论进行了拓展。

直到亚当·斯密的《国民财富的性质和原因的研究》(简称《国富论》)一书出版,劳动价值论才得以真正系统化。在该书中,斯密指出劳动是衡量一切商品交换的真实尺度,并且将劳动分为简单劳动和复杂劳动,商品的价值量与生产商品耗费的劳动量呈正比。斯密提出生产某商品所耗费的劳动决定了该商品的价值,这种劳动耗费可采取劳动时间来度量,这是劳动价值论的光辉思想。正是因为有了这种度量,两个商品之间可以依据这种时间耗费比例来进行市场交换。于是,斯密又从另一方面进一步认为,为了购买或支配他人劳动所付出的工资、企业所获取的单位利润、所支付的地租共同决定了商品的价值(蔡剑辉,2001,2003)。

在斯密之后,大卫·李嘉图批判了该理论中的不足,认为劳动与购买劳动不是同一劳动，数量上并不相等，商品的价值由耗费劳动决定，而不是由购买劳动决定。他还批评了斯密的商品价值由工资、利润与地租三种收入决定的价值论，认为购买到的劳动量并不等于生产该商品实际耗费的劳动量，并详细证明工资、利润和地租的变动只是影响三者之间的分配比例，不影响商品的价值量。商品的价值量是由生产过程中的边际劳动耗费决定的，这种耗费不等于各个商品生产者实际耗费的个别劳动时间，而是由社会必要劳动时间决定的。他认为工资是劳动的价格，资本与劳动是等量交换。但正是由于未能区分劳动和劳动力，李嘉图的理论与斯密的理论同样不能解释资本与劳动等量交换，而资本家所得却多于资本付出，即无法解释利润从何而来。另外，他认为等量资本获得等量利润，但按照这一规律，商品的交换就不能由劳动决定的价值进行，二者存在矛盾。因为现实中数量相等的资本由于有机构成不同而生产出来的商品价值量必然不同(裴辉儒，2007)。

马克思在对古典政治经济学批判和继承的基础上，提出商品不仅具有使用价值，还具有价值，使用价值和价值是商品的两种不同属性。他认为使用价值是物的有用性，属于商品的自然属性；而价值是凝结在商品中的一般的无差别的人类劳动，属于商品的社会属性。使用价值是由劳动者的具体劳动创造的；而价值是由人类的抽象劳动创造的，其具体价值量由生产商品的社会必要劳动时间决定。交换价值是价值的表现形式，商品价格围绕价值上下波动。马克思首次提出的“劳动二重性”学说，从根本上为价值的本质问题提供了一个新的解决办法。

依据马克思劳动价值论，商品的定价模型为：商品价值 W = 购买生产资料的不变资本(C) + 补偿购买活劳动的可变资本(V) + 劳动者创造的剩余价值(M)。

关于在森林环境资源价值的评估中能否应用马克思劳动价值论，理论界主要存在过两种看法：一些人认为森林环境资源的性质类似马克思的《资本论》(第三卷，230页)中所提及的土地、风、原始森林的树木一样，是没有经过人类劳动创造而天然产生，不属于人类劳动的产品，只有使用价值而没有价值，持这种观点的人在现实中认为森林环境资源可以无偿使用。正是由于存在这样的观点，在历史发展的一长段时间里，人们对森林环境资源等自然资源的开采、利用不加节制，认为是大自然的恩赐，造成了世界范围的森林环境资源急剧减少，引发水土流失、土地荒漠化、洪灾泛滥等各种难以弥补的后果。面对这样的现实教训，越来越多的人开始思考这种自然资源无价的观点，认为其是对马克思劳动价值论的片面理解，这部分人提出马克思主义应是发展的、与时俱进的，发展的马克思劳动价值论认为：如今人类为了地球物种生存环境的可持续性，展开了大量的资源勘查、保护、规划等工作，投入了巨大的人力、物力，已不存在严格意义上的天然资源产品，都涵盖了人类的劳动在里面，因此也都具有价值。现在比较一致的观点是，单纯应用马克思劳动价值论来解决森林环境资源的定价还是具有难度，因为根据马克思劳动价值论的分析，在森林环境资源的价值补偿的实践中容易只重视对森林环境资源凝结的劳动部分进行补偿，而忽略由于森林环境资源不合理开采和利用带来的资源耗竭、环境成本等外部性的补偿(李金昌，2002)。胡明形等(2003)在《正算法与倒算法林价差额的森林环境价值分析》一文中提出森林资源的实物使用价值和环境使用价值可独立消费，环境使用价值消费在前，实物资源消费在后，两者都是森林培育过程中人类劳动的载体。作为劳动的产物，森林环境资源具有使用价值，这种价值不断地在森林环境资源的培育过程中产生并不断地被社会消费，所以，森林环境资源的价值不仅包括实物资源价值还包括环境使用价值(邢美华 等，2007)。

比较一致的观点认为，依据马克思的劳动价值论，森林环境资源的价值构成同商品的价值构成基本相同，也由三部分组成，只是这三部分的定义与一般商品相比更具有其特殊性。即：

$$森林环境资源价值总量=C+V+M$$

式中：C 为建设、管护森林环境资源投入的生产资料价值，是物化劳动的转移；V 为建设、管护森林环境资源所需的劳动者的必要劳动时间的价值；M 为建设、管护森林环境资源的劳动者剩余劳动创造的价值。$V+M$ 是活化劳动创造的新价值。因此，该理论可以解释有人类劳动参与的森林环境资源的价值。

4.1.2 基于效用价值论的森林环境资源定价

19 世纪中后期，西方经济学界由英国的杰文斯、奥地利的万格尔和法国的瓦尔拉提出了边际效用价值论。该理论认为商品的价值不是由生产过程的劳动耗费决定的，而是人们对商品效用的主观感觉与评价，体现了人与物之间的关系，效用是价值的源泉。边际效用价值论分为以门格尔、维塞尔、庞巴维克等为代表的心理学派和以杰文斯为代表的数理学派。边际心理学派效用价值论者认为，商品的价值由每增加购买一单位商品给消费者带来的总效用的变化量所决定，形成价值的前提是商品具有稀缺性，商品只有存在供给有限，人们才可能重视其效用，从而进行评价，稀缺性与效用性二者结合是商品具有价值的充分必要条件。边际数理学派效用价值论者的主要观点是商品的价值是商品之间的交换比例关系。

在效用价值论的基础上，一些西方经济学家根据物品效用对人的欲望的满足程度或人对物品效用的主观心理评价来确定物品的价值。应用这种效用价值论开展自然资源定价时，强调资源的效用，认为效用是价值的基础，而价值的大小取决于效用和稀缺性(王舒曼 等，2000)。

针对决定价值大小的稀缺性，古典经济学派及非古典经济学派都认为市场能够有效解决这个问题，从而实现资源的有效配置。亚当·斯密的理论认为市场是只看不见的手，通过市场机制，自然资源的稀缺性能够反映在价格上，而且他始终认为通过市场机制的作用能有效实现森林等自然资源的有效配置。马尔萨斯发展了后来环境资源经济学理论中的“绝对稀缺论”，他认为人口和劳动力是约束经济发展的根本原因，因为现实中人口数量在不断地增长，而土地的数量是绝对有限的以及土地生产力的增长也是绝对有限的。在他看来，自然资源存在物理数量上有限、经济上稀缺都是必然的，也是绝对的。李嘉图认可马尔萨斯提出的人口对自然资源的压力，但他对自然资源的利用相对乐观，他以相对稀缺的土地资源为例，认为在市场的作用下，资源的相对稀缺不会制约经济发展，因为可以通过技术进步解决，这种看法代表了当时人们对环境资源的有限认知。相比马尔萨斯的"绝对稀缺论"，李嘉图的这一思想被后人称为"相对稀缺论"。森林环境资源虽然是一种可再生资源，但其生长周期长，相对于日益增加的需求来讲，森林环境资源将越来越稀缺。

森林环境资源不仅能够为人类提供各类林木等实物产品，还能提供各类环境服务产品，满足人类物质与环境的需要，根据效用价值论，森林环境资源是有效用的。同时，森林环境资源还由于地球上森林面积的有限性与人类需求的无限性，事实上存在稀缺性，因而，森林环境资源是有价值的，这种价值取决于边际效用量。这为森林环境资源有偿使用提供了理论依据，即使有的森林环境产品的市场几乎不存在，经济学家在假定消费者是理性的前提下，可以根据环境产品的效用来评估环境的价值（金丽娟 等，2005）。

森林环境产品的效用可以通过经济当事人的支付意愿和受偿意愿来评估。对森林环境产品的支付意愿是指经济当事人为换取某一程度的森林环境服务改善而愿意支付的货币金额；受偿意愿则是指经济当事人接受某一程度的森林环境服务恶化而愿意得到的货币补偿金额。假定单个消费者的总效用取决于森林环境服务 Q 和一组其他产品与服务的组合 X，森林环境服务 Q 对单个消费者的效用 U_Q 符合边际效用递减规律，其函数曲线是单调递减的凹曲线。单个消费者在市场购买产品或服务时受其总收入 Y 和产品与服务价格 $P(P=P_1,P_2,\cdots,P_n)$ 的约束，单个消费者因此面临在总收入 Y、产品和服务的价格 P 以及外生变量 Q 的约束下，如何确定在市场中的消费水平，使自身效用最大化（周慧蓉，2006）。

图 4.1 表示了森林环境服务的变动的单个消费者的支付意愿与受偿意愿。图中 A 点表示在给定的森林环境服务 Q_1 与单个消费者在市场购买产品与服务的组合 X_0 的条件下单个消费者的效用水平 U_0，如果森林环境服务增加，在 X_0 不变的条件下，森林提供的环境服务从 Q_1 增加到 Q_2，则单个消费者获得的效用从 U_0 升高到 U_1。此时，单个消费者愿意为此付出的最大代价可以通过其愿意为此放弃的在市场购买的产品和服务的组合的数量来衡量。表现在图 4.1 中，则是单个消费者至少要保证自己效用不变，维持在 U_0，即森林环境服务的增加，消费者最多愿意放弃的在市场购买的产品和服务的组合的数量，是从 B 点到 C 点之差的数量。超过这个数量会降低消费者的效用，低于这个数量则会升高其效用，其还有进一步放弃的余地，这个数量即是单个消费者的最大支付意愿。理论上汇总该森林作用区域所有消费者的最大支付意愿，即可得到森林环境资源的价格。

如果单个的消费者愿意放弃森林环境服务增加的好处，或者愿意接受环境服务的降低，在图4.1中表示就是森林环境服务水平从Q_2到Q_1，站在消费者的角度，他一定要求得到相应的补偿，此时单个消费者的最小受偿意愿可以通过增加市场购买的产品和服务的行为来维持总效用不变。在图4.1中表示，则是单个消费者至少要保证自己效用不变，维持在U_1，即森林环境服务的减少，消费者最低愿意接受的补偿意愿为从A点到D点之差的数量。如果消费者能够接受的补偿低于这个数量，则其总效用水平会降低，高于这个数量则其总效用水平会升高，因而不是最低受偿意愿。与最高支付意愿道理相同，通过受偿意愿也可得到森林环境资源的价格。

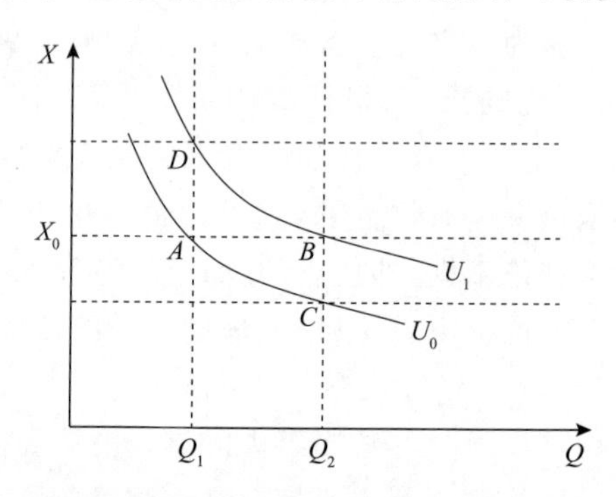

图4.1 森林环境服务变动的单个消费者的支付意愿与受偿意愿

理论上通过支付意愿或是受偿意愿得到的价格差异不会太大，但通过大多数经济学者的研究发现，采用受偿意愿得到的价格会略高于支付意愿测算的价格，从心理学角度是可以解释这一现象的。

4.1.3 基于均衡价值论的森林环境资源定价

瓦尔拉继承了古典学派的理论，运用数学方程式的形式经过详细的论证，对商品的供给、需求与价格的关系进行表达，提出了一般均衡理论，他认为各种经济变量不是独立存在的，它们之间存在函数关系。该理论提出商品的价值就是它的实际市场价格，由市场供求关系决定。一种商品的供求关系不仅影响该商品的价格，还会影响其他商品的价格。

19世纪后期由马歇尔等在前人的研究基础上，创立了均衡价值理论。该理论是从市场供求关系分析供求对价格的影响，以及价格如何受供求的作用，从而达成市场的均衡价格。该理论提出均衡价格决定商品价值，随着商品数量的增加商品的边际效用减少，需求价格即消费者对商品所愿意支付的价格将降低。由需求价格和数量得到需求曲线，随着商品的产量的增加单位商品的生产成本升高，供给价格即生产者要求得到的价格随着商品数量的增加而上升，当商品需求量等于供给量时得到商品的均衡价格（侯元兆 等，2005）。

根据均衡价值论，森林环境资源的价格取决于森林资源的供给与需求，森林资源产品可以分为公共品和私人品。对私人品的市场需求是某一时间内市场中所有单个资源消费者的需求量之和，市场供给是某一时间内市场中所有单个生产者在不同的价格水平上的供给量之和。对于森林资源公共品，生产者提供公共品的前提是他供给的价格大于等于他的边际成本，每个生产者生产的边际成本之和等于公共供给的边际成本，从而可以得到森林资源中公共品的公共供给曲线，由个人的支付意愿价格之和得到需求曲线，对公共品而言，由于非竞争性和非排他性，市场价格机制难以通过供求发生作用(薛达元 等,1999)。

4.1.4　基于生产要素价值论的森林环境资源定价

生产要素价值论的代表人物是西尼尔、杜尔哥和萨伊等。生产要素价值论认为要素形成价值、要素影响和决定商品价值，商品的价值包括生产价值、交换价值和消费价值。价值、交换价值和价格是相通的，该理论认为价值论就是价格论，是有关价格的决定及其变化规律的理论。

现代西方经济学的生产要素价值论继承和发展了萨伊的将劳动等同于物质生产要素的理论，将劳动、资本、土地、企业家才能、人力资本、技术、知识等等归纳在一起，统称为“生产要素”，在完全竞争的市场条件下，各种要素的报酬是按其对产出的贡献分配的。生产要素价值论对于理解森林环境资源价值的形成、构成等有指导意义，依据该理论，生产要素和人类劳动共同参与了森林环境资源的生产，共同构成了价值的源泉。即人的劳动通过使用生产要素作用于森林环境资源，使森林环境资源发生了形态变化，即生产出森林环境产品(刘继青 等,2010)。森林环境资源各要素所耗费的代价就是形成的价值，包括工资、利润和地租。

4.1.5　小结

通过比较分析各种主要森林自然资源价值基础理论，我们可以获知现有的价值理论单独作为森林环境资源定价的基础理论，都还是存在这样或那样的不足。各种价值理论分析的角度不同，分析的层次存在差异，应用它们来解释森林环境资源的价值及应用其来开展森林资源的配置、利用，还存在一些争议。

基于马克思劳动价值论的森林自然资源定价以价值的社会经济关系分析为重点，主张劳动是价值的唯一源泉，强调了价值的社会经济含义，是一种对事物实质的分析，它忽视了自然力对商品价值的影响以及商品价值本身包含资源价值的事实。由于当时的生态问题不突出，人和自然的融洽关系是一个既定前提，所以生态价值的研究也未获得该理论的重视。但伴随着地球生态环境的恶化，人和自然的矛盾日益显现，将人和自然看成是征服与被征服、改造与被改造的关系，需要在经济发展中得到拓展。

基于效用价值论的森林环境资源定价强调森林环境资源的效用和稀缺性，主张通过测度人们对森林资源效用的主观感受来评价价值，效用是价值的源泉，是否有用取决于主体的评价。该理论的实质是说明森林环境资源对人的有用性，这种有用性通过人的评价得到，因此使森林环境资源边际效用价值成为主观的产物，价值体现的是人的主观意志，不反映人与人之间的生产关系，割裂了森林环境资源价值与劳动生产之间的关系，把“主观性”论证为价值范畴的本质特征。

基于均衡价值论的森林环境资源定价则侧重于供求关系的分析，根据该理论，森林环境资源的价值是由市场供求关系决定的，将交换价值看作价值，将价值与价格两个相互联系又相互区别的概念混淆，提出均衡价格决定森林环境资源的价值，将价值分析看作商品价格的分析，是一种未深入实质的现象分析。从供求关系的深层次分析可以知道，森林环境资源供给是为了满足需求，需求的产生来源于森林环境资源的有用性，从这个角度看基于均衡价格理论的价值实质上还是根据有用性来确定的。

基于生产要素价值论的森林环境资源定价掩盖了不同要素在价值生产中的不同作用，其对价值与价格的阐述等同于效用价值论。该理论实质是指客体能够满足主体需要的那些功能和属性，不管主体是否认识，各要素具有满足人的需要的属性就具有价值。它通过有用性将主客体的关系联系起来，但这种联系并不完全，没有考虑主体对客体的认识程度(陈星，2007)。

从价值的哲学含义上看，价值是指客体的属性和功能对主体的功效和效用。就森林环境资源而言，其功能多样，主体也多层次，需要多方面，因此，森林环境资源具有多维价值。马克思劳动价值论、效用价值论等价值理论的观点，在帮助人们开展森林环境资源价值的研究、提高人们对森林环境资源价值的认识方面做出了巨大贡献。马克思劳动价值论引导人们尊重森林环境资源生产过程中的劳动；效用价值论引导人们珍惜稀缺的森林环境资源；均衡价格理论强调供给和需求的平衡。各种理论都有着丰富的内容，只是可能由于所处时代环境、研究角度、方法、个人认识等方面的差异，应用这些理论开展森林环境资源价值研究时不可避免地带有时代局限性或片面性，还是会遇到这样或那样的难题。从价值哲学角度看，这些价值理论只是在一定时间、空间、范围内成立，当前还没有形成统一的、各方面认可的森林环境资源价值理论体系。因此，在科学技术不断进步的今天开展森林环境资源价值问题的研究，需要不断推陈出新，在前人研究基础上不断拓展与深入研究，特别是将理论应用于现实问题的求解上来，不断尝试才可能取得新的进步。特别是随着可持续发展理论的深入发展，如何改进传统环境价值观忽视代际公平使用资源的问题，融入伦理价值的内涵，是进行森林环境资源定价需要解决的重要问题。由于森林环境服务不一定是劳动的产物，森林环境资源的价值更多涉及人与自然的关系，所以，我们认为单纯采用劳动价值论来开展森林环境服务价值的研究依据不足。当前森林环境服务方面的核心问题是如何提高环境资源的配置效率、解决供求矛盾并注重代际公平问题，为人类持续提供各种森林服务效用，所以我们主张从价值哲学的高度出发，依据价值哲学中对价值的定义来构建森林环境资源的价值理论基础，考虑到森林环境资源的多维价值，对不同维度的价值需采用不同的价值理论来解释（杨建州 等，2011）。

4.2　森林环境资源定价中的现有主要计量模型

随着资源环境经济学等学科的发展，围绕各种价值理论，学者们开展了深入的研究和运用，在森林环境资源的价值分类、构成、评价方法、手段等方面开展了大量的研究。由于运用不同的价值理论、方法，产生了森林环境资源价格的来源和构成描述的差异。有的即使采用同一价值理论，但是从不同角度、采取相异的思路和方法，因此形成了很多种森林环境资源定价理论模型。所谓的定价理论模型是包括森林环境资源价值来源和外在价格形成在内的系统设计，代表性的有租金或预期收益资本化法定价模型、总经济价值法定价模型、李金昌模型、效用费用评价法定价模型等（刘梅娟，2009）。

4.2.1　租金或预期收益资本化法定价模型

租金或预期收益资本化法是在已知一定单位森林环境资源的租金和利息的前提下，通过资本化法获得森林环境资源价值的基本值，然后依据稀缺性和时间价值进行调整，得到总价值。其基本思路是：森林环境资源作为一种自然资产，将在未来一定时间内为经济当事人带来物质性产品和环境服务价值，即得到预期的收益或租金，根据适当的社会贴现率，贴现为现值，即得到森林环境资源的价值。其计量公式为：

$$P = S_1(1+r)^{-1} + S_2(1+r)^{-2} + \cdots + S_n(1+r)^{-n} \tag{4.1}$$

式中：P 为森林环境资源价值；$S_1, S_2, \cdots, S_n$ 分别为森林环境资源 $1 \sim n$ 年的净收益；r 为社会贴现率，一般采用银行一年期存款利率，外加扣除通货膨胀因素后的风险调整值。该模型侧重对经济收益的评估，对森林环境资源开发利用的生态效益涉及较少。采用此模型开展定价必将造成价格偏低，且不适合用于主要发挥森林生态效益而很少有直接经济收益的森林环境资源的定价。

4.2.2 总经济价值法定价模型

众多学者在伦理学与可持续发展理论的支持下，对自然资源与环境价值开展了深入研究，提出了一些新的概念，比如选择价值(Weisbrod，1964)、存在价值(Krutilla，1967)、遗赠价值(Krutilla，1970)等。使用这些概念来反映自然资源在代际之间的公平使用，实现自然资源的可持续性发展。可持续发展理论指出环境生产与经济发展密切相关，环境也是一种资源，具有使用价值。人类社会可持续发展与森林环境可持续发展密切相关，森林环境资源价值变化是衡量可持续发展的重要指标，不重视森林环境资源的价值就会忽视对森林资源的保护，从而阻碍人类社会的可持续发展。从可持续发展的观点看，森林环境资源价值是现在和将来对人类的经济价值之和，从而确保森林环境资源总量的稳定，使森林环境资源的定价有利于人类社会长远的发展。周海林(2001)根据现代可持续发展理论认为自然资源的价值应等于经济价值(生产要素)＋对人的服务价值(对当代人而言)＋自然与生产系统维持或环境价值(对未来人而言，要求资源有稳定性、持续性的潜在价值)。

根据效用价值论，总经济价值法一般将森林环境资源价值(TEV)按前文所述的"五分类"模型分为使用价值(UV)和非使用价值(NUV)。使用价值(UV)又分为直接使用价值(DUV)、间接使用价值(IUV)；非使用价值(NUV)又分为选择价值(OV)、存在价值(EV)、遗产价值(HV)。所以，一般意义上的总经济价值法对森林环境资源的计量模型为：

$$\begin{aligned} TEV &= UV + NUV \\ &= DUV + IUV + OV + EV + HV \end{aligned} \tag{4.2}$$

式中：DUV 为森林环境资源直接满足人们生产和消费需要的价值；IUV 为不能够被直接消费的森林环境服务产品的价值；OV 为一种潜在的价值，即现在没被利用可能将来被利用的价值；EV 指人们为确保某种资源继续存在而愿意支付的费用；HV 指为了后代而维持资源完整性的价值。

对各种分类价值的计算，可以在确定计量指标的基础上，从市场价值法、替代市场法、假想市场法的各种具体计算方法中选取适用的方法开展计算(于航 等，2010)，各方法比较见表4.1。目前森林环境资源服务产品大多没有相应的市场和价格，有的市场价格也多是扭曲的，不能完全真实地反映消费者的消费需求，也不能科学衡量森林环境资源开发的全部成本。各种方法的应用有严格的约束条件，有的方法主观性较强，容易产生偏差，具体优缺点比较见表 4.2(张志强 等，2011；周伟 等，2007)。值得注意的是，各种方法的优缺点只是相对而言，并没有绝对的优劣之分。

表 4.1　总经济价值法的价值分类与常用评价方法

<table>
<tr><td rowspan="2">森林环境总价值</td><td colspan="2">使用价值(UV)</td><td colspan="3">非使用价值(NUV)</td></tr>
<tr><td>直接使用价值
(DUV)</td><td>间接使用价值
(IUV)</td><td>选择价值
(OV)</td><td>存在价值
(EV)</td><td>遗产价值
(HV)</td></tr>
<tr><td>内涵</td><td>实物型产品直接价值和能够直接被消费的服务产品的价值</td><td>不能够被直接消费的森林环境服务产品的价值</td><td>人们为了保存或保护某一环境资源,以便将来用作各种用途所愿意支付的数额</td><td>为确保某一资源存在而愿意支付的费用</td><td>为了后代而维持资源完整性的价值</td></tr>
<tr><td>常用评价方法</td><td>直接市场价格法
旅行费用法
重置成本法
费用支出法
条件价值法</td><td>替代成本法
生产率变动法
防护成本法
机会成本法
享乐价值法
条件价值法</td><td>条件价值法</td><td>条件价值法</td><td>条件价值法</td></tr>
</table>

表 4.2　目前常用的森林环境资源价值评价方法比较

<table>
<tr><td>类型</td><td>特点</td><td>主要方法</td><td>特点或优点</td><td>缺点</td><td>应用范围</td></tr>
<tr><td rowspan="4">实际市场价格法</td><td rowspan="4">评估具有市场价格的服务或产品的使用价值的一类森林环境资源价值评估方法</td><td>直接市场价格法</td><td>数据易得,反映个人的消费者偏好和真实的支付意愿,可信度高</td><td>应用范围较窄,难以区分中间产品与最终产品之间的价值界限</td><td>适用于部分有市场价格的产品与服务的直接使用价值的评估</td></tr>
<tr><td>替代成本法</td><td>可以根据现有的可用替代品的成本来评价产品或服务的价值</td><td>森林环境资源的许多产品或服务无法采用技术手段替代,从而难以应用此方法</td><td>适用于有可用替代品的产品或服务的价值评估</td></tr>
<tr><td>生产率变动法</td><td>依据环境产品或服务的变化导致的生产率变化来评估环境质量的改善或破坏带来的经济影响,比较客观,数据相对易得</td><td>剂量反应关系难以确定</td><td>适用于环境产品/服务的变化主要引发生产率变化的环境产品或服务的价值评估</td></tr>
<tr><td>机会成本法</td><td>用潜在的支出来估算服务的价值,方法简单实用</td><td>不能评估那些外部性收益难以通过市场度量的服务价值</td><td>适用于不能直接估算的环境服务价值的评估</td></tr>
</table>

续表

类型	特点	主要方法	特点或优点	缺点	应用范围
实际市场价格法	评估具有市场价格的服务或产品的使用价值的一类森林环境资源价值评估方法	防护成本法	通过人们为防止环境服务水平的降低所采取的保护行为所支出的成本来估算服务的价值,较易估算	方法的有效性受公众了解信息的充分性限制	适用于如森林环境资源净化水质这类服务价值的评估
		费用支出法	从消费者角度出发,通过对森林环境服务的支出费用来评估服务的价值	只计算总支出费用,没计算消费者剩余	适用于有具体市场的森林环境价值的评估
		重置成本法	通过衡量环境遭到损害后重置该项服务水平所支出的成本来估算服务的价值,较易估算	完全意义上的重置环境服务很困难	适用于能够估算重置成本的环境服务的评估
替代市场法	通过与环境联系紧密的市场中所支付的价格来表达环境质量变化的经济价值	旅行费用法(TCM)	使用旅行花费代替人们对森林游憩服务的支付意愿,可信度、认可度高	难以区分多目标、多目的地的旅行花费	适用于森林游憩服务价值的评估
		享乐价值法(HPM)	通过人们愿意为优质环境服务享受所支付的价格来推断环境服务的价值	要求较高的经济统计技巧,精确的数据不易获得,易导致多重共线性等问题	适用于森林提供的净化水质、空气服务及减少噪声等的评估
模拟市场法	以支付意愿和净支付意愿来表达环境商品的经济价值	意愿调查价值评估法或称条件价值法(CVM)	可用于评价环境资源的使用价值,也可评价其非使用价值,灵活性强,评估范围广	结果容易受调查者、被调查者影响,带来相关偏差,费时费力	适用于所有的非市场商品和服务价值的评估
		意愿选择法(CE)	不直接询问人们的支付意愿,而是通过人们在不同的假想情景下所做的选择来推断,提高了接受度	对统计学方法要求较高,要求受访者熟悉评估对象,否则排序结果易造成偏差	基本与意愿调查法相同,更适用于多因子存在的价值的评估

采取总经济价值法的定价模型开展森林环境资源定价,思路较清晰,易理解,是目前应用较广泛的一种方法模型。但该模型尚没有统一的价值计量标准,实际应用中由于研究者认识不同,造成选取的价值计算指标不同、选取的方法各异,即使是对

同一研究对象，其结果也可能相差较大，影响其可信度。另外，还存在所应用的某些方法求取的价值只是某类价值的最大值，而并非人们实际愿意支付的价值，以及选择价值、存在价值和遗产价值的鉴定上比较模糊等不足，需要进一步地改进完善。

4.2.3　李金昌模型

李金昌模型是我国学者李金昌先生在效用价值论、劳动价值论和地租理论的基础上提出的独具特色的自然资源定价模型，是一种新的价值体系（李金昌，1994）。若在森林环境资源的定价上应用该模型，则森林环境资源的价值 P 分为两部分：一部分是森林环境资源本身的价值 P_1，这部分价值未经人类劳动的参与，属于天然产生的；第二部分是人类投入劳动所产生的价值 P_2。其定价模型为 $P=P_1+P_2$。

设 R_0 为森林环境资源的林地地租，a 为林地等级系数，I 为平均利息率，则 $P_1=aR_0/I$。

设 A 为森林环境资源的生产投入总额，Q 为森林环境资源总量，N 为受益年限，ρ 为投入资本的平均利润率，则 $P_2=A(1+\rho)/(N\times Q\times I)$。

对森林环境资源稀缺性的影响采用供求关系调整，设 Q_d 为需求量，Q_s 为供给量，E_d 为需求弹性系数，E_s 为供给弹性系数。当供给量 Q_s 一定时，森林环境资源的价格与需求量 Q_d 大致呈正比关系；当需求量 Q_d 一定时，森林环境资源的价格与供给量 Q_s 大致呈反比关系。采用 E_d 和 E_s 反映不同价格水平下 Q_d 和 Q_s 的伸缩性，则

$$P=\left[\frac{aR_0}{I}+\frac{A(1+\rho)}{N\times Q\times I}\right]\times\frac{Q_d\times E_d}{Q_s\times E_s} \tag{4.3}$$

设第 t 年森林环境资源的价值为 P_t，贴现率为 i，则

$$P_t=\left[\frac{aR_0}{I}+\frac{A(1+\rho)}{N\times Q\times I}\right]\times\frac{Q_d\times E_d}{Q_s\times E_s}\times(1+i)^t \tag{4.4}$$

式(4.4)即为确定森林环境资源价格的基本理论模型。该模型符合生产价格应该等于成本加利润再加地租的原则，考虑了森林环境资源本身的价值，但该理论模型在具体应用中有关参数的确定较困难，另一方面它不是专为森林环境资源设计的，没考虑森林环境资源的特点，没考虑森林环境服务价值，应用在森林环境资源定价上还需要进一步完善。

4.2.4　效用费用评价法定价模型

效用费用评价法是基于劳动价值论提出的一种自然资源定价方法。其理论出发点是恩格斯提出的“价值是生产费用对效用的关系”。因此，自然资源的价值既要考虑其效用，又要考虑获得该自然资源付出的代价。森林环境资源的效用包括经济效用、生态效用、社会效用等（安晓明，2004）。其价值 V_t 计量模型为：

$$V_t=\frac{\alpha f\left(\sum U,\sum C\right)(1+i)^t}{r}\times\frac{Q_d\times E_d}{Q_s\times E_s} \tag{4.5}$$

式中：α 为弹性系数，取值范围为 0 与 1 之间，主要在公式中调整计算偏差以及剔除其他因素的影响；i 为贴现率；Q_d 为需求量；Q_s 为供给量；E_d 为需求弹性系数；E_s 为供给弹性系数；t 为自然资源开采的年度。

安晓明(2004)采用效用费用法，根据 2002 年吉林省林业厅数据和吉林省林业科学研究院的部分研究成果对吉林省森林环境资源价值进行了测算，排除自然丰度、地理位置、供求关系和时间等因素的影响，得到该省当年森林环境资源总价值 $V=\sqrt{(\sum U)^2+(\sum C)^2}=405.3$ 亿元，其中效用 $U=381.7$ 亿元(包括经济效用 57 亿元、生态效用 265.6 亿元、社会效用 59.1 亿元)，费用 $C=24.6$ 亿元(活劳动耗费 7.2 亿元，物化劳动耗费 17.4 亿元)。

上述主要森林环境资源定价模型，其中不乏真知灼见。由于森林环境资源价值构成的复杂性，造成各种定价模型本身采用的价格来源和构成相异，从不同的角度，采用了不同的定价思路和方法，目前还没有统一的获得一致认可的森林环境资源的定价模型。对原有定价模型进一步修正、完善和突破或者创新设计新的定价模型，是森林环境资源定价工作的难点之一。本书将在下一章从边际机会成本理论出发，构建基于该理论的森林环境资源定价模型，为森林环境资源定价提供新思路和新方法。

4.3 森林环境资源定价中存在的主要问题

4.3.1 森林环境资源价格构成不完整

开展森林环境资源价值评估首先必须分清森林环境资源为人类提供的环境服务产品，但由于生态系统自身工作机理的复杂性以及当前科学技术水平的限制，人们对森林生态系统提供生态服务的原理并不是完全清楚，对其内部各类服务的相关性与联系性不是特别了解，这就容易造成在进行价值分类的时候不够准确、清楚，容易造成价值的遗漏或重复计算。当前不同的研究者站在不同的角度或不同的认知水平制定的评估体系各不相同，所以对同一地域的森林环境资源的价值评估结果也会出入较大，缺乏可比性。在森林环境资源定价实践中，许多森林环境资源价格并没有包括森林资源开采利用带来的环境成本，外部成本没有内部化，开发利用过程中的成本未能得到合理补偿，从而引发森林环境资源的不合理开发利用，这是森林资源破坏、生态环境恶化的根源之一。

4.3.2 森林环境资源价格形成机制不完善

市场经济环境中，商品的价格是通过市场竞争形成的，反映价值和市场供求关系，通过价格来有效调节资源的配置。现行的森林环境资源价格管理由于森林环境资源的特殊性，并不能通过市场有效地调节形成，在制定或调整森林环境资源价格时，还没有规范的定价方法可以应用，缺乏科学准确的定价依据，稳定性、可比性较差。森林环境资源价格形成机制不完善，导致价格不能准确反映价值和市场供求关系，在实践中难以发挥其对森林环境资源的生产、经营的激励和消费的约束作用。

4.3.3　森林环境资源定价体系不健全

正是因为前述的森林环境资源定价理论的多样性，所以在森林环境资源的定价中依据不同，从而形成了不同的森林环境资源价值表达形式，至今未能达成一个各方面都认可的森林环境资源定价体系与定价方法。众多学者致力于这方面的研究，虽然构建了一些理论框架，但这些框架还都有待实践的进一步检验，有待通过更多的研究加以完善，因此，当前森林环境资源保护与利用实践中还无法充分发挥价格机制调节森林环境资源的开发利用作用，企业和社会缺少珍惜森林环境资源的动力，不利于优化森林环境资源的合理利用和科学配置。

4.3.4　评估结果的可信度还有待提高

森林环境资源作为具有公共物品性质的环境物品，缺乏有效的市场行为来反映消费者偏好，一般通过替代市场、假想市场来进行计算，受研究者主观因素、消费者认知差异、策略反应、信息拥有量等因素的影响较大，评估结果容易发生偏差，同时，对同一评估对象的价值测量结果可能差距过大，从而影响评估结果的可信度。

由于森林环境服务提供受所依赖的森林生态系统内部因子的相互作用影响，因此，其评估结果是动态变化的，但由于对森林环境的内部运行机理还存在认识上的差距，相关技术条件还不够成熟，目前有关森林环境资源价值的评估还是一种静态的评估，缺乏对森林环境资源价值的动态分析。

4.3.5　从正面进行森林环境资源评价可能误导人们对资源状况的认识

森林环境资源的价值核算理论上可从正面，即森林环境资源带来的经济效益进行计量，也可从反面，即森林环境资源利用造成的经济损失进行计量。现有的森林环境资源定价方法大多是基于正面开展的，在现实工作中这有可能带来对森林环境资源状况认识的误导。这是因为森林环境资源价值不仅受资源数量与质量影响，而且还可能受人们的认识水平、科学技术发展的变化等其他参数的影响。当森林环境资源遭到破坏时，其数量或质量下降，但可能由于科学技术的发展人们对森林环境服务的认识有了变化，增加了新的价值分量；或者随着生活水平的提高，对森林环境资源服务的支付意愿提高等，使得森林环境资源价值还是表现为递增，从而造成与实际状况的相左，不利于森林环境资源的保护利用。同时，从正面对森林环境资源的定价，容易形成过于追求森林环境服务效益最大化，带来森林环境破坏的不利倾向。如森林旅游的过度开发超过森林承载力，也会造成森林环境资源破坏。

4.4 改进森林环境资源定价相关工作的建议

通过对现有森林环境资源的定价理论和方法的深入分析，针对森林环境资源定价中存在的问题，今后重点要研究完善森林环境资源价格的形成机制，科学准确地分析价格的构成，建立一套规范的能反映市场供求状况、森林环境资源稀缺程度、森林生态环境补偿以及兼顾公平和社会稳定的森林环境资源定价体系，除此之外，还应在以下几个方面做出努力：

4.4.1 努力构建森林环境服务市场体系

当前，虽然人们的环境意识有了很大的提高，人们越来越意识到森林环境服务的重要性，森林环境资源价值的评估手段和方法得到了不断改进，以市场方法来保护森林环境资源越来越被广泛接受，但要建立起完善的森林环境服务市场，通过价格的调节机制，来实现资源的合理配置，还面临不少阻碍的因素。比如对环境服务的支付能力与支付意愿还处在较低的水平，特别是我国这样的发展中国家，大多数的人刚刚解决温饱，可支配收入还较低，环境服务在许多人看来还是一项较奢侈的需求，因此对森林环境服务的需求较低；另外，由于森林环境服务的公共物品属性，很容易免费搭便车，造成支付意愿普遍低的现象。对森林环境服务供给者来说，由于获取经济租金的困难现实，作为理性的经济人，林业生产者自然会将重心转移到用材林或者经济林以获得更高的收益，森林环境服务的供给就容易不足；另外，林业生产的特点决定了林业项目建设存在投资高、周期长、风险较大等问题。上述这些问题的存在，都会阻碍良好的森林环境服务市场的建立。所以，今后要首先考虑在面临这些障碍的条件下，如何努力推动森林环境服务市场体系的建立。

4.4.2 加强森林环境服务价值评估过程的可操作性

在森林环境保护的现实需求推动下，众多的学者参与到了森林环境资源价值评估中来，开展了以特定地区森林环境资源为研究对象的森林环境服务价值评估，但由于所采用的理论基础、评估方法相差很大，数据的获取没有统一的规范，造成核算结果大相径庭。而且有些结果尚停留在理论和学术探讨中，对实践的指导意义不强。因此，未来应加强评估过程的可操作性和科学性，不断推动评估工作的进行，实现理论与实践的更加紧密结合。

4.4.3　推动森林环境价值评估从静态向动态过渡

伴随着人类科学技术水平的不断提高，人们对森林环境服务的内部机制、演变规律和影响因素的认识一定会不断深入，为开展森林环境价值动态评估提供基础。同时，因为人们对森林环境的需求是随着人的马斯洛需求层次的发展而发展的，当人们还处于解决温饱阶段时，注重的是物质产品的需求，所以，对森林资源的需求会更多倾向于林木等林产品的获取，而只有较少的环境服务的需求。但随着物质的不断丰富、生活水平的不断提高，人们对环境服务的认识程度会不断增加，要求会不断提高，特别是未来人们对于改善生活品质的森林环境服务的需求肯定会不断增加。而需求增加，供给有限，评估的价格自然上涨，所以从这方面讲也要不断地推动动态评估的开展。通过动态评估森林环境资源价值的时空变化，对人类行为对森林环境服务的影响进行成本、效益和损失的计量，通过情景分析和建立动态模型预测价值的变化，从而为森林环境保护工作提供更加有力的支持。

4.4.4　充分利用现代信息技术改进评估手段

现代各种信息技术的发展，为许多行业带来了创新性的革命，而在森林生态服务功能上的应用还处在起步阶段，今后将随着“3S”（遥感、地理信息系统、全球定位系统）等新的信息技术在林业中的深入应用，建立健全完善的应用“3S”技术的森林实物资源和环境资源动态监测体系，解决森林环境资源价值评估数据源问题，建立科学、准确的资源数据基础，构建森林环境资源经济价值评估数据仓库，将能有效促进评估工作的开展，提高评估结果的可信度和科学性。在具体的评估手段和方法上，未来需要有效利用决策支持系统等技术，开展森林环境资源价值评估工作的评估先决条件判断决策、评估方法选择决策与结果分析等研究，真正实现网络环境下的动态评估，为评估决策提供良好的支持。通过使用专家系统来实现的动态评估，更能反映评估所在地的森林环境资源保护方面的成效，将能引起人们对森林培育、保护等工作的更多关注，有效促进森林资源的可持续发展和利用。

4.4.5　加快改革国民经济核算体系

针对现有的从正面开展的森林环境资源定价的不足，应更多开展基于反面的森林环境资源利用产生的损失计量方法的研究。对森林环境资源破坏或利用的损失的计量能更为准确地反映森林环境资源状况，易于人们理解和接受，更适宜促进森林环境保护意识的建立。同时，也有利于加快改革国民经济核算体系，把森林环境资源利用的环境成本纳入到国民经济核算体系中，建立森林环境资源的实物账户和价值量账户，建立扣除森林环境资源破坏损失调整后的绿色国民经济核算体系，以支持建立综合的环境与经济核算体系。

总之,有关森林环境资源的定价理论与方法还有待众多的林业经济学、生态学、环境学、信息学科等学者进一步地深入研究。虽然森林环境资源定价在理论上还存在争论,但现实森林环境资源的保护和利用的需求不允许我们对其价值的评估长期争而不决,需要研究者进一步完善森林环境资源定价的价格形成机制、价值评估体系、评估的方法和手段。需要加强科学研究,充分考虑环境成本计算的困难。将环境成本纳入价格体系是个渐进的过程,应该及早开始,科学制定森林环境资源产品的财务核算办法,并尽可能地在实践中去检验和改进它。

第 5 章　森林环境资源边际机会成本定价理论

从前文论述可知，森林环境资源作为一种比较特殊的自然资源，它的价值构成的大部分没有有形的市场，市场无法解决其定价问题，因此我们需要开展森林环境资源的人为的定价研究。传统的对一般自然资源的定价的思路和方法主要是分别计算资源的各种价值，然后再进行加总。具体的计算方法主要有直接市场法、影子价格法、机会成本法等。就目前的研究看来，有关自然资源定价的具体方法在森林环境资源定价方面应用时，总存在这样或那样的不足，有的只能考虑价格构成的某个方面，形成结果的偏差，有的只能给出一个局限性的假设。边际机会成本理论为森林环境资源定价研究提供了一个崭新的视角。

5.1　边际机会成本理论及其应用

5.1.1　边际机会成本理论

边际机会成本（Marginal Opportunity Cost，MOC）理论是英国环境经济学家 Pearce (1989，1990)等在边际成本定价的基础上发展出的自然资源定价理论。该理论提出的边际机会成本是从经济学角度对资源利用加以抽象和度量，包括了生产者收获自然资源所花费的生产成本，以及因自然资源利用对他人、社会、环境和未来造成的损失，反映了自然资源效用和稀缺程度变化的影响，考虑了代际公平性，是一个比较好的资源定价方法。该理论能够为森林环境资源定价研究提供直接的理论与方法基础，有助于解决森林环境资源利用过程中缺失成本的确认和计量问题，弥补了传统的资源经济学中忽视资源利用造成的外部不经济的问题，是对传统的资源环境管理改革的突破和新探索(Pearce *et al.*，1990)。

边际机会成本涵盖了全社会为资源的收获利用所付出的总的机会成本，也可理解为边际社会机会成本。只有当资源的价格能够反映全部这种成本时，市场才能有效发挥配置作用。根据边际机会成本理论，社会每增加一单位自然资源的产量所引起的社会成本增量即为其边际机会成本，由边际生产成本（Marginal Production

Cost,MPC)、边际使用者成本(Marginal User Cost,MUC)、边际外部成本(Marginal External Cost,MEC)三方面构成。边际生产成本是指为了利用这一新增单位资源所付出的各项费用的增加量;边际使用者成本是指现在利用这一新增单位资源所放弃的未来收益;边际外部成本是指利用这一新增单位资源过程中对社会及他人带来的未进行补偿的损失。

5.1.2 边际机会成本理论在自然资源定价中的应用

在过去的20年中,我国一些研究者应用Pearce的边际机会成本理论在自然资源定价方面开展了尝试,并得到了一些较好的应用,取得了一定的成绩。

国内较早开展边际机会成本理论与应用研究的是章铮,他于1996年在边际机会成本理论的基础上提出了一套自然资源定价的理论体系,在其提出的体系中对边际机会成本的三个部分进行了阐述,认为理论上边际机会成本应该相当于利用一单位自然资源的全部成本,并认为环境自净能力作为一种环境资源也具有边际使用者成本(章铮,1996)。

姜文来(1998)、武亚军(1999)等学者开展了将边际机会成本理论应用于水资源定价研究与实践中,如姜文来(1998)分析了边际机会成本存在的缺陷,认为其在水资源价值测算上存在替代选择多样性、缺乏可比性、没考虑水质的影响等不足,在应用上存在一定的困难。武亚军(1999)在平均增量成本定价方法的基础上,提出了一种动态定价模型,通过合理选择贴现率参数、价格调整参数,采用该模型对政策制定者开展水资源价格改革策略的制定有很好的指导意义。该研究指出,基于边际机会成本的水资源定价动态模型能够在缓解我国的水资源危机方面发挥作用。该动态模型的缺点是依赖续建水源工程,如无续建工程,则水资源价格失去参照。高兴佑等(2011)开展了基于完全成本和边际机会成本的城市水价研究。陈祖海(2003)采用边际机会成本理论开展了水资源定价的实证研究,提出在不同贴现率情况下,赤壁市的理想水价均高于当时的水价,并认为边际机会成本定价模型能为环境排污费的确定提供量化标准。傅平等(2004)提出了稀缺水资源边际机会成本模型,从平均增量成本概念出发,对原有的平均增量成本计算模型做了重新推导,在资源环境经济学的层次上扩展了其内涵,使其既包含边际生产成本又包含边际外部成本,在此基础上建立了可用来计算稀缺水资源边际机会成本最小值的模型。

除将边际机会成本理论应用于水资源定价研究中外,还有学者将其应用于耗竭性能源资源定价、农地定价、煤炭资源定价等研究与实践中。于渤等(2005)结合可持续发展理论以及最优增长模型,通过分析资源利用过程中的环境限制与资源本身存量的约束,提出了一个开展耗竭性能源资源价值评估的数学模型,该模型阐述了能源资源价值的边际代际机会成本、边际生产成本以及边际环境成本的具体组成。遗憾的是该研究未能结合森林环境资源这类可再生能源价值能否应用该方法进行分析。

边学芳等(2006)以江都市为例，采用边际机会成本理论，开展了农地价格的矫正研究。该研究认为现行的农地价格严重扭曲，没有完全表达农地的完全价值，其通过利用边际机会成本定价的方法，进行了江都市农地完全价格的实证研究，认为包含外部成本的农地价格才是进入建设用地市场的价格，实现农地完全价格需要建立明晰的产权和完善的农地价格体系。杨秋媛(2009)在边际机会成本理论基础上，深入分析了煤炭资源价格确定问题，提出煤炭的成本不应单纯是煤炭生产所产生的直接生产成本，而应该考虑煤炭开采、利用过程带来的耗竭成本，以及对环境破坏产生的环境成本，通过边际机会成本理论，将煤炭的价格应用涵盖这三者的完全成本来确定，将外部成本内部化，认为通过煤炭完全成本确定的煤炭价格有助于实现煤炭行业的可持续发展。刘岩等(2011)依据边际机会成本理论深入分析了可再生能源价值的构成，通过建立动态模型论证了可再生能源价值的三个构成要素，为可再生能源的定价奠定了一定的理论基础。该研究通过对可再生能源价格构成的分析，提出在实践工作中需要政府行政手段的干预来纠正市场失灵，从而实现资源利用过程中的外部成本内部化。郑冬婷(2010)从人口、资源的可持续发展角度出发提出了一种森林资源定价建模方法，该方法是在假定一个足够大的森林资源耗竭期限条件下，以全社会效用最大化为目标，得到森林资源利用的边际生产成本和边际使用者成本的帕累托最优价格。该研究未能对模型进行验证，并且未能考虑边际外部成本，因此还不是完整意义上的定价模型。

开展边际机会成本理论应用的研究还有许多，以上只是分析了一些有代表性的应用成果或观点。从前人研究成果看来，基于边际机会成本理论开展定价研究主要集中在水资源、煤炭资源的定价上，将边际机会成本法应用在森林环境资源定价方面的研究开展较少。森林环境资源的开采利用也具有水资源、煤炭资源所具有的三大类成本方面的构成，只是结合森林环境资源特点对其三大类成本的具体构成需要进行深入的研究。边际机会成本理论对开展森林环境资源定价同样具有重大意义。基于此，本章将主要从森林环境资源的角度探讨应用边际机会成本法定价的可行性，在边际机会成本理论的基础上开展森林环境资源定价的具体的成本构成研究，为构建森林环境资源边际机会成本定价模型奠定理论基础。

5.1.3　森林环境资源边际机会成本定价方法的提出

依据边际机会成本理论，理论上森林环境资源采伐利用者为采伐利用的单位森林环境资源支付的价格应该等于其边际机会成本，包括边际生产成本、边际使用者成本、边际外部成本三方面的构成。若使用者为消耗的单位森林环境资源支付的价格低于边际机会成本，则会诱发森林环境资源的过度利用，而高于边际机会成本则会抑制森林环境资源的合理消费。边际生产成本是指森林生产经济活动中所支付的生产费用，边际使用者成本是指对森林资源的利用对使用者造成的损失，边际外部成本则是指森林资源的利用对外部环境生态等方面造成的损失。

不同的自然资源的边际生产成本、边际使用者成本、边际外部成本具有不同的含义，而且随着科学的发展、人们认识水平的提高等因素的变化，边际生产成本、边际使用者成本、边际外部成本的内涵也可能发生变化，因此，在具体应用边际机会成本法来进行自然资源的定价时，就需要针对不同自然资源的特点进行具体的分析，设计不同的成本计量方法。因此，针对森林环境资源开展基于边际机会成本的定价研究，下一步就需要具体结合森林环境资源的自身特点，深入分析其边际生产成本、边际使用者成本、边际外部成本的具体构成，并设计相应的计量模型。

另外，考虑到成本分量的测算的可利用技术与方法的限制性、数据采集的易得性，在进行成本计量时一般只考虑具体资源的主要方面，所以设计其三者成本构成及模型时要充分考虑这一点，使所提出的方法应用切实可行，并经实践的检验后修改、完善该方法与模型，不断地反复，以逐步推进和提高边际机会成本理论在森林环境资源定价工作中的理论研究水平与实际效果。

5.2 森林环境资源边际机会成本定价理论可行性分析

边际机会成本定价方法是从经济学的角度度量为使用资源全社会所付出的全部代价。它包括了凝结在森林资源之上的人类劳动价值和资源生态经济价值，用于森林资源的价值核算是可行的。

5.2.1 边际机会成本是一个完全成本概念

根据边际机会成本理论，森林环境资源价格等于边际机会成本，由森林环境资源的边际生产成本、森林环境资源的边际使用者成本、森林环境资源的边际外部成本组成。由此可见，根据该理论确定的资源价格包含了资源开发利用投入的资金成本、引发的耗竭成本、产生的外部成本，是一个完全成本的概念，满足森林环境资源定价的完备性要求，符合森林环境资源的特点及其可持续发展的要求。

5.2.2 边际机会成本定价符合一般商品定价机制

基于边际机会成本法来开展森林环境资源定价，其中边际生产成本将自然资源当前的成本和利润，以及未来的收益包括在内，这点与一般商业产品的定价机制相同。

5.2.3 边际机会成本定价有助于弥补传统价值核算方法的不足

边际机会成本法可以将森林环境资源利用的损失统一到成本的角度上来考虑，

在间接估算无有形市场的森林环境资源价格方面具有优势。利用边际机会成本法可以弥补传统价值核算方法重复计算的不足。因为森林环境资源构成相对复杂，内部各成分之间相互联系、相互影响，一种森林环境服务的好坏会影响另一种森林环境服务的好坏。传统价值核算方法单独计算森林带来的每种生态效益，然后进行加总，容易割裂不同生态效益的内在联系。而采用边际机会成本法，将特定森林环境资源作为一个整体考虑，分析其边际生产成本、边际使用者成本、边际外部成本，可以避免重复计算。

通过以上分析认为，采用边际机会成本法进行森林环境资源定价具有明显的优势，反映了凝结在森林环境资源上的人类劳动价值和森林环境资源生态经济价值，符合森林环境资源的特点并满足了森林环境资源的可持续发展的要求，可以应用在对森林环境资源的定价上。

5.3　森林环境资源定价的边际机会成本内涵

5.3.1　机会成本的含义

机会成本(Opportunity Cost，OC)的概念是由新古典经济学派提出的，是指在相同的其他条件下，将一定的资源用于某方面用途而放弃的用于其他方面用途时所能获得的最大收益，也被叫作“替代性成本”。资源利用过程中只要资源本身是稀缺的、存在不同的选择机会、资源可以流动，便存在机会成本，可以利用机会成本进行经济分析。

为更好地表述机会成本的内涵，以人们比较熟悉的房屋拆迁时遇到的房屋价值的评估为例，假设有一幢三层小楼，拆迁前房主将一楼出租给商户开展商业活动，二楼租给他人居住，三楼自住。如果拆迁时对房屋价值的评估仅仅只是对建设该小楼花费的建设成本的评估，则低估了房屋的价值。因为这种评估没有包含房主因房屋的存在带来的其他收入，如租金收入；同时也没有考虑因房屋拆迁给自身带来的损失，原来有住所，房屋拆迁后不能及时建设新房，只能在外租住，由此需要支付租金。但如果使用机会成本来衡量该房屋的价值，则应该包含：建设该房屋的建设成本、装修成本、贷款建房的利息等，即生产者成本；失去房屋后自己和后代不能再将房屋出租获得租金收入，即给房主带来的收益损失或其他损失，为使用者成本。如果该房屋拆迁过程中存在环境污染，会给他人带来损失，需要进行补偿，则其机会成本中还应该包含这些损失，即外部成本。显而易见，使用机会成本来进行该房屋价值的度量，将其作为拆迁房屋时定价的方法与工具，从经济学角度度量拆迁该房屋所付出的全部代价，确实是一种切实可行的方法。

5.3.2 森林环境资源边际机会成本的内涵

在森林环境资源的定价中尝试引入边际机会成本理论时，与其他自然资源定价一样不能单纯只是包含森林环境资源的生产成本，还应该将相应的生产者有效利用该生产成本所得到的利润包括在内。另外，森林环境资源具有实物意义上的稀缺性，当一单位的森林环境资源利用时，就放弃了今后利用该资源为经济当事人获得纯收益的机会，所以，由于森林环境资源利用所放弃的经济当事人的收益损失也应该计入成本中。除此之外，森林环境资源的利用给社会和他人带来的损失，也应该包括在机会成本中。

边际机会成本中的边际是一个增量比的概念，是单位自变量的变化与带来的因变量的变化比。森林环境资源的机会成本不仅随其产量的变化而变化，还随森林环境资源稀缺程度的变化而变化。通常森林环境资源的单位机会成本是随时间变化逐步递增的。所以，森林环境资源的价格不等于平均机会成本，而是等于边际机会成本(中国环境和发展国际合作委员会，1997)。

因此，森林环境资源的价格应等于其边际机会成本，其边际机会成本从理论上反映了利用一单位森林环境资源时包括生产者在内的全社会为此付出的全部代价。

5.4 森林环境资源定价的边际机会成本构成

根据边际机会成本理论，森林环境资源的边际机会成本由森林环境资源的边际生产成本、森林环境资源的边际使用者成本及森林环境资源的边际外部成本组成。本书拟选取“边际环境成本”来替代“边际外部成本”去分析研究森林环境资源经营、利用过程中生态环境破坏的经济损失问题，是认为环境成本的概念能更准确、更好地体现森林环境资源经营、利用过程中所产生的外部不经济后果，即森林环境资源利用后水土流失、居住环境变化、景观破坏等对周边社区人民生命财产及社会经济发展等方面的负面影响。

理论上森林环境资源的价格 P 应该等于其边际机会成本(MOC)，用公式表示为：

$$P=MOC=MPC+MUC+MEC$$

价格构成是指形成价格的各个因素在价格中的组成情况。森林环境资源边际机会成本定价的价格构成包括边际生产成本(MPC)、边际使用者成本(MOC)、边际环境成本(MEC)。接下来，结合森林环境资源的特点，具体开展这三方面成本构成的分析。

5.4.1 边际生产成本(MPC)构成分析

森林环境资源的边际机会成本中的边际生产成本是最容易被人们认知的一部分,因为收获自然资源必须支付生产成本,如基础设施、设备、工资等各类投入,即便是未收获的自然资源,同样存在勘探成本、管理成本、监测成本等生产成本。森林环境资源的边际生产成本是指收获一单位自然资源所带来的总生产成本的变动。森林环境资源的边际生产成本可分为短期边际生产成本和长期边际生产成本。短期边际生产成本只涉及可变成本,长期边际生产成本包括固定成本和可变成本。森林环境资源具有投入大、培育周期长等特点,因此,森林环境资源的边际生产成本应为长期边际生产成本。

人工林森林环境资源的边际生产成本应该包括:

(1)该单位蓄积森林环境资源的直接生产成本。包括:地租、造林的苗木费、人工费、抚育费、管护费用等;培育该森林环境资源所需要的基础建设成本,包括建设林道、管护棚、防火线等的投入;以及因自然灾害引发损失后新投入的各项费用(如购买了森林保险,则是“保险费用”加上“新投入的各项费用”减去“保险补偿金”)。

(2)该单位蓄积森林环境资源的间接生产成本。包括培育该森林环境资源而开展的前期规划设计、调查、监测、其他管理费用等间接投入的成本费用。

(3)资本费。包括利息和折旧等,其中培育该森林环境资源投入资金的利息,可按同期商业贷款利率进行计算。

要注意的是,森林环境资源的培育过程开始发生的成本要多于中后期,因此要进行贴现,在培育过程中投入的资金产生的利息因为生产周期长,利息也会转入下一年度形成新的成本,形成森林环境资源培育生产成本的复利形式。

若是天然林,考虑到如果天然林砍伐后,出于保护生态和可持续发展的要求,需要人工造林,所以天然林森林环境资源的边际生产成本应包括再生产成本(如人工造林)、管理维护成本等。

5.4.2 边际使用者成本(MUC)构成分析

森林环境资源的边际使用者成本是指某一单位森林环境资源被利用后,自身或后代不能够再利用所产生的成本,即是所放弃的以其他方式利用该森林环境资源可能获得的最大纯收益,包括现在使用资源而不是留给后代使用所产生的成本。它反映了森林环境资源的稀缺性对其价格的影响。

森林环境资源的边际使用者成本是由其机会成本来确定的,判断某一自然资源是否具有边际使用者成本,首先它应该拥有多种利用的选择或机会,只有一种选择时谈不上机会成本。有些森林环境资源的经济当事人会面临将资源用作公益林还是经济林的选择,这种情况下的这些经济当事人将资源用作经济林所能获取的边际私人纯收益，即其机会成本，也就是经济当事人使用该森林环境资源的边际使用者成本。有些森林环境资源的经济当事人会面临现在使用该资源还是将来使用的选择，这种情况下这些经济当事人将资源现在使用所放弃的将来使用可能带来的纯收益，将这种不同时期的纯收益根据商业银行的利率或中央银行的贴现率折现成现值，就是经济当事人现在使用该森林环境资源的边际使用者成本。

其次，它必须具有物质意义上的稀缺性。如果可以获取的自然资源比较稀缺并不是因为其绝对数量过少，而是由于获取该自然资源的投入过少，开发出的资源产品市场上不能满足需求，这种稀缺只是经济意义上的稀缺，这种稀缺性可以通过更多的开采投入来解决，与使用者成本无关。物质意义上的稀缺才与使用者成本有关，森林环境资源作为人类重要的物质基础具有显而易见的物质稀缺性，据历史记载，森林在19世纪中期还占了地球面积的大约2/3，后来陆续被使用、破坏，造成当前森林总量的严重不足，由于过量地收获，森林环境资源面临着与不可再生能源类似的资源耗竭和跨时期配置问题。所以，森林环境资源具有使用者成本。而可再生资源中的风能、太阳能等由于其取之不尽、用之不竭，不具有稀缺性，其边际使用者成本为零。

5.4.3　边际环境成本(MEC)构成分析

由于森林环境资源具有典型的外部性，即森林环境资源能给其他经济当事人带来有利的影响，如为水电厂增加水库水源量，为区域居民净化空气、制造氧气、防风固沙带来居住环境的改善，以及农业增产等，即正外部性。现行的市场机制并不能有效地反映这种影响，受益者并不需要为此支付报酬。反过来讲，当森林环境资源在开采利用时，给周边居民等第三者带来了环境损失，造成的这种损失也没有得到森林环境资源开发者的补偿，而是由受害者或第三者负担了，这种损失就是在森林环境资源采伐利用过程中产生的外部成本。因此，森林环境资源的边际环境成本是指森林环境资源的利用对生态环境的影响，即森林环境资源经营与利用带来的全部环境损失，可以通过生态环境质量价值的变动来确定。

(1)森林环境资源利用的边际环境成本构成分析

森林环境资源提供了涵养水源、固碳制氧、水土保持、调节气候、农业防护、生物多样性保护、森林生态景观等多种生态功能。森林环境资源的采伐利用势必会降低甚至取消这些功能，对周边的环境带来影响，造成生态价值损失，从而形成森林环境资源采伐利用的外部成本，也即森林环境资源采伐利用的环境成本。基于现有的对森林环境资源提供的生态服务的认知，本节将森林环境资源采伐利用后带来的损失分为以下七类：

1)水土流失

森林环境资源能有效防止水土流失，通过树冠、枯枝落叶层、根系等截留降雨，降低地表融雪水和雨水的径流量，并降低雨水对土壤的冲蚀，改良土壤，从而发挥涵养水源、防止土壤流失、改善水质、防止土壤淤塞河道和水库等服务功效，对人类的生产生活发挥了不可或缺的作用。

森林环境资源的采伐利用，势必会带来调节水量的减少，为下游人们的生产生活用水带来损失；同时，由于涵养水源能力降低，容易形成土壤流失，水中泥沙含量增加，造成下游泥沙淤积，增加净化水质与清理泥沙的成本，土壤侵蚀会给水利、水力发电、河运交通、渔业等众多部门造成损失；另一方面，森林生态系统在生物界和非生物界之间扮演着主要的能量和物质交换者角色，其内部发生了生物与土壤之间的养分交换，参与维持养分循环的物质主要有 N，P，K 等。流失的土壤带走了富含 N，P，K 等的表层土壤，使林地质量下降，影响林业生产，为维持土壤肥力，不得不施肥，由此带来的支出可以看作养分流失的损失。

2）固碳减少

林木在自然生长过程中，通过光合作用将大气中的 CO_2 转化为自身生长所需要的物质，能起到降低空气中 CO_2 的功效，从而减缓温室效应。森林环境资源提供的这种功能称为固碳功能。

如果林木被砍伐，势必会降低森林环境资源的固碳功效，虽然采伐的林木如果做成木制品在腐烂之前还是发挥了固碳功能，但考虑现行的碳汇市场主要是对立木发挥的固碳功能进行交易，本书将立木砍伐单位占总体单位的比例乘以总体固碳效益看为该单位森林环境资源采伐利用带来的固碳损失。

3）释氧减少

森林环境资源在固碳的同时，还释放 O_2，为人类提供生存必须的条件。根据光合作用方程式，森林生态系统每生产 1 g 干物质能固定 1.63 g CO_2，释放 1.2 g O_2。

森林环境资源的采伐利用，降低了森林环境释放 O_2 的能力，本书将这部分损失与大气环境影响损失在指标的处理上归为对居住环境的影响。

4）大气环境影响

森林环境资源能够发挥净化环境的影响，这种服务一般分为吸收污染物质（如吸收 SO_2 等有毒有害气体）、阻滞粉尘、降低噪声、提供负离子、杀灭病菌等。这种服务在酸雨和尘土日益增多的今天越来越受到人们的认识与重视。

过去有关这方面效益的研究多是选取吸收 SO_2 和阻滞粉尘这两种较好测算的有代表性的服务价值进行测算。其他方面因测算方法缺乏或数据可得性差等原因被忽略。本书通过深入分析认为，森林环境资源发挥的释放 O_2、对大气环境的影响，根据其最终效果可以归结到对居民居住环境的改善上来。居民才是消费这些服务的支付主体，同时遵循简化易操作的定价原则，将单位森林环境资源采伐利用带来的释放 O_2、对大气环境影响的损失归为对居民居住环境的影响损失。对特定区域森林环境资源的采伐利用带来的这方面损失，可以通过支付意愿调查法从享受这种居住环境改善的森林环境服务群体的真实接受赔偿意愿得到。理论上享受这种服务的支付意愿与不能享受而获得的受偿意愿应该相等，考虑到实际调查工作中，人们更容易扩大自己的损失，放大赔偿意愿，因此一般还是通过获取居民享受森林环境资源改善居住环境的支付意愿来度量由于森林环境资源采伐利用带来的这类损失。

5)防护能力降低

森林环境资源以其茂密的枝叶和庞大的枝干，可以有效抵御风沙，降低风速，减弱风能。特别是在农田周围的防护林不仅改善了自然环境，还为农业的增产增收发挥了重要的作用。沿海的防护林可以减弱台风力量，减轻风灾损失，起到固堤护岸的作用。据资料统计，减弱风速 30%的防护距离可达树高的 15～20 倍。

森林环境资源在发挥防风功效的同时，还因为植物在沙地上提供了障碍物，增大了地面粗糙度，加速了土壤的形成过程，土壤的黏结力提高，树木的根系也起到固结沙粒的作用，发挥了固沙的重要作用。

森林环境资源的采伐利用带来的防护能力降低，引发的农业损失、灾害损失等就是这部分环境成本。对其度量时有必要分清所测度的森林环境资源对象，对农田防护林、沿海防护林、沙化严重地区的森林环境资源测度时必须考虑这部分损失，而在森林环境资源丰裕地区，采伐利用较小单位森林环境资源时，这方面的损失较小，则可以不予计量。

6)生物多样性损失

森林环境资源由于所处地域、气候环境等的不同，在世界范围形成了丰富多样的极其复杂的森林生态系统，是自然界物种栖息、繁殖与进化的庇护所。森林中不仅保存了极其丰富的植物种类，森林内部特别是原始森林由于人类的干扰较少，成为野生动物生存的天堂，提供了非常宝贵的天然基因库，为研究生物演化提供了天然的实验室，目前地球上有 250 万种以上的生物在各类森林环境中栖息繁衍。森林生态系统中的基因资源对人类的生存与发展起到重要的作用，受环境、人为因素的共同作用，相互影响。

如果森林环境资源过分采伐利用，将会改变野生动植物的生存环境，使一些珍稀的物种丧失，降低物种数目以及群落的生物多样性指数，森林生态系统作为动植物的栖息地所保存的这种生物多样性势必被破坏，带来生物多样性方面的损失。

7)生态景观影响

森林环境资源因其独特的自然景观、气候特色，为人类提供了诸如生态旅游、森林远足、垂钓等生态景观服务，为人们提供了娱乐和休闲的场所。人们通过参与森林旅游，身心愉悦，精神舒畅，提高了人体健康水平。同时，森林环境资源还为人类提供了各种美轮美奂的景观，使人在大自然的美中流连忘返、陶冶情操。

正因为森林环境资源提供了多种多样的生态景观，伴随着经济社会发展和人们生活水平的改善，人们到各类森林风景区旅游、欣赏华美自然景观的意愿逐步增强，森林环境资源发挥的旅游功能价值也越来越大。

如果森林环境资源的采伐利用破坏了生态景观，使游客减少，就会产生相应的损失，形成森林环境资源采伐利用的环境成本的一部分。

(2)森林环境资源利用的边际环境成本核算指标体系建立

通过前面分析得到了森林环境资源利用的边际环境成本的构成，为进一步测算各成本构成方便考虑，本书提出以下森林环境资源经营、利用过程中的损失的具体构成核算指标。

参考国家林业局制定的林业行业标准《森林生态系统服务功能评估规范》(LY/T 1721—2008)和国内外他人的研究成果，考虑可测性、重要性等因素，根据具体的评估对象的特点，把前面提出的水土流失、固碳减少等七类损失作为Ⅰ级指标，根据Ⅰ级指标的主要内涵，又分别选定一些具体的可测算Ⅱ级指标。氧气减少及负离子减少、污染物增多、噪声增大、尘土增多等带来的损失，主要是周边居民居住质量的下降，因此，将其归为一个指标即居住质量下降引起的损失来进行度量，具体见表 5.1。

表 5.1 森林环境资源利用的边际环境成本核算指标体系

<table>
<tr><th></th><th>Ⅰ级指标</th><th>Ⅱ级指标</th><th>指标含义</th></tr>
<tr><td rowspan="10">森林环境资源利用的边际环境成本</td><td rowspan="4">水土流失</td><td>调节水量减少</td><td>森林实物资源利用后调节水量能力降低带来的损失</td></tr>
<tr><td>水质变化</td><td>森林采伐后带来的水质改变的损失</td></tr>
<tr><td>土壤流失</td><td>森林采伐后引起的土壤流失造成的损失</td></tr>
<tr><td>养分流失</td><td>因采伐影响养分生物循环造成的环境损失</td></tr>
<tr><td>固碳减少</td><td>固碳损失</td><td>因采伐消耗造成的固碳损失</td></tr>
<tr><td>释氧减少</td><td>居住质量下降</td><td>氧气减少</td></tr>
<tr><td>大气环境影响</td><td>居住质量下降</td><td>负离子减少、污染物增多、噪声增大、尘土增多带来的居住质量下降引起的损失</td></tr>
<tr><td>防护能力降低</td><td>农业产量损失</td><td>森林采伐利用后使农业产量降低的损失</td></tr>
<tr><td>生物多样性损失</td><td>生物多样性损失</td><td>动植物多样性减少的环境损失</td></tr>
<tr><td>生态景观影响</td><td>旅游损失</td><td>主要指森林砍伐利用后引起的视域损失</td></tr>
</table>

对上述各指标的度量有的能通过损失物理量的测定求得，有的边际环境成本的高低不仅取决于受害者受到的损失大小，还取决于受害者对损失的评价，即取决于受害者接受补偿的意愿，如居住质量下降的成本测定。

总之，由森林环境资源定价的价格构成可见，由边际机会成本所确定的森林环境资源价格是凝结在森林环境资源上的劳动价值与森林环境资源生态服务经济价值的综合结果。下一步需要对森林环境资源利用后产生的外部成本设计度量方法，即是指从经济学角度对森林砍伐后带来的对他人的损失的测算。如果该评估的森林环境资源并未砍伐利用，则是假定其砍伐后带来的对他人利益损失的测算，也同样可以得到其外部成本。

第6章　基于边际机会成本的森林环境资源定价模型

6.1　森林环境资源边际机会成本定价的目标与原则

6.1.1　森林环境资源边际机会成本定价的目标

造成森林环境资源的破坏与不足有政治、经济、社会等多方面的原因，如保护措施不足、地区经济落后、社会教育水平低等，但深层次的原因还是没有在可持续发展思想的指导下，从经济角度对当地森林环境资源的使用产生的环境影响进行度量与测算，没有采取有效的价格手段来引导森林环境资源的合理开发和保护。

自然资源的价格作为市场经济的杠杆，可以发挥其在促进自然资源优化配置和合理开发、利用方面的作用。森林环境资源作为自然资源的一种，其定价工作也要为资源的配置提供重要依据。

具体说来，开展森林环境资源边际机会成本定价的目标是依靠科技手段准确度量、科学测算森林环境资源的价格，引导人们认识森林环境资源的价值，同时为森林环境资源的投资提供成本参考，促进森林环境资源的合理配置与可持续发展，促进人与自然、资源与环境协调发展模式的建立。

6.1.2　森林环境资源边际机会成本定价的原则

在上述目标指导下，森林环境资源定价大体要遵循以下几个原则：

(1)定价要有利于成本补偿和合理收益。开展森林环境资源定价要能体现当合理利用资源时企业或者个人所能获得的成本补偿，使其投资能够得到收益，从而刺激企业及相关单位的积极性，保证资源可持续开发利用。

(2)定价要有利于资源的优化配置和使用效率的提高。森林环境资源的定价必须把资源的高效配置放在突出的位置，只有资源得到高效配置，才能有效促进国民经济的发展。同时，价格真正反映森林环境资源的生产成本和市场供求情况时，其使用效率才可能得到提高。

(3)定价要有利于可持续发展。森林环境资源是可再生的资源，其中林木等实物资源一般是可以再生的，但森林环境部分却是一旦破坏就难以甚至是不可能恢复到原貌，由于森林的肆意开采利用，带来物种的丧失、生物多样性的变化也是不可逆的。基于此，森林环境资源价格的制定应该从能够增强人们对森林环境资源的保护意识出发，遵循可持续发展原则，在价格中应包含开发利用森林环境资源的外部成本。

(4)定价要有利于公平负担原则。森林环境资源的定价要能使使用者公平付费，使用户得到的森林环境服务与其支付的费用相等，这就要求在价格制定中要考虑用户的支付能力和支付意愿。

(5)定价指标选取要遵循代表性、可操作性、适应性原则。森林环境资源的构成是一个复杂的综合体，其提供的服务产品多样，定价过程中选取价格指标时不可能包括所有的因子，只能选取一些实用可行、可操作性强的有代表性的指标进行测定，这样的指标要求定量化数据易于获取和更新，并考虑指标能够在空间尺度上适应不同区域的要求。

6.2　森林环境资源边际机会成本测度方法及定价模型

6.2.1　边际生产成本(MPC)

森林环境资源利用的边际生产成本是其边际机会成本中比较直接、易于被人们接受和认知的一项成本构成。森林环境资源同其他自然资源一样，人类要对其进行利用，就需要支付各类生产成本，要投入人力、物力，耗费时间进行开采、运输等。如第 5 章分析，森林环境资源有别于其他自然资源的显著特点是：其可以通过人类劳动的参与在自然力的作用下进行部分意义上的再生产。这样就包含为资源的生产所付出的直接生产成本、间接生产成本、资本费等。即使是对不能进行直接木材采伐利用的天然林，人类为了使其能够发挥环境服务作用，获取其提供的环境服务产品，同样需要投入人力、物力开展诸如防火、防虫、防盗采等活动，保证其服务的持续提供。所以，将森林环境资源生产者所付出的全部生产成本纳入资源价格体系，并补偿这部分成本是激发生产者提供资源产品的最基本保障。

依据边际机会成本理论，新增单位森林环境资源利用带来的总生产成本的增加为其边际生产成本。边际分析理论要求自变量是逐步、连续、小量变化的，而在森林环境资源的生产成本投入中，有时是突然、间断、大量变化的。因为森林环境资源培育生产周期长的特点，有的成本在短期内投入，却在长期内发生作用，因此在自然经济学中以平均增量成本来代替边际成本。可以选取一个较长的周期，统计分析森林环境资源的长期生产成本，将历年的平均生产成本分摊到每年的新增量上来，从而避免短期生产成本的波动带来森林环境资源定价结果的大幅波动。

在对森林环境资源定价的单位选取上，考虑到按面积定价不能较好地反映森林环境资源林龄的差异，所以选取单位蓄积量作为森林环境资源定价单位。在前人研究基础上，按自然资源经济学中的自然资源的边际生产成本用平均增量成本（Average Increment Cost，AIC）来替代的观点，结合森林环境资源特点，提出将森林环境资源历年的生产成本平均分摊到每年所增加的森林蓄积上，来获取新增单位蓄积森林环境资源所需要付出的生产成本的增加，即边际生产成本。

设计计算公式如下：

$$MPC = AIC = \sum_{t=1}^{n} \frac{C_t}{(1+r)^t} \Big/ \sum_{t=1}^{n} \frac{Q_t}{(1+r)^t} \times (1+r)^n \qquad (6.1)$$

式中：MPC 为边际生产成本；AIC 为平均增量成本；C_t 为第 t 年新投入的生产成本，包括森林环境资源的直接生产成本、间接生产成本、资本费等；Q_t 为第 t 年增加的森林蓄积量；r 为贴现率；n 为定价的森林环境资源的林分年龄。

6.2.2 边际使用者成本(MUC)

由于森林环境资源能够自然生长，在一定的时间跨度里，如果森林的采伐利用量小于或等于量的增加，此时边际使用者成本就为零；如果采伐利用量大于或等于增长量，将同样面临资源枯竭而带来的稀缺性问题，也存在代际间如何公平使用资源的问题，此时对森林环境资源开展定价时则需要考虑边际使用者成本（章铮，1998）。

(1)现有的自然资源边际使用者成本计算方法

从理论上，可以将边际使用者成本的具体计算方法分为逆算法、动态法和替代法三类（中国环境与发展国际合作委员会，1997）。

1)逆算法是依据在完全竞争条件下市场价格和影子价格不仅反映了自然资源的生产成本，而且也反映了其稀缺程度，因此，自然资源的价格就等于边际生产成本与边际使用者成本之和，将价格扣除边际生产成本，就可以倒推出自然资源的边际使用者成本。这种方法也称作“逆算净价法”。用公式表示为：

$$MUC_t = P_t - MPC_t \qquad (6.2)$$

式中：t 为时期，MUC_t 为 t 期自然资源的边际使用者成本；P_t 为该自然资源的市场价格；MPC_t 为 t 期自然资源的边际生产成本。

2)动态法是将自然资源与其他资本同等看待，经济当事人依据预期利润率与贴现率的比较，在追求自身利益最大化的目标驱动下，决定是提早收获还是推迟收获自然资源，根据这一原理来推算边际使用者成本。也即预期利润率高低决定着经济当事人的决策，因此边际使用者成本按与利率相同的比率递增。如果已知基年的边际使用者成本，则容易预测后面的边际使用者成本。用公式表示为：

$$MUC_t = MUC_0 \times e^{rt} \qquad (6.3)$$

式中：MUC_0 为基年的边际使用者成本；r 为利息率，即贴现率；t 为时期。

3)替代法是考虑替代品或替代技术能够缓解或消除自然资源的稀缺，因此可用替代品或替代技术的成本来衡量边际使用者成本的大小。

以上三种方法各有其特点，逆算法需要统计数据的支持，受自然资源市场价格波动的影响，且只能计算过去的边际使用者成本，无法用在预测未来的边际使用者成本上。动态法能够用在未来的边际使用者成本的预测上，反映其走势，但其基期的 MUC_0 需要通过其他方法预先得到。替代法能够反映经济当事人对边际使用者成本的实际估价，但在替代品或替代技术的选取上存在主观色彩，且有的自然资源存在这方面选取的困难(严立冬 等，2009)。

(2)森林环境资源边际使用者成本计算思路

本书认为针对森林环境资源的边际使用者成本，采用逆算法结果容易发生偏差，动态法不能提供 MUC_0 的计算，替代法对森林环境资源来说存在替代物品选取的困难，替代品发展趋势、价格及贴现率等因素难以确定。基于此，本书参考中国环境与发展国际合作委员会(1997)的研究成果，结合租金或预期收益资本化法从另一角度开展森林环境资源的边际使用者成本计算。

计算的基本思路是：森林环境资源具有相对耗竭的趋势，每单位蓄积的森林环境资源的采伐利用会造成将来或后代使用方面的收益损失，即边际使用者成本。现在采伐利用森林环境资源而不是将来利用带来的这种收益的损失主要来自三方面：一方面是森林环境资源实物产品的自然生长增加部分收益的损失，可用该林区森林蓄积年增长率乘以单位蓄积出材率再乘以木材市场单价得到，然后贴现为现值；第二方面是森林环境服务随着蓄积增加带来的服务增加方面的收益损失，可用该林区森林蓄积年增长率乘以单位蓄积带来的各类服务的市场单价得到，然后贴现为现值；第三方面是森林环境资源实物产品与服务产品在社会需求与稀缺性、人们生态保护意识等因素的影响下而带来的价格增加的这部分收益损失。对第二方面的损失的计量，与森林环境资源市场化步伐密切相关，比如森林环境资源的涵养水源价值等各类服务价值，在现阶段经济当事人如果没有选择采伐利用也并没有得到这部分收益，因为这部分在森林环境服务市场还不完善，现阶段对经济当事人的选择造成的收益损失的第二方面可以使用该林区森林蓄积年增长率乘以单位蓄积的边际环境成本得到，然后贴现为现值。第三方面主要对收益考虑稀缺性，进行供求关系调整得到。简单地讲，就是将每单位蓄积的森林环境资源采伐利用的预期收益损失，采取租金或预期收益资本化法，求得其收益现值，即未来的收益损失 U，然后考虑稀缺性进行供求关系的调整就可得到边际使用者成本。

(3)森林环境资源边际使用者成本计算模型设计

依据前述计算思路，森林环境资源边际使用者成本具体计算模型推导如下：

1)将森林环境资源不采伐利用在未来一定时间内为经济当事人带来的物质性产

品的价值增值部分，根据适当的社会贴现率，贴现为现值 U_1。其计量公式为：

$$U_1 = \sum_{t=1}^{n} R_m \times L \times P \times (1+r)^{-t} \tag{6.4}$$

式中：R_m 为单位森林蓄积年增长量；L 为单位蓄积出材率；P 为木材市场单价，这里假定为基年价格，每年保持不变，价格变化带来的损失在(6.6)式中有体现；r 为社会贴现率，假定其各年相等；n 为森林的蓄积持续稳定增长的年份。

2)将森林环境资源不采伐利用在未来一定时间内通过提供环境服务为经济当事人带来的价值增值部分，根据适当的社会贴现率，贴现为现值 U_2。理论上在健全的市场经济环境下，消费环境服务的消费者会为此付费，其数额等于边际环境成本。其计量公式为：

$$U_2 = \sum_{t=1}^{n} R_m \times MEC \times (1+r)^{-t} \tag{6.5}$$

式中：R_m，r，n 解释同上；MEC 为森林单位蓄积的环境收益，这里假定为基年收益，每年保持不变，变化的部分在(6.6)式中有体现。

3)根据供求关系调整，成本是价格的基本构成部分，供给量一定时，价格与需求量大概呈正比关系，体现这种关系需考虑需求弹性系数。同理，需求量一定时，价格与供给量呈反比关系，体现这种关系需考虑供给弹性系数。为计算简便，按弹性系数的定义简化，得到如下公式：

$$\begin{aligned} MUC &= (U_1 + U_2) \times \frac{Q_d E_d}{Q_s E_s} \\ &= \sum_{t=1}^{n} R_m \times (L \times P + MEC) \times (1+r)^{-t} \times \frac{Q_d E_d}{Q_s E_s} \\ &= \sum_{t=1}^{n} R_m \times (L \times P + MEC) \times (1+r)^{-t} \times \frac{Q_d \times \dfrac{\Delta Q_d / Q_d}{\Delta P_1 / P_1}}{Q_s \times \dfrac{\Delta Q_s / Q_s}{\Delta P_1 / P_1}} \\ &= \sum_{t=1}^{n} R_m \times (L \times P + MEC) \times (1+r)^{-t} \times \frac{\Delta Q_d}{\Delta Q_s} \end{aligned} \tag{6.6}$$

式中：R_m，r，n，MEC 解释同上；Q_d 为需求量；Q_s 为供给量；E_d 为需求弹性系数；E_s 为供给弹性系数；ΔQ_d 为前后两年的需求变化，可以用连续前后两年的森林环境资源消耗量之差表示，即 ΔQ_d＝第 t 年消耗量－第$(t-1)$年消耗量；ΔQ_s 为前后两年的供给变化，可以用连续前后两年的森林环境资源蓄积的变化表示，即 ΔQ_s＝第 t 年森林蓄积－第$(t-1)$年森林蓄积。

考虑到边际使用者成本的计算需要用到边际环境成本的值，所以建议在实际测算工作中要先计算边际环境成本，然后再求边际使用者成本。边际使用者成本的计算重点是获取 R_m，L，P，ΔQ_d，ΔQ_s 的值，其中 P 可以参考国际市场进口平均价格。

6.2.3　边际环境成本(MEC)

对于森林环境资源利用的边际环境成本的测度就是确定森林环境资源开发过程中生态环境质量价值的变动。这种变动可以通过森林环境资源开发利用产生的损失/效益和预防/补偿环境恶化的费用两个角度开展度量，一般称之为损失法和费用法。具体的评估方法较多，可以大体分成直接市场法、替代市场法与意愿调查评估法三大类(赵军 等，2007)。

本书在他人研究成果基础上，结合森林环境资源利用的外部性特点，考虑实用、简单、易操作等原则，参照国家林业局制定的林业行业标准《森林生态系统服务功能评估规范》(LY/T 1721—2008)，对森林环境资源的边际环境成本的各分量设定如下定价模型：

(1)调节水量减少的损失

森林提供的涵养水源服务主要通过截留降水、抑制蒸发、涵养土壤水分、缓和地表径流等功能来实现(邓坤枚 等，2002)。单位蓄积森林环境资源采伐利用带来的森林环境资源调节水量减少的损失，可根据水库工程的蓄水成本(替代工程法)来确定(欧阳志云 等，1999；赵传燕 等，2003)，具体计算公式为：

$$E_1 = 10C_K A(P - E - C)/M \tag{6.7}$$

式中：E_1 为单位蓄积森林年调节水量价值(元/a)；C_k 为当地水库库容造价，含占地拆迁补偿、工程造价、维护费用等(元/m^3)；A 为林分面积(hm^2)；P 为降水量(mm/a)；E 为林分蒸散量(mm/a)；C 为地表径流量(mm/a)；M 为林分蓄积量(m^3)。

(2)水质变化的损失

单位蓄积森林环境资源采伐利用带来的水质变化损失，可通过计算净化相应涵养的水量的费用得到：

$$E_2 = 10KA(P - E - C)/M \tag{6.8}$$

式中：E_2 为单位蓄积森林年净化水质价值(元/a)；K 为单位污水净化费用(元/t)；A 为林分面积(hm^2)；P 为降水量(mm/a)；E 为林分蒸散量(mm/a)；C 为地表径流量(mm/a)；M 为林分蓄积量(m^3)。

(3)土壤流失的损失

由于森林环境资源的采伐利用带来的土壤侵蚀流失的损失，可通过计算泥沙淤积于水库中造成的损失得到：

$$E_3 = AC_{土}(X_2 - X_1)/\rho M \tag{6.9}$$

式中：A 为林分面积(hm^2)；$C_{土}$ 为挖取和运输单位体积土方所需费用(元/m^3)；X_2 为无林地土壤侵蚀模数[t/(hm^2 · a)]；X_1 为有林地土壤侵蚀模数[t/(hm^2 · a)]；ρ 为林地土壤容重(t/m^3)；M 为林分蓄积量(m^3)。

(4)养分流失的损失

单位蓄积森林环境资源采伐利用造成的养分流失的损失可通过计算流失土壤中

的 N,P,K 的数量换算为化肥的价值得到：

$$E_4 = A(X_2 - X_1)(NC_1/R_1 + PC_1/R_2 + KC_2/R_3 + FC_3)/M \tag{6.10}$$

式中：A 为林分面积(hm^2)；X_2 为无林地土壤侵蚀模数[$t/(hm^2 \cdot a)$]；X_1 为有林地土壤侵蚀模数[$t/(hm^2 \cdot a)$]；N 为林地土壤平均含氮量(%)；P 为林地土壤平均含磷量(%)；K 为林地土壤平均含钾量(%)；F 为林地土壤中有机质含量(%)；R_1 为磷酸二铵化肥含氮量(%)；R_2 为磷酸二铵化肥含磷量(%)；R_3 为氯化钾化肥含钾量(%)；C_1 为磷酸二铵化肥价格(元/t)；C_2 为氯化钾化肥价格(元/t)；C_3 为有机质价格(元/t)；M 为林分蓄积量(m^3)。

(5)固碳损失

对单位蓄积森林环境资源采伐利用带来的固碳损失，可以通过碳税法来计算。碳税是指按碳含量的比例对煤炭和汽油、天然气等石油下游化石燃料产品征收的税赋。碳税法就是依据光合作用方程式，通过干物质中吸收 CO_2 和释放 O_2 的量，再根据国际碳税率或我国对 CO_2 排放收费的标准，得到其固碳价值(刘萍 等，2010)。依据碳税法，单位蓄积森林环境资源采伐利用造成的固碳损失可用下式计算：

$$E_5 = AC_T(1.63 \times 27.27\% \times B_n + F_t)/M \tag{6.11}$$

式中：A 为林分面积(hm^2)；C_T 为碳税(元/t)；B_n 为林分净生产力[$t/(hm^2 \cdot a)$]；F_t 为单位面积森林土壤年固碳量[$t/(hm^2 \cdot a)$]；M 为林分蓄积量(m^3)。

(6)居住质量下降的损失

对单位蓄积森林环境资源采伐利用带来的氧气减少、负离子减少、吸收污染物减少、噪声增大、滞尘能力降低等负面影响，对他人影响带来的损失可以通过归结为居住质量下降，对其损失的计量采用意愿调查法得到(肖滋民 等，2011；陈龙 等，2011；侯亚红 等，2011)，其值计为 E_6。

(7)农业产量降低的损失

农田防护林、防风固沙林等对农作物有防护效应，能促进农作物增产增收，对这类单位蓄积森林环境资源采伐利用时要考虑其对农作物的影响，计算其利用带来的损失。计算可通过如下公式进行：

$$E_7 = AQ_FC_F/M \tag{6.12}$$

式中：A 为林分面积(hm^2)；Q_F 为单位面积农作物因森林的存在而增加的年产量[$kg/(hm^2 \cdot a)$]；C_F 为农作物价格(元/kg)；M 为林分蓄积量(m^3)。

(8)生物多样性损失

目前对森林保护生物多样性价值的计算依然是国际性的难题，本书提出在所测算区域内的动植物数量有较准确的数据情况下，可以采用实际市场收益法来分别计算单位蓄积的森林保护动物和植物多样性的价值，通过专家估计法估计它们占全部生物多样性的价值的比例 S，来得到单位蓄积的森林环境资源利用带来的生物多样性损失(中国环境与发展国际合作委员会，1997)。

$$E_8 = \frac{E_A + E_P}{S} \tag{6.13}$$

式中：E_A 为单位蓄积的森林环境资源保护动物多样性的价值；E_P 为单位蓄积的森林环境资源保护植物多样性的价值。其中 E_A 的计算按以下步骤进行：首先统计研究对象范围内的野生动物的种类、数量；然后选取代表性的种类假定将其交易，或通过专家估计得到其价格，算出总价值 E_{A1}；最后根据专家估计 E_{A1} 占 E_A 的百分比 P_A，得到

$$E_A = E_{A1}/(P_A \cdot M)$$

式中：M 为林分蓄积量（m^3）。
同理可以得到

$$E_P = E_{P1}/(P_P \cdot M)$$

式中：E_{P1} 为研究对象范围内森林环境资源保护植物多样性的价值；P_P 为 E_{P1} 占 E_P 的百分比（%）。

（9）旅游损失

单位蓄积的森林环境资源利用带来的旅游损失（E_9）可以根据旅行费用法、机会价值法计算研究对象提供的游憩价值 E_L，然后用所得到的总价值除以林分蓄积量（M）得到：

$$E_9 = \frac{E_L}{M} \tag{6.14}$$

将以上几项单位蓄积的森林环境资源采伐利用带来的损失进行求和，即得到边际环境成本（MEC）。用公式表示为：

$$MEC = \sum_{i=1}^{9} E_i \tag{6.15}$$

最后依据边际机会成本理论，即可得到理论上森林环境资源的价格 P：

$$P = MOC = MPC + MUC + MEC。$$

6.3　森林环境资源边际机会成本定价的步骤

6.3.1　边际机会成本定价的步骤

森林环境资源的边际机会成本定价工作，依据前面提出的理论要求，包括以下几个主要步骤：

第一步，选定特定的区域，进行边际机会成本的基础数据收集。需要收集以下一些主要数据：研究区地理位置和范围、面积；地质地貌、气候、土壤、水文、生物多样性等方面的基本数据，生物多样性包括动植物资源的种类、数目等；研究区社会经济数据；研究区森林环境资源的分布，包括有林地面积、森林蓄积量、典型森林类型及其面积、蓄积；森林环境资源边际机会成本定价的其他具体基础数据等。

第二步，根据具体评估对象，对外部成本进行筛选。筛选可以量化和货币化的外部成本进行评估，筛选时具体考虑以下几个标准：

标准1：该具体的森林环境资源利用是否存在这一外部成本项，或者该外部成本是否已内部化？如对经济林施以化肥、农药过程中对农民身体健康带来的损害已经补偿在人工工资、医疗保险中，则这部分成本已经"内部化"，在边际生产成本中已体现，则不需要再评估。

标准2：选取重要、影响大的外部成本项，忽略很小、不重要的项。针对具体的森林环境资源的利用，在不同的地域环境中其影响效果各不相同，需要区别对待。比如，对人迹罕至的地区森林资源的小面积使用，其造成的旅游损失就几乎不存在；而对森林公园中的森林环境资源的采伐利用则影响较大，需要加以计算。

标准3：选取确定性的可以量化的外部成本项进行评估，对科学上尚未有确定把握的可不做评估。

按照这几个标准筛选后，就可以进入下一步具体量化工作。

第三步，选取特定的计量手段，开展成本的量化工作。

第四步，利用前面提到的一系列环境经济学评估方法，将已量化的成本项转化为货币形式。

第五步，套用前面所述模型，得到 MPC，MEC，MUC，相加得到 MOC，即森林环境资源价格 P。

6.3.2 定价中应注意的问题

在模型应用过程中应注意边际生产成本的值受贴现率 r 的影响。参数 r 应根据资金的社会机会成本或对森林环境资源需求的社会实践偏好来确定。还要注意到 MUC 的计算需要用到 MEC 的值，所以先要计算 MEC，再计算 MUC。

第7章　森林环境资源动态监测及信息系统研究

7.1　研究目的和内容

7.1.1　研究目的

长期以来，由于森林环境资源不为人们所重视，从事自然科学的研究人员仅对森林环境资源的某些实物量（如涵养水源、保持水土、培肥地力），从为本学科服务的角度进行过较为深入的研究，而许多实物量（如净化大气、景观价值等）开展的研究则较少。即便如此，已有的这些数据亦存在尺度外推（由点及面）时的精度难以保证的难题，加上长期以来，从事森林环境资源的研究人员和从事资源价值指标研究的人员疏于沟通，两方面研究人员进行成功的合作更是为数稀少。因此，造成从事森林环境资源计量评价的研究人员，无法亦不可能获取较为系统的森林环境资源的实物量数据。实际中，专门为森林环境资源价值核算布设系统的观测点收集有关数据的情况更是鲜见。

此研究最直接的目的就是构建森林环境资源动态监测指标体系及其信息系统框架。前者可为了解、收集森林环境资源实物量信息的基层具体工作提供一套操作性强的、相对科学的指导思想。后者以计算机技术和信息技术、网络技术为依托，为监测数据的自动采集、存储、保存、转化等工作提供平台，提供用于计量和评价森林环境资源所需的数据及信息，为森林环境资源的全面计量、核算、评价工作，为将森林环境资源纳入国民经济账户等做好最基础的数据收集、积累工作。促进森林环境资源价值的货币化，进而为在区域森林环境资源全面的计量评价基础上，提出相应的政策优化措施，实现对森林环境资源的优化配置、合理开发、高效与有偿使用打下基础。

7.1.2　主要研究内容

本书在分析、理解、整理前人的森林资源的评价指标和监测指标的基础之上，针对在森林环境资源的评价方向、领域、具体指标方面已基本达成共识，而各个指标相应的数据来源比较“混乱”的情况，为了使评价指标在评估中有可靠的数据支撑，使评估的结果更客观、科学，更有说服力，结合相关领域的知识，尝试性地构建了一套森林环境资源价值计量的动态监测指标体系，对相应指标的数据收集工作给以指导，给相应评价指标以强有力支撑。

同时，针对森林环境资源评价所需监测数据的长期性和森林资源调查中"3S"等先进的信息技术的应用与成熟，借鉴相关信息系统研发的成果，设计了森林环境资源信息系统的框架和各相关功能模块，为各方监测到的原始数据的储存、转化提供一个集中处理的平台，为森林环境资源的计量、核算、评价提供翔实、可靠、全面的数据，为各级管理部门和林业生产单位的决策提供服务和依据，为社会各界了解、关心森林环境资源提供一个窗口。

7.2 森林环境资源动态监测指标

指标的选择和指标体系的构建是森林环境资源价值评估的重要内容之一。只有构建了完善的指标体系，确定了有代表性的指标，才可能更好地完成计量评估工作，促进森林环境资源的可持续经营。本节从指标和森林环境资源的概念出发，在分析目前有代表性的森林环境资源评价指标体系的基础上，结合当前相关领域的环境监测指标和监测技术，构建基于区域范围森林环境资源评价的动态监测指标体系，为评价指标在评估工作中的数据采集打下基础。

7.2.1 森林环境资源监测指标的功能

(1)反映功能

反映功能是指标最基本的功能。它描述和反映任何一个时点上(或时期内)经济、社会、人口、环境、资源等各方面的水平或状况。因此，选取指标要有较强的浓缩性，即选择那些最重要、最具代表性的侧面来反映自然、社会、经济现象，力求把复杂的自然、社会、经济现象浓缩在有限的几个指标之内。

(2)监测功能

监测功能是反映功能的延伸，是动态中的反映功能。监测功能可分为两类：一是系统自身运行情况的监测，如资源量的增减、动植物数量的升降等；二是政策、计划执行情况的监测，如森林采伐政策执行情况、经济社会发展计划的执行情况等。前者是对"自然状态"的监测，后者则是对有组织、有目的的目标的监测。

(3)比较功能

当指标被用来衡量两个或两个以上对象的时候，它就具有了比较的功能。比较功能分为两类：一是横向比较，即在同一时间序列上对不同认识对象进行比较，如同一时期地区与地区间在某个方面的比较；二是纵向比较，即对同一认识对象的不同时期发展状况的比较，如对居民生活状况做改革前后的比较，对森林资源实行某种政策前后的比较等等。横向比较有助于认识所观察事物的特点和位置,明确它的长处和短处;纵向比较有助于认识自身的状况和发展趋势,明确是在前进、后退或停滞。二者都有助于对研究对象做出正确的判断。

7.2.2 森林环境资源动态监测指标构建的基础

(1)森林环境资源动态监测指标构建的指导思想

目前,以森林为对象的评价理论与方法研究大体上可分为两类:一是以经济学为主要理论依据的计量研究;二是以生态学为主要理论依据的定量评价研究。

从研究对象上看,前者主要集中在森林资源的价值评估和森林生态效益的经济价值评估两大领域,后者则集中在森林生态系统的质量评价和森林生态系统的环境影响评价两大领域。从目标上看,前者以寻求森林资源的合理定价和森林生态效益的价值补偿为目的,后者则以提高林业生态系统的整体功能和效益为目的。从功能上看,前者是一种价值评估,评估结果可以揭示森林资源在宏观经济决策和微观资源配置中的重要性,后者则是一种特征评价,评价结果用以监督和控制森林生态系统的变化趋势和对环境影响的效益。从实践上看,以经济学为理论依据的计量研究,其理论基础无论是西方的效用价值论还是马克思的劳动价值论,所体现的均是工业文明的传统价值观,尚无法清晰地解释森林生态效益价值的实质、形成机制及其运动规律等重大基础理论问题,评估结果具有不确定性和难以精确计量等缺点,因而在实践中的应用受到了极大限制。以生态学为理论依据的定量评价研究,技术方法较为成熟,研究成果具有对象明确、可操作性强等特点,在林业生态体系建设中得到了广泛的应用,其缺陷是不能合理地解释森林生态系统与社会经济系统之间的协调关系,从而无法为制定有效的经济政策提供依据。

由于森林环境效益本质上体现的是人与自然的关系,以经济人假设为前提的经济学理论虽然可以清楚地解释经济运行过程中人与人之间的关系,但在解决人与自然、环境与发展的关系问题时,就显得乏力了,要解决这一问题,经济学理论本身需要发展。目前,国内外还没有关于森林生态价值的成熟的评价方法。

鉴于上述分析,本节拟从经济学的相应评价指标出发,以生态学的主要理论和方法为依据作为确立森林环境资源价值计量动态监测指标体系的指导思想。以期以科学、准确、全面的生态学数据为下一步转化成合理的经济评价价值奠定基础。

(2)环境监测的方法及其分析仪器

现阶段用于环境监测的方法主要有间断测定法和连续测定法,近年来生物监测法也逐渐得到应用。

间断测定法是定期、定时、定点的一种间断性的人工操作方法。测定时,将采集的样本拿到监测站分析、整理数据。分析的方法大多采用手工操作的化学分析方法,如容量法、比色法等。这种方法测定的数据受人为因素的限制较大,瞬间间断地取样,不能全面反映监测对象的连续变化情况。同时,从采样、分析得出数据结果所需的时间较长，所得资料不能得到及时应用。

连续测定法是运用各种现代化的分析仪器和技术，进行自动化、连续性的有仪器操作监测的一种方法。例如激光雷达、红外线照相等，甚至可利用人造地球监测卫星、通信卫星等进行环境监测。这种监测方法快速、灵敏、准确，而且连续、自动。

森林环境与其他生态系统的环境有所不同。一般来说，森林环境比较稳定，受到外界影响时，变化慢，并有一定的缓冲作用。例如，对森林土壤和流过林中的河流进行监测，只需在雨季与旱季各进行一次，但在早春当地主要树种放叶前与早秋树木落叶前须各做一次补充测定。至于林中大气的监测，一般是连续自动采样，进行不间断地测定。

环境监测用的分析仪器设备主要分为以下三类：

1)小型轻便携带仪器，如 SO_2、CO、NO_2、H_2S、氟化物等测定仪，测氧仪，测汞仪，水质监测仪等。这类仪器的特点是轻便、准确、灵敏，适于野外及单项测定。

2)实验室使用仪器，如光谱仪、极谱仪、原子吸收分光光度计、气相色谱仪、液相色谱仪、色谱-质谱仪、紫外线分光光度计、X 射线荧光光谱仪、中子活化分析能谱仪、荧光分光光度计等。该类仪器的特点是精密、复杂，可测定多种有毒物质。如原子吸收分光光度计能测 70 多种金属元素，气相色谱仪可测几十种甚至上百种有机化合物，它们一般用于大型实验室或科研。

3)多项或单项自动连续监测装置，如水质综合监测仪，可测到几十个项目。这类仪器大多是用色谱、光谱、电化学等原理设计的综合装置，此外还配有电子计算机数据处理系统，可按评价方法报出相应情况。

大气监测通常配备的设备有自动记录测定仪和气象测量仪，前者主要有 SO_2、CO、NO_2、O_3、碳氢化合物、飘尘等自动测量仪器，后者则主要有风速、气温、湿度等自动记录仪，以及降尘缸、监测管、监测试纸等。

水质监测通常配备的设备有测定水质的物理、化学指标的一般用温度计、浓度计、电导仪、pH 计、溶解氧测定仪等，以及测定水质中有机毒物的一般用气相色谱仪、原子吸收分光光度计、72 型分光光度计、火焰光度鉴定器、离子选择性电极、紫外与红外分光光度计等。

(3)森林环境资源监测指标的选取原则

为全面、科学地反映森林环境资源价值的内涵，经过分析、整理、总结相关的资料，在构建、选取监测指标时主要遵循如下原则：

1)科学性原则

首先，指标设置必须以科学性为前提，指标含义明确，计算方法规范，能够对森林环境资源的内涵和外延做出科学反映。

2)规范化原则

生态环境监测是一项长期性的工作，所获取的数据和资料无论在时间上还是空间上，都应具有可比性。因此，森林生态环境监测所采用的指标，其内容和方法等必须做到统一规范。由于地带性差异,许多指标内容无法统一,这将给监测工作带来许多困难。因此,在选定指标时尽可能不选这样的指标,可用可比性强的指标来代替。

3)简易化原则

森林生态环境的监测是一项长期性、周期性的工作,而生态环境的变化又是一个复杂的过程。准确地反映生态环境的状况及其变化通常是十分困难的,它需要对众多的指标进行监测,对多方面的数据进行系统分析,这就使得生态监测工作十分复杂,并具有浓厚的研究性质,给实际操作带来许多困难。所以,在选定监测指标时,应着重选择具有广泛代表性,能够综合反映生态环境状况的指标,监测的指标不宜过多,难度不宜过大,方法不宜太复杂,力求简单,易于说明问题。

4)可操作性原则

监测指标除要简明实用外,还要考虑其是否可量化及数据取得的难易程度和可靠性,尽量利用现有统计资料和规范性标准,从而保证技术上的可操作性,保证每一指标都能有精确的数值表现。

5)现实性原则

在确定监测指标所需的相关数据时必须满足经济上合算、技术上可行、社会上满意的多方需求,即要考虑成本与效益问题。

6)宏观与微观互补原则

将林地的实地定位站点监测和利用卫星遥感(RS)、地球定位系统(GPS)和地理信息系统(GIS)的现代高端监测技术相互结合、相互补充。

7.2.3 森林环境资源动态监测指标的内容

构建森林环境资源动态监测指标体系的初衷是源于对森林环境资源价值进行客观、科学的计量和评价的需要,依据上文所述指导思想,本节监测指标的构建是以相应的评价指标为背景,结合森林环境资源具体的生态特征设立的。通过整理、比较近年来学者们对森林环境资源评价的研究成果,参考相应的森林资源价值核算评价指标体系作为设立监测内容的出发点(侯元兆,2002;李金良 等,2003;蔡剑辉,2000;江泽慧,2000;张秋根 等,2001)。

从实际调研和收集、整理、研究有关森林环境资源价值计量的文献资料中可以看出,对森林环境资源的涵养水源、保持水土价值,已有学者在不同领域、从不同侧面给予了计量、核算和评价研究。具体的计量公式虽有不同,但思路和原理基本相同。但对其他森林环境资源展开计量研究的则较少,个别评价案例也是采用经济学上的一些方法,结果不能令人信服。从国内外研究现状来看,目前对这些森林环境资源价值还没有一个成熟的计量方法,是整个森林环境资源价值计量评价的难点。所以,对于前者,我们对其已有公式和方法进行总结,推导出具体的监测指标。而对于其余的纳碳吐氧、生物多样性保护、景观游憩、净化环境等价值则从其具体的生态特征出发,结合评价指标的含义,列出具体的监测指标,为下一步成熟的计量、核算方法的研究和应用提供较全面的数据。

在深入研究大量相关计量、评价、监测指标的基础上，通过学习生态监测理论方法的基础知识，咨询征求有关专家的意见，结合调研得到的资料，综合分析、比较，建立了如下各项价值的计量方法和动态监测指标：

(1)涵养水源价值计量监测指标

森林植被的蓄水功能主要体现在森林植物保水、森林枯落物持水和森林土壤储水三个方面，应主要监测各种森林类型的涵养水源量(包括地上持水量和地下储水量)占降水量的百分比。

森林涵养水源总量可用公式(7.1)来计算：

$$Q = \sum_{i=1}^{n} S_i R_i H_i \tag{7.1}$$

式中：Q 为某一地区森林的涵养水源量；S_i 为第 i 种森林类型的面积；R_i 为某地区的年平均降水量；H_i 为第 i 种森林类型林地涵养水源量(包括林分地上持水量和土壤蓄水量)占降水量的百分比。

由此推出动态监测中应监测的指标为林区面积、林区植物平均储水量、林区土壤平均储水量、林区枯枝落叶层平均储水量、林区土壤层厚度、林区枯枝落叶层厚度、林区林木总蓄积量和林区年平均降水量。

(2)保持水土价值计量监测指标

森林保持水土的功能主要体现在林冠减弱雨滴对土壤的直接冲击、地被物的覆盖对土壤进行的有效保护和森林植物庞大的根系对土壤的固结作用三个方面。从事物的对立面出发，对其价值的计量可从其减少土壤流失量、减少土壤中养分流失量和减少产沙量三个方面来衡量。

1)森林减少土壤损失量的计量和监测

森林减少土壤的损失量可和裸地的情况进行比较，利用公式(7.2)来计算，主要监测不同森林类型的土壤侵蚀模数：

$$B = \sum_{i=1}^{n} B_i = \sum_{i=1}^{n} S_i (q - q_i) \tag{7.2}$$

式中：B 为森林减少的土壤损失总量；B_i 为第 i 种森林类型减少的土壤损失总量；S_i 为第 i 种森林类型的面积；q 为裸地土壤侵蚀模数；q_i 为第 i 种森林类型的土壤侵蚀模数。

2)森林减少养分损失量的计量和监测

森林减少土壤中养分及有机质的损失量，如 N,P,K 等，可用公式(7.3)来计算：

$$Y = \sum_{i=1}^{n} B_i y_i \tag{7.3}$$

式中：Y 为森林减少某种养分的损失量；B_i 为第 i 种森林类型减少土壤损失总量；y_i 为第 i 种森林类型土壤中该养分的平均含量。

3)森林减少泥沙淤积量的计量和监测

森林年平均减少的泥沙可和裸地年平均产沙量相减而得出，可用公式(7.4)来计算：

$$\Delta W_s = \sum S_i(M_{so} - M_{oi}) \tag{7.4}$$

式中：W_s 为森林减少流失泥沙总量；S_i 为第 i 种森林类型面积；M_{so} 是裸地的年平均产沙量；M_{oi} 是第 i 种森林类型的年平均产沙量。

所以，对森林的水土保持价值应监测的指标是林区面积、林区土壤侵蚀模数、裸地土壤侵蚀模数、林区土壤中某养分平均含量、林区平均年产沙量和裸地平均年产沙量。

(3)培肥地力价值计量监测指标

森林提高土壤肥力的效能目前仍有争议，但总的来说，林地可通过枯枝落叶等促进土壤中的微生物分解，在一定程度上能提高土壤的肥力。

各类森林培肥土壤的能力可用该林地某养分总储量与裸地总储量之差来计量，计算方法如公式(7.5)：

$$P = \sum y_i S_i(H_i - H)r_i \tag{7.5}$$

式中：P 为某地区森林土壤与裸地土壤某养分储量之差；y_i 为第 i 种森林类型土壤某养分平均含量；S_i 为第 i 种森林类型面积；H 为裸地的平均土层厚度；H_i 为第 i 种森林类型的土层厚度；r_i 为第 i 种森林类型土壤平均容重。

由此导出的监测指标有林区面积、林区土壤某养分平均含量、林区土壤层平均厚度、裸地土壤层平均厚度、林区土壤平均容重。

(4)纳碳吐氧价值计量监测指标

纳碳吐氧是森林植物自身的一种生理现象，即光合作用的结果，可以通过监测森林的生物量及其年增量来计算。具体思路如下：

测定各主要树种的木材的平均容积密度，并测定其树干以外的生物量(树枝、叶和树根)与树干生物量的比例关系。通过点上监测和森林资源清查资料得出各主要森林类型的蓄积量和年材积增量，换算为各主要森林类型的生物量和生物量年增量，进而计算出森林的 CO_2 吸收量、O_2 释放量和太阳能转化量。当然，计算森林的 CO_2 总吸收量时应包括枯枝落叶层和土壤层中的碳含量。

由此思路和森林的生态特征设立的监测指标包括林区立木总蓄积量、林区主要树种平均容积密度、林区树干以外生物量与树干生物量的比例、林区面积、林区年材积增量、林区土壤层厚度、林区枯枝落叶层厚度、林区土壤层平均含碳量、林区枯枝落叶层平均含碳量。

(5)生物多样性保护价值计量监测指标

森林的生物多样性保护价值主要体现在森林为各种生物提供了一个生存、栖息、繁衍的场所，因此对其价值的监测应从森林生态系统的结构，各类森林的面积、类型，以及各种生物的种类三个方面出发。

主要监测指标有林区内森林类型的多样性、森林龄组结构的多样性、森林植物物种的丰富度、森林动物物种的多样性、珍稀动植物物种的丰富度、天然林面积及其占森林总面积比重、各类森林保护区面积及其占森林总面积比重、单位森林面积的物种数量、林区濒危物种数和林区受威胁物种数等。

这些数据的获得主要依靠森林资源的清查。例如,闽江流域的南平市,地处闽江上游,是福建省森林资源覆盖率最大的地区,也是历次森林资源清查的重点,对主要保护区内的资源进行过较为详细的普查(包括野生动植物),从而为这方面数据的获取和相关评价计量方法项目的深入研究提供了良好的基础。

(6)景观游憩价值计量监测指标

这里应用景观生态学原理,结合空间遥感技术和地理信息系统,来把握一定的时空尺度。其思路是将所监测的区域作为一个整体,对其范围内景观的空间格局进行动态、周期性的监测。同时,用所获得的数据资料制作成景观生态类型图进行分析和研究,运用景观美学信息方法和心理学方法来衡量景观美学资源的信息量,实现景观资源美学评价的定量化、科学化。其中,图斑结构和图斑之间的组合以景观生态类型的分布规律为依据,区域的景观特征根据制图单元的内容、细度及组合形状来表现,而制图单元则是以景观类相应级别的分类单元或分类单元的组合为基础的。

据此理论,在评价某地景观价值时所需的指标如下:

1)嵌块体,即斑块

斑块是景观空间比例尺所能见到的最小的均质单位。在研究监测区域景观结构组成方面的多样性中,景观单元中的斑块类型、斑块数目及其组成等方面的变化差异是十分重要的。斑块的面积用平方千米(km^2)或公顷(hm^2)来表示。

2)破碎度

破碎度是反映景观破碎程度的一种指标,一般用斑块的密度表示。采用单位面积上斑块的数量(n/km^2)作为景观破碎特征的指标。

3)多样性

景观多样性是指景观结构、功能和动态方面的多样性和复杂性,强调大的空间尺度上生态系统的格局。根据信息理论中关于不定性的研究方法,一个景观生态系统中,景观要素类型越丰富,破碎度越高,信息含量和信息不稳定性就越大,计算出的多样性指数也就越高,其公式如下:

$$H = \sum_{i=1}^{n} P_i \log_2 P_i \tag{7.6}$$

式中:H 为多样性指数;n 为景观要素类型数目;P_i 为第 i 种景观要素类型所占面积的比例。

4)优势度

优势度用以测量景观结构中一种或一些景观要素类型支配景观的程度(刘茂松

等,2004),其公式如下:

$$D = \log_2 n + \sum_{i=1}^{n} P_i \log_2 P_i = \log_2 n + H \tag{7.7}$$

式中:D 为优势度;$\log_2 n$ 为最大多样性(n 为景观要素类型数目);H 为多样性指数。

结合森林自身的一些特征,总结出景观游憩价值监测指标包括林区面积、林区景观区域面积、林区景观斑块数、林区景观破碎度、林区景观多样性、林区景观优势度、林区林相、林区郁闭度。

(7)净化环境价值计量监测指标

森林净化环境的价值体现在生活中的很多方面,这里以当前对环境污染影响比较严重的 SO_2、氟化物和灰尘作为监测的对象来进行研究。

1)森林净化 SO_2 量的监测

为了测定森林对 SO_2 的吸收量,可在产生 SO_2 比较多的造纸厂、化工厂等地方周围的林区和污染区周围没有森林的地方分别设立监测点,比如在闽江流域的南平青州造纸厂和三明化工厂周围不同距离的各种森林类型内设立监测点,来测定林木对 SO_2 的吸收量。可利用公式(7.8)来计算:

某类森林 SO_2 吸收能力 =(污染区外围无林地最高含量值 −
污染区外围林区最低含量值)× 单位林地面积叶干重　(7.8)

2)森林吸收氟化物量的监测

同样思路,在以排放氟化氢为主的搪瓷厂周围不同距离的各种森林类型内设立监测点,测定不同森林类型的吸氟能力,其计算公式如下:

某类森林吸氟能力 =(污染区外围无林地最高含量值 −
污染区外围林区最低含量值)× 单位林地面积叶干重　(7.9)

3)森林吸收降尘量的监测

同上,可在水泥厂(或其他产生粉尘量大的工矿企业)周围不同距离的各种森林类型内设立监测点,测定不同森林类型的吸尘能力。其计算公式如下:

某类森林滞尘能力 =(污染区外围无林地最高含量值 −
污染区外围林区最低含量值)× 单位林地面积叶干重　(7.10)

据此总结的森林在某一方面净化环境价值计量监测指标包括污染区外围无林区某污染物最高含量、污染区外围林区某污染物最低含量、林区单位林地面积叶干重。

7.2.4　森林环境资源动态监测指标体系

对上述内容进行整理,构建的森林环境资源价值计量动态监测指标体系见表 7.1,表 7.1 中所列的各项监测类型、内容、指标均针对流域中某一林区或监测点而言。

表 7.1　森林环境资源价值动态监测指标体系

A 监测类型	B 监测内容	C 监测指标
A_1 涵养水源	$B_{1.1}$林区地上涵养水量； $B_{1.2}$林区地下涵养水量	$C_{1.1}$林区面积； $C_{1.2}$林区植物平均储水量； $C_{1.3}$林区土壤平均储水量； $C_{1.4}$林区枯枝落叶层平均储水量； $C_{1.5}$林区土壤层厚度； $C_{1.6}$林区枯枝落叶层厚度； $C_{1.7}$林区林木总蓄积量； $C_{1.8}$林区年平均降水量
A_2 保持水土	$B_{2.1}$减少土壤损失量； $B_{2.2}$减少养分损失量； $B_{2.3}$减少泥沙淤积量	$C_{2.1}$林区面积； $C_{2.2}$林区土壤侵蚀模数； $C_{2.3}$裸地土壤侵蚀模数； $C_{2.4}$林区土壤中某养分平均含量； $C_{2.5}$林区平均年产沙量； $C_{2.6}$裸地平均年产沙量
A_3 培肥地力	$B_{3.1}$林区土壤某养分总含量； $B_{3.2}$裸地土壤某养分总含量	$C_{3.1}$林区面积； $C_{3.2}$林区土壤某养分平均含量； $C_{3.3}$林区土壤层平均厚度； $C_{3.4}$裸地土壤层平均厚度； $C_{3.5}$林区土壤平均容重
A_4 纳碳吐氧	$B_{4.1}$林区立木总蓄积量； $B_{4.2}$林区枯枝落叶层含碳量； $B_{4.3}$林区土壤含碳量	$C_{4.1}$林区立木总蓄积量； $C_{4.2}$林区主要树种平均容积密度； $C_{4.3}$林区树干以外生物量与树干生物量的比例； $C_{4.4}$林区面积； $C_{4.5}$林区土壤层厚度； $C_{4.6}$林区枯枝落叶层厚度； $C_{4.7}$林区土壤层平均含碳量； $C_{4.8}$林区枯枝落叶层平均含碳量； $C_{4.9}$林区年材积增量
A_5 生物多样性保护	$B_{5.1}$林区生态系统多样性； $B_{5.2}$林区物种多样性	$C_{5.1}$林区森林类型数； $C_{5.2}$林区森林龄组结构； $C_{5.3}$林区植物物种数； $C_{5.4}$林区动物物种数； $C_{5.5}$林区珍稀动植物物种数； $C_{5.6}$林区濒危物种数； $C_{5.7}$林区受威胁物种数； $C_{5.8}$林区天然林面积 $C_{5.9}$林区各类保护区总面积； $C_{5.10}$林区面积

续表

A 监测类型	B 监测内容	C 监测指标
A_6 景观游憩	$B_{6.1}$林区景观多样性； $B_{6.2}$林区景观优势度	$C_{6.1}$林区面积； $C_{6.2}$林区景观区域面积； $C_{6.3}$林区景观斑块数； $C_{6.4}$林区景观破碎度； $C_{6.5}$林区林相； $C_{6.6}$林区郁闭度
A_7 净化环境	$B_{7.1}$林区附近污染区某污染物含量； $B_{7.2}$林区某污染物含量	$C_{7.1}$污染区外围无林区某污染物最高含量； $C_{7.2}$污染区外围林区某污染物最低含量； $C_{7.3}$林区单位林地面积叶干重

7.3　森林环境资源信息系统规划与分析

信息系统实质上是实际业务系统的一种计算机模型，因此，信息系统的开发实质上就是要建立业务系统与计算机模型系统之间的映射关系。其中，信息系统的规划和分析工作是系统开发过程中关键性的一步，是整个系统开发的基础。

7.3.1　基本概念与方法

(1)与森林资源信息系统有关的几个概念

从系统、管理和信息的不同角度出发，在森林资源信息管理中，产生了一系列既有联系但又有区别的概念：森林资源信息、森林资源管理信息、森林资源信息资源、森林资源信息管理、森林资源信息系统和森林资源管理信息系统(方陆明，2003)。

森林资源信息是反映与记载森林资源状态与运动方式的一系列数据。信息源是森林资源及影响其发生、发展的环境，除一般信息的特点外，还具有空间强、类型多、数量大及变化快等特点。

森林资源管理信息是为了森林资源的可持续而开展的人为活动，是控制森林资源及其管理状态与运动方式的一系列数据。森林资源及其环境和各级各层参与管理活动的人与组织是产生森林资源管理信息的信息源，具有综合性高、多样化、动态性强、不确定性大等特点。

森林资源信息资源是为了森林资源可持续的需要，通过人为参与而获取的可利用的有关森林资源及其管理状态与运动方式的系列数据，它是可利用的森林资源信息和森林资源管理信息的集合。可利用、人为参与、转化性是它最基本的特征。

森林资源信息管理是利用各种方法与手段，运用计划、组织、指挥、控制和协调的管理职能，有效地进行信息和知识的组织、生产、分配及使用，以控制事物向预定目标发展的活动。它具有复杂性、综合性、多样性、不平衡性、不确定性(模糊性)和非理想化的特点。

森林资源信息系统是根据森林资源业务的需要,以系统观点为指导,利用计算机技术组成的人-机有机系统。它主要是按照森林资源业务信息的逻辑关系,完成森林资源信息的组织、加工处理和提供各种信息服务。

森林资源管理信息系统是特定的森林资源信息系统,是为了科学管理森林资源的需要,由系统观点、管理方法、计算机技术组成的,有一定结构与功能,并与环境发生紧密联系的人-机的有机整体。利用它可以了解过去、掌握现在、预估未来,辅助决策和反馈控制。

以上述的概念为背景,笔者对书中研发的信息系统下的定义如下:森林环境资源信息系统是以计算机为基础,用系统思想分析、设计和建立的用于收集、存储、处理森林环境资源的相关数据,进行森林环境资源价值计量、核算、评价,提供客观反映森林环境资源信息,辅助进行森林环境资源的分析、预测、决策和计划制定等管理业务的系统。它包括以计算机为主的各种硬件、软件、数据文件和使用系统的所有人员,其核心是一个集中的统一规划的数据库和一套功能强大的管理软件。它是信息时代下森林资源信息系统的一个重要的子系统。

(2)森林环境资源信息系统开发方法研讨

信息系统的开发是在信息系统规划的指导下,分析、设计、实现一个信息系统或者一个信息项目工程。而信息系统开发方法是指在信息系统开发过程中的指导思想、逻辑、途径以及工具的组合,它可以使设计人员较容易地拿出好的设计方案,主流开发方法是结构化生命周期法。

结构化生命周期法是目前最成熟、应用最广泛的一种工程学方法。它通过严格的工作步骤和规范化的要求,使信息系统的开发走上了科学化和工程化的道路。快速原型法扬弃了那种先是一步一步周密细致的调查分析,然后逐步整理出文字档案,最后才能让用户看到结果的烦琐做法。它和结构化生命周期法是完全不同思路的两种方法。

结构化生命周期法试图在动手开发之前,完全定义好系统的需求,然后经过分析、设计、编程和实施,从而一次全面完成目标。而快速原型法则相反,在未定义好全局前,先抓住局部,给予设计实现,然后不断修改,直至达到全面地满足要求。在实际系统开发过程中,这两种方法并不是互不相干或互为对立的,人们常常将这两种方法相互结合来开发系统,二者互为补充、相互渗透,即用结构化生命周期法来进行系统分析,然后用原型法来开发具体的模块。

面向对象的方法则是把数据和操作绑扎在一起作为一个对象,这里数据是主动的,操作跟随数据,不像通常的程序,程序是主动的,而数据是被动的。这种方法很容易做到程序重用,而且重用的过程也比较规范。它使新系统的开发和维护一个系统很相似，特别适用于图形、多媒体和复杂的系统。随着系统开发复杂性的不断提高，面向对象的方法代表了今后软件开发的方向。

总之，信息系统开发方法的种类很多，由于分析、设计的出发点不同，就有不同的开发方法。在现代信息系统的开发中，多是上述方法的综合运用。

一般来说，结构化生命周期法比较适用于组织关系复杂、规模比较大、目标明确、用户需求清晰、管理和业务处理相对稳定的系统。快速原型法的修改和调整频繁，适用于规模较小、结构不太复杂的系统开发，或者用于结构复杂的大型系统中解决部分用户需求模糊的问题。面向对象方法的突出特点是所分析、抽象和设计出来的对象结构非常独立和稳定，对环境的应变能力较强，比较适用于大型、复杂的系统开发。

就本书所介绍开发的森林环境资源信息系统而言，其所面临的处理对象是一个客观存在的自然实体，比较稳定。人们对其进行研究所需的数据类别和内容虽然比较繁杂，但不复杂，而且数据的流程比较单一。再者，当前还没有一个可供借鉴和参考的实际运作的系统模型，笔者所做的主要工作是信息系统的分析和框架设计，为今后的工作做一些探索。

综合以上的分析，笔者下文采用传统的结构化生命周期法的思想来进行系统的分析和系统逻辑功能模块的框架设计。

7.3.2　系统初步规划

随着国民经济的持续发展，森林环境资源的价值和对它的管理工作已经得到人们的广泛重视。但实践经验证明，由于缺乏对森林环境资源科学的、客观的计量、评价，用于管理的各项政策、措施的实际运作效果并不理想。换言之，即各项工作必须以科学的计量、评价为基础，否则实际工作将很难开展。

近年来，随着森林环境资源价值计量、评价研究工作的深入开展，按流域对森林环境资源实施统一管理的重要性也越来越受到重视。由于评价、计量所需数据的大量性、长期性和系统性，尽快研发一个能适应森林环境资源特点，面向管理，为流域森林环境资源计量、评价、保护、开发等工作提供所需各种信息和功能的信息系统已成当务之急。

同时，实现森林环境资源价值计量、评价、开发等信息的采集、传输和管理自动化，实现森林环境资源高效率管理，追求它的最大效益也是现代林业管理的重要内容。森林环境资源信息系统正是实现这种高水平管理的重要工具。

通过建立森林环境资源信息系统，一方面可以及时掌握流域森林环境资源的数量和质量状况，为林业、环境保护部门及社会提供森林环境资源信息，以客观反映它所处的状态、面临的形势和存在的问题，促进对其保护、开发工作的开展；另一方面可以提高森林环境资源信息的有效利用能力，以科学高效的手段，为其管理工作提供技术支持。另外，在系统中研发相应的评价预测及决策模块，可以为森林环境资源的可持续开发利用提供辅助决策支持。

当然,建立一个信息系统既需要以一定的硬件设备、资金投入等方面的客观条件为基础,又需要组织领导、工作人员观念更新等主观条件的支持,还需要有成熟的技术作保障。通过在福建闽江流域基层的实际调研,现阶段大部分单位这几方面的条件都已基本具备。各地市林业局及其下属林业站几乎每个部门均已配备了电脑,上网也很方便。各级工作人员对电脑的基本操作也已完全掌握,而且对信息技术的应用和森林环境资源的认识在思想上也持积极和肯定的态度。而目前,已存在大量研发信息系统成功的案例,所以在建设森林环境资源信息系统技术上已不存在困难,现有的计算机和网络技术以及系统开发方法、工具等完全可以支持系统建设目标的实现。

根据研发森林环境资源信息系统的初衷和目的,以及森林环境资源的特点和现实的状况,本系统初步规划如下:首先,开发设计出适应于森林环境资源各种相关数据信息特点的数据库,为相关数据信息的汇总和积累打好基础;其次,在积累数据的同时,依据理论研究的成果,研发计量、核算、评价子系统的相应功能模块,实现森林环境资源计量、核算的基本自动化;最后,应用管理、计算机等相关学科的知识和成果,建立相应的预测和决策模块,研发决策支持子系统。

7.3.3 系统需求分析

目前人们对森林环境资源的管理、开发和利用工作仍主要依赖于传统的林业部门和机构,没有形成一个相对独立的部门体系。分析其原因大致有两个:一方面是现阶段人们对森林环境资源价值、重要性的认识时间不长,思想上对森林环境资源的管理还没有从感性完全走向理性;另一方面是森林环境资源客观上依附于森林实物资源而存在。所以,对森林环境资源信息系统的分析、设计工作基本没有可供调查、分析的“旧”系统,只能从实际中对森林环境资源的管理现状出发进行分析。

根据对调查结果的分析,首先,从管理的外层来看,现行的林业管理部门虽已将森林环境资源作为一个管理的对象和目标,但用于管理的手段、策略则略显不足。大部分的政策都是从国家的法律、法规那里“生搬硬套”,其结果是在实际管理中缺乏可信度和说服力,执行效果可想而知。究其原因是对所管辖区域的森林环境资源缺乏一个客观的认识,进一步分析就是没有科学地认识、评价、把握森林环境资源的工具来支持工作的开展。

其次,从管理的内层来看,用于对森林环境资源进行观察、监测的监测站或监测点布设随意性大,大部分监测点是从森林环境资源价值的某一个方面出发设立的,缺乏完整性和系统性。而且,基层的工作人员对森林环境资源信息采集工作的严肃性也重视不够,监测到的森林环境资源数据一般均以分项的形式附于相应森林资源的调查表中,或存入电脑或写入账册报表之中。当这些数据汇集到管理层,管理人员面对这些原始的信息也只能“含含糊糊”地讲一些大道理,具体的数据则拿不出来。而从事此领域研究的专家和学者们，则感到查询、使用所需数据的缺乏、混乱和不系统，导致研究无法进行，或研究的结果不具普遍性。

因此，研发森林环境资源信息系统是很有必要的。不仅可以利用它帮助工作人员从大量烦琐、重复的日常工作，如数据统计、填制各类报表等中解放出来，而且可以充分利用其信息存储、检索、传递的能力和迅速、准确的计算能力，以及人-机结合解决问题的能力，帮助各级管理层制定各种计划，实现辅助决策的功能。

现阶段，首先需要的是研建一个符合森林环境资源价值计量监测数据等相关数据信息特点的数据库，使得到的每一个数据都有一个规范、明确的“安身之处”，以积累用于计量、核算、评价的数据。同时，结合监测技术和信息技术尽量实现采集数据的网络传输和自动存储。其次，要对森林环境资源的监测工作进行调整，依据相关的理论研究成果科学、系统地布设监测点，为能全面、系统、科学地收集数据打下基础。最后，运用管理科学、生态学等学科的研究成果和计量模型，研发数据的统计、分析、计量、核算、评价模块，实现原始数据到相应“信息”的转换，满足各级管理部门的基本需要。进而结合计算机决策技术，研发辅助预测和决策模块，满足管理工作更高层次的需求。

7.3.4　系统的组织结构与功能分析

现阶段没有一个完整的森林环境资源管理体系，但为了系统研发中系统分析和设计工作的方便，笔者依据上文对系统的需求分析和研建系统的目的，结合实际调研中的感受，虚构了一个森林环境资源管理组织结构及其功能图（见图7.1），作为后续分析、设计工作的参考。现实中，这些部门完全可以编制到现有林业部门的相应科室之中。

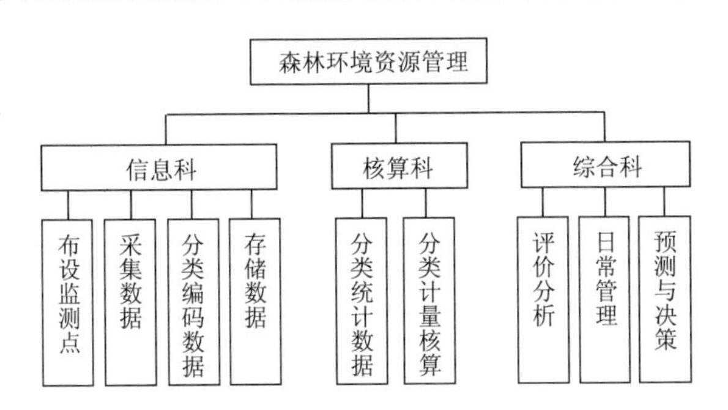

图7.1　森林环境资源管理组织结构及其功能图

信息科的工作人员根据森林环境资源计量评价所需数据的情况和森林环境资源管理所需信息的要求，在各基层林区布设监测点和监测仪器，负责收集森林环境资源各方面的信息数据，如基本的地理信息数据、直接用于计量价值的动态监测指标数据、相关的社会经济数据等。并将这些数据按研发的数据库的要求，分类、科学地组织起来，存于数据库中，方便以后工作的调用和查询。

核算科的任务是依据森林环境资源各项价值的计量、核算公式和模型等理论研究成果，从数据库中调用对应的数据，做出相应价值的统计、核算结果，并存入数据库，供各级管理部门使用和社会各界人士查询。

综合科的职能是从所在地区的经济、社会、人口、自然等宏观角度出发，根据核算科的工作成果和信息科搜集的相关信息，结合管理科学领域一些成熟的决策、预测模型，对本地区的森林环境资源进行价值评价和日常管理，并做出一些预测和决策报告，供上一级部门和本部门参考。

当然，综合科提出、制定的管理政策、评价和预测结果同核算科的计量结果一样，社会各界均可通过系统的查询窗口查询。

7.3.5　系统的业务流程分析

上面对森林环境资源管理的组织结构和功能分析，只是一个粗略的语言描述。通过绘制业务流程图(Transaction Flow Diagram，TFD)可将各个组织机构的业务处理过程及其之间的业务分工和联系表示出来，反映出各机构的信息流、物流的流通和存储过程，反映出系统的界限、环境、输入、输出、数据存储和处理过程，为系统的进一步分析提供依据。

业务流程图的画法目前尚未统一。依据上述分析，笔者绘制的系统业务流程图见图7.2，业务流程图的基本符号及其含义见图7.3。

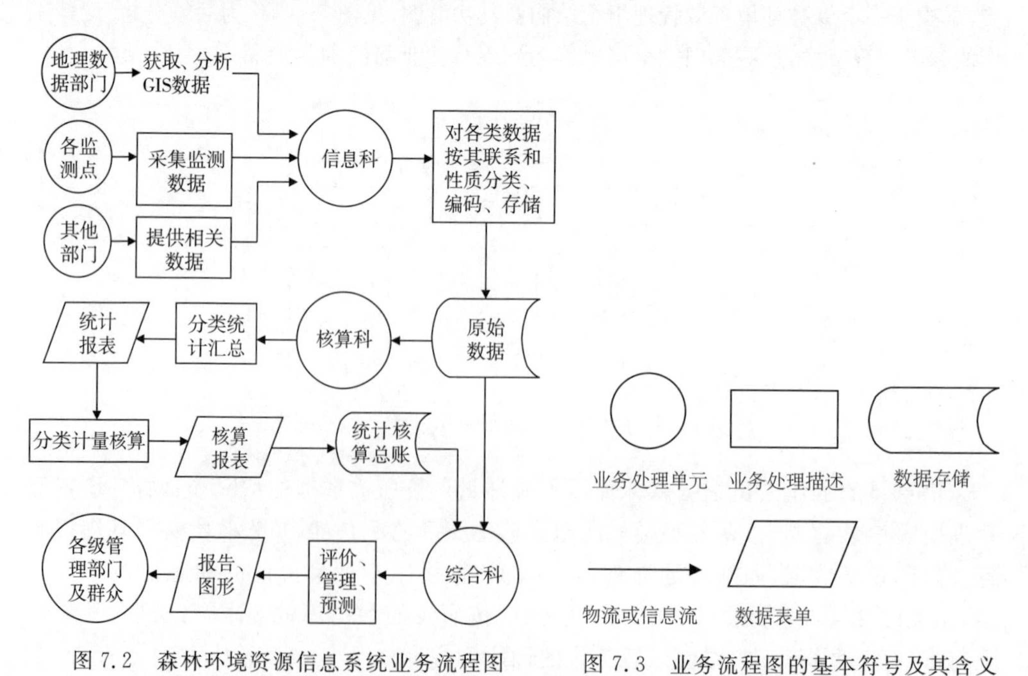

图7.2　森林环境资源信息系统业务流程图

图7.3　业务流程图的基本符号及其含义

7.3.6　系统的数据流程分析及数据字典

管理业务调查过程中绘制的业务流程图形象地表达了管理中信息的流动和存储过程。但是，数据是信息的载体，是系统要处理的主要对象。因此，为了用计算机进行信息的管理工作，必须进一步舍去业务流程图中的物质要素，对调查中所收集到的有关森林环境资源价值计量、核算、评价和管理的数据，以及处理数据的过程进行分析和整理，为下一步建立数据库系统和设计功能模块打好基础。

数据流程图(Data Flow Diagram，DFD)用少量的几种符号综合地反映出信息在系统中的流动、处理和存储情况，是数据流程分析使用的主要工具。它由四个基本符号组成，分别代表外部实体、数据处理、数据流和数据存储。

当前，数据流程图的画法也是多种多样，尚没有统一的表示符号。本书为了行文的方便采用如图7.4所示的符号来绘图。

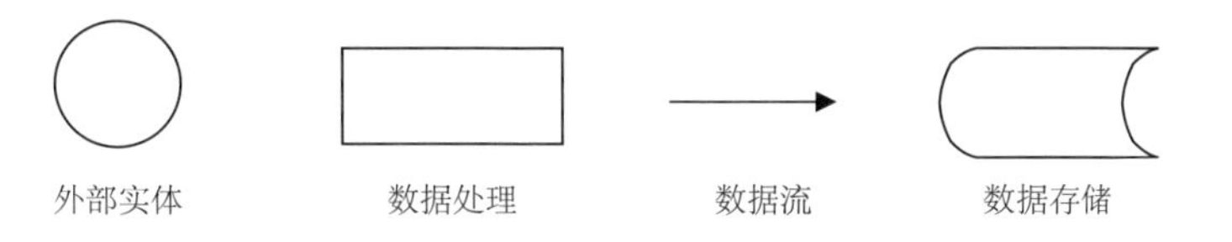

图7.4　数据流程图的基本符号及其含义

依据图7.4所示的基本符号，森林环境资源信息系统的顶层数据流程图见图7.5。

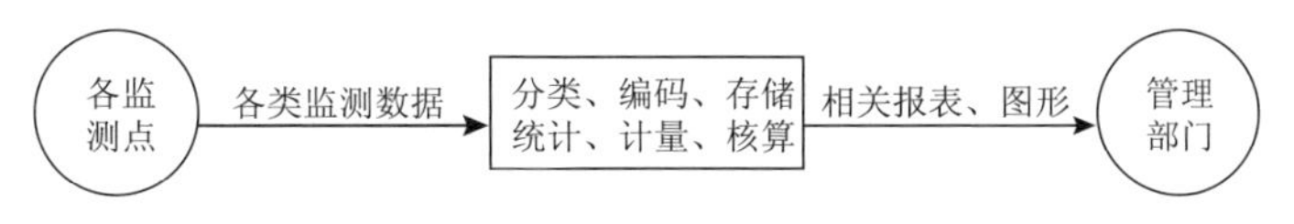

图7.5　系统顶层数据流程图

其中，各类监测数据按其性质来源于不同的监测单位，如作为森林环境资源整体状况和生态景观状况的GIS信息要从地理数据部门的地理信息系统中获得，为了评价森林环境资源的其他价值所需的各项数据来源于各基层林区的监测点，而与计量、核算、评价相关的其他直接的、间接的信息和数据则必须由其他的相关部门来提供。

同样，信息系统内部的数据处理也要分为三个过程：P_1 数据的分类、编码和存储；P_2 数据的统计、计量和核算；P_3 数据的分析、评价和预测(这里的 P_1，P_2，P_3 是给它们的代号，下同)。所以，系统的数据流程图可进一步细分，见图7.6。

当然，图7.6所示的分层数据流程图还可以按数据的类别和不同的处理程序进一步继续细分下去，但它已说明了基本的问题，所以具体的细分工作可以到系统详细设计时再进行。

以上数据流程图分解性地描述了森林环境资源信息系统由哪几部分组成，以及各部分之间的联系等情况。但对于数据的具体内容、详细信息却无法反映出来，如GIS数据是指哪些数据、分类监测的数据有哪些、相关部门要提供什么信息、各种报表中的内容是什么等等。而且，只有当数据流程图中出现的每一个成分都给出定义之后，才能完整、准确地描述一个系统。

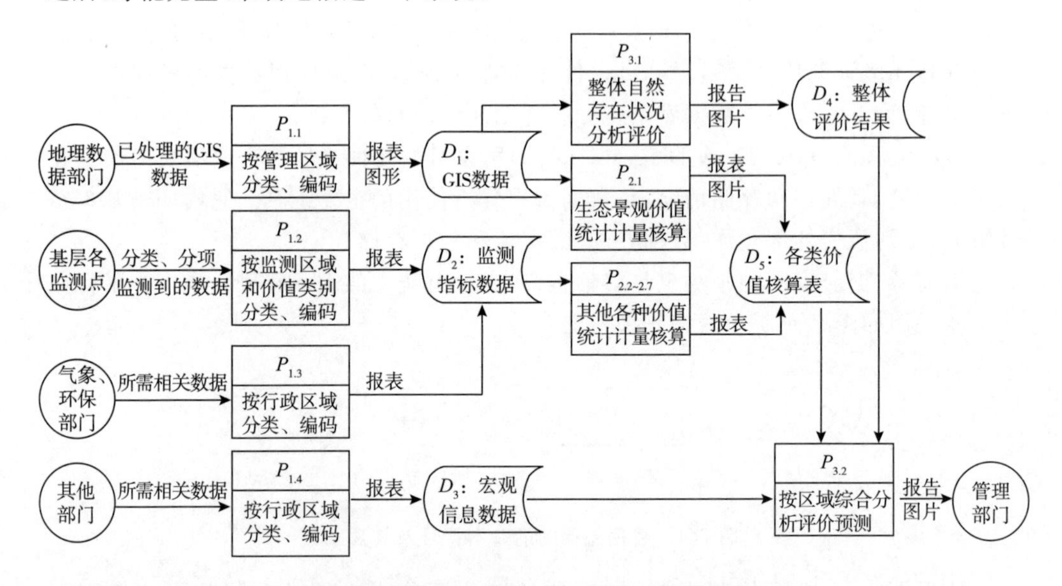

图 7.6 森林环境资源信息系统数据流程图

数据字典（Data Dictionary，DD）就是在系统数据流程图的基础上，进一步定义和描述数据流程图中所有的数据项、数据结构、数据流、数据存储和处理过程及外部实体的详细逻辑内容与特征的工具。这两个工具的配合，就基本上可以从图形和文字两个方面对信息系统的逻辑模型给予完整的描述。

数据字典把数据的最小组成单位称作数据元素，即基本数据项，若干个数据元素可以组成一个数据结构。数据字典就是通过数据项和数据结构来描写数据流、数据存储的属性，它们之间的关系见图 7.7。数据元素组成数据结构，数据结构组成数据流和数据存储。

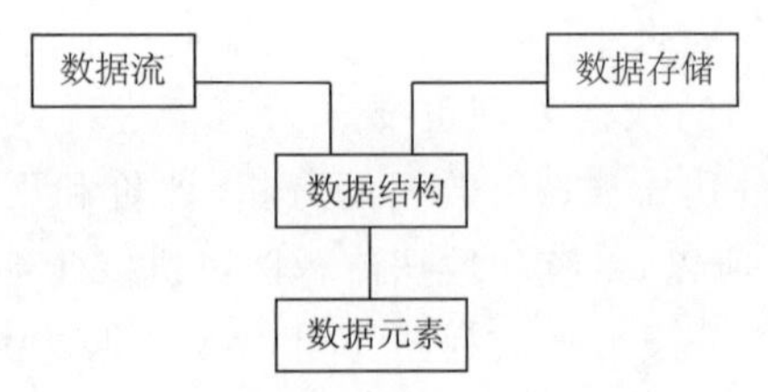

图 7.7 数据结构与数据元素的关系

鉴于森林环境资源现阶段还处于积极的研究之中，同时在其监测指标和信息系统方面的研究还不够成熟,尚处于初始的探索阶段,所以笔者此处以目前比较成熟的森林环境资源价值内涵为背景,以初步确定的计量方法和监测指标为基础,研究系统数据字典中的数据项、数据结构、数据流、数据存储和处理过程的信息表格。具体数据字典以电子版形式开发,此处略去。

7.4 森林环境资源信息系统框架设计

系统设计(system design)是对系统分析的深化和细分,是一项十分复杂的工作。它需要在系统分析的基础上,综合考虑系统的实现环境和系统的效率、可靠性、安全性、适应性等非功能性的需求,目的是提出能够指导信息系统实现的设计方案。

系统设计的内容主要分为系统总体设计和系统详细设计两大部分。

7.4.1 系统设计总目标

从研发系统的目的和系统需求分析的情况出发,设计出的系统应达到以下的四个基本目标。

第一,能按一定的逻辑、规范存储监测到的数据和收集到的相关信息,使用户可以按一定的线索,如时间、地名,迅速地查询、检索到这些数据和信息。

第二,能有效地利用这些数据、信息、计量模型和分析方法对某区域森林环境资源的价值和状况进行计量核算和分析评价,使用户能获得区域内森林环境资源在某一时间段的现状及其发展趋势信息。

第三,能为林业管理部门和其他管理机构提供管理决策所需的基本信息,帮助用户进行辅助决策。

第四,能以表格、文本和图形等方式输出各类数据报表和分析结果。

由于系统设计产品的无形性,系统设计的结果在未变成程序并运行之前是不能真正表现出来的。因此,在达到上述四个基本功能目标的同时,要注意设计工作必须从保证系统的变更性入手,设计出一个易于理解和容易维护的系统。

7.4.2 系统功能划分及结构图设计

从系统需求分析和绘制出的系统分层数据流程图来看,系统整体上呈现出比较明显的“输入、中心加工、输出”特性,属于数据流程图的两种典型结构,即变换中心型和事务中心型中的变换中心型。

以变换中心型分析的方法和思路为主,从数据流程图的各个数据处理过程映射出相应的功能模块,进而导出的初始系统结构图见图 7.8。

下面对导出的系统结构图(见图 7.8)进行逐步地改进。

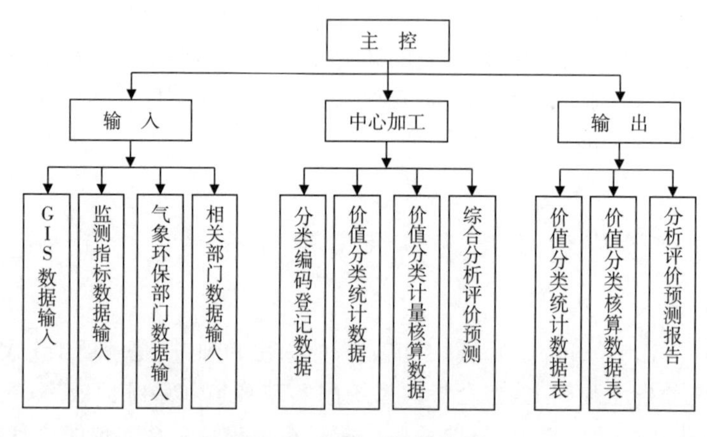

图 7.8 初始系统结构图

系统结构图的改进工作主要是围绕着结构化设计的基本准则，即模块的高聚合、低耦合，模块的影响范围应落在其控制范围之内来进行的。目的是尽量使每一个模块只执行一个功能，模块之间尽量只传送数据流，而且传送的个数也应尽可能地少。

首先，权衡系统结构的质量与存储、运行效率的关系，设计或修改数据流程，以减弱模块间的联系。

模块之间通过数据库耦合，其间的联系可以减弱，这是有利的一面，但是，这将导致系统需要存储数据量的增大。从数据流程图中可以看出，本系统大部分模块之间都采用数据库来联系，这自然增加了系统的存储空间，但是因为现阶段对森林环境资源的各项相关研究还处于积极的探索阶段，还没有形成一个"固定"的模式，再者，计量评价本身也需要历史数据作支撑，所以很有必要保留这些原始的历史数据，建立一个海量的数据库，为科研提供一个平台，这也是现阶段系统要达到的首要目标。故这方面不做改动，详细设计中如有必要还要加强。

其次，分析输入部分、中心加工部分和输出部分之间的接口，合理调整各个子模块的所属关系，减弱块之间的联系。

从数据流程图中可以看出，中心加工部分的"分类编码登记数据"模块加工处理的对象直接来源于输入部分的四个数据输入模块，所以可将这个模块归到输入部分。

而系统结构图中输出模块下的三个下属模块的数据直接来源于中心加工部分的相应模块，所以可将这三个模块挂到中心加工部分，而在输出部分代之以信息系统中传统的信息查询和信息打印模块。

下面，进一步分解模块功能，以提高模块的聚合性，减少编写程序的复杂程度。

其中输出部分的打印子模块，其程序功能主要有设置计算机系统状态，提示打印纸的规格及走到适当的位置，设置打印字体和字号，以及设置打印表格名称、打印表格编制单位和编制时间等。经分析，这一模块在实际使用中有价值分类统计数据表、价值分类核算数据表、分析评价预测报告和相关图片等不同的打印形式，所以应做进一步的细分，以求功能简化、适应不同形式的打印。同理，对信息查询模块也做相应的处理。改变后的系统输出部分结构图见图7.9。

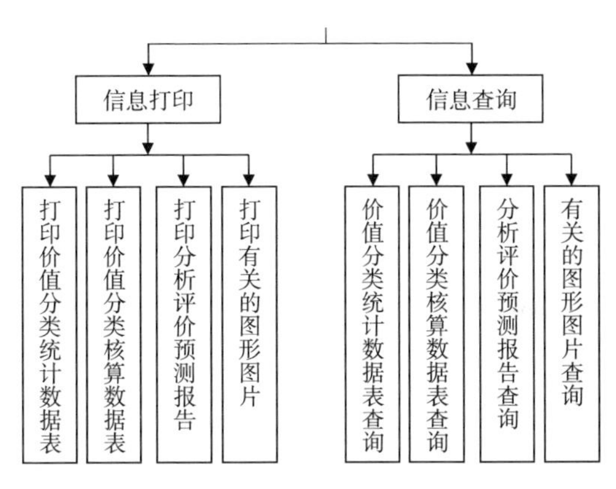

图7.9　改变后的系统输出部分结构图

另外，由于森林环境资源价值类别的多样性，对其价值展开的统计、计量、核算、分析和评价的方法也因其特点的不同而不同，所以，中心加工部分剩下的三个模块可按森林环境资源价值的类别分别来设置。这样，既可以改善系统结构的合理性，又可以提高系统的可修改性和易维护性。经过这样设计后，从局部来看中心加工部分则呈现出事务中心型的特征。因为这一部分涉及的内容比较复杂，这里暂不在系统结构图中画出。

还有，随着计算机和网络技术的迅速发展、广泛普及，各个基层监测点和相关单位部门可通过数据软盘等移动存储介质来提供数据，将来还可直接通过网络传送数据，这样就无须人工输入数据，提高了工作的效率和质量。所以，在输入部分下面应加一个“移动存储介质转录”模块。

此时，“输入”模块下面都是与系统数据输入有关的一些处理，模块名称可以直接改为“数据输入”。“输出”模块未做任何的数据加工处理工作，是一个漏斗形模块，可以去掉。将其下属的“信息打印”和“信息查询”两个模块上升一层。而“中心加工”模块所控制的下属模块基本上都是围绕着数据处理展开的：定期对分类编码好的数据按类别科目进行汇总、统计，结果形成各类数据统计表；然后，根据相关的计量、核算、分析、预测方法和模型按类别给予计量、核算、分析评价和预测。因此可将这一模块改名为“数据处理”。又因为这些数据来之不易、不可重得，有一定的重要性，所以应在该模块下设立一个“数据备份”模块，定期对这些数据进行备份，以便分离保存，确保历史数据的安全。

最后，增设系统维护模块。为了使系统能够正确、安全、可靠地按照设计要求运行，一般都需要设置一个系统维护模块，以进行系统的初始化、代码维护、权限设置等工作。至此,系统结构的优化工作基本全部结束。

7.4.3 系统流程图设计

系统功能结构图主要是从功能的角度描述系统的结构,但未表达出各功能之间的数据传送关系。虽然数据流程图体现了系统中数据的流向,但是在系统功能的具体实现中可能会有所改变,而且,数据流程图中的加工处理与系统的计算机具体处理步骤也不一定一一对应。所以,在确定了系统相应的子系统之后,很有必要根据系统的分析和设计方案大体勾画出信息系统的流程图来,为后续的设计工作提供一个蓝图。

系统的计算机处理流程图是用一些类似于实际计算机物理器件的图形符号来表示信息在计算机系统内部的流动、处理过程,它可以非常直观和有效地表达出设计者关于所设计系统处理过程的大致设想。

绘制系统流程图常用的符号及其含义见图 7.10。

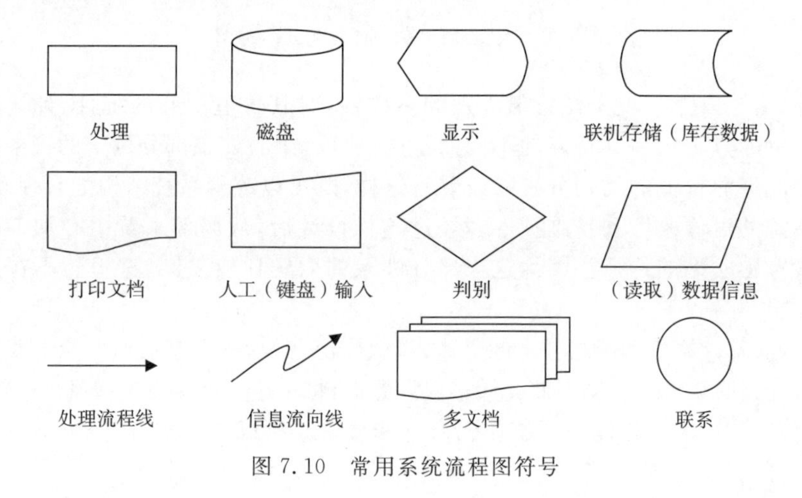

图 7.10 常用系统流程图符号

结合上文设计的森林环境资源信息系统功能结构图,以数据流程图为基础绘制的森林环境资源信息系统流程图见图 7.11。

7.4.4 系统代码设计

代码设计是一个科学管理系统数据资源的问题。设计一个好的代码方案对于系统的开发是一件极为有利的事情。

在编码唯一化、规范化、系统化和分类必须保证足够容量的“柔性”等思想指导下,笔者设计用于本系统的代码方案如下:

由于该系统中的数据大部分来源于相应的“地域”范畴,而系统中又有一部分数据来自地理信息系统,所以笔者从区域的不同和森林环境资源价值的类别两个角度入手进行代码的设计。

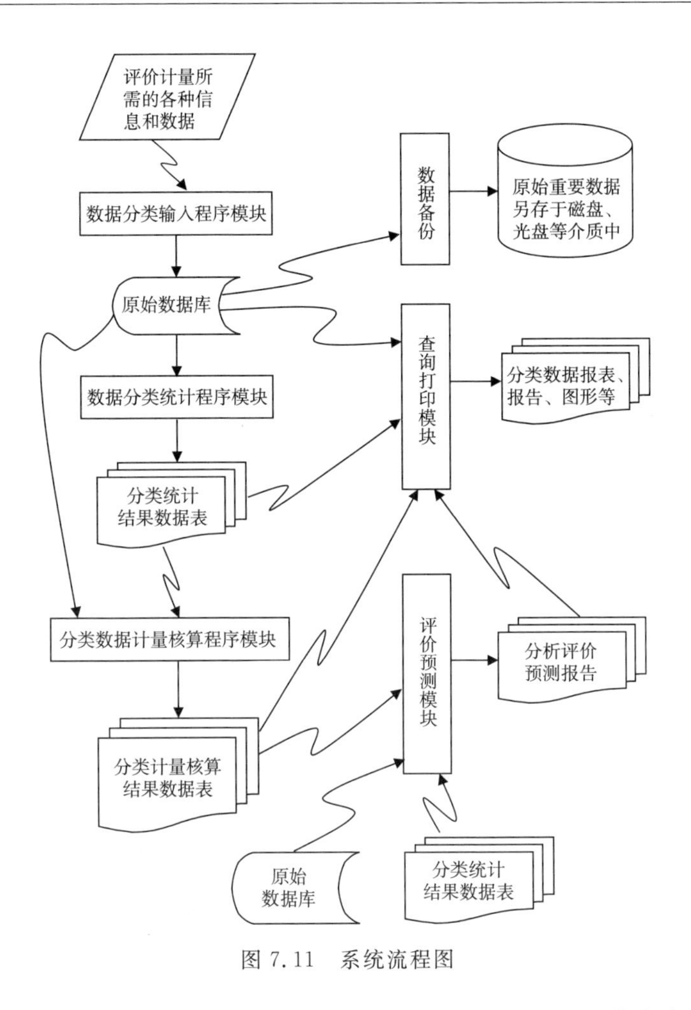

图 7.11　系统流程图

一个流域一般也就几十个区域，由两位数字 00～99 即可将它们唯一地表示出来。

现阶段森林环境资源的价值类别如上文所述，暂时只有 7 类，笔者用大写的英文字母来唯一地表示，即：A 涵养水源；B 保持水土；C 培肥地力；D 纳碳吐氧；E 生物多样性保护；F 景观游憩；G 净化环境。

以后如有新的价值发现可继续以此类推至字母 Z。

对于价值计量核算所需的各种数据，即监测指标和相关信息，也用两位数 00～99 来表示，可以表示 99 项指标，其中用 00 表示该价值的核算结果，01 表示该价值的实物量计量结果。

将以上的表示方法合到一块即可完成系统数据的代码表达。如某一区域的代码为 45，那么该区域的森林环境资源涵养水源的某个（比如第 12 个）指标的代码就为 45A12，如想知道此区域涵养水源的总价值和实物量，输入代码 45A00 和 45A01

即可。

该思想可用图 7.12 给予演示。

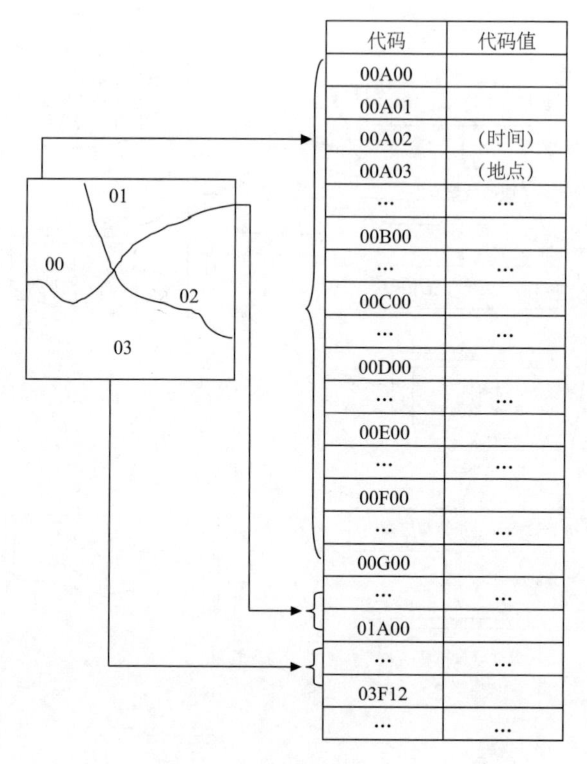

图 7.12　代码设计演示图

7.4.5　系统数据库设计

数据库设计是在现有数据库管理系统的基础上，依据系统分析阶段提供的数据流图、数据字典和所使用数据库管理系统提供的描述工具，根据数据的不同用途、使用要求、统计渠道、安全保密性等因素，来决定数据的整体组织形式（杨建州 等，2006）。主要任务是设计出能够反映实际信息关系、数据冗余少、存储效率高、易于实施和维护，并能满足各种应用要求的数据模型。

运用数据库设计中常用的 E-R 方法，即实体-联系方法（entity-relations approach），规范化理论（normalization theory）及规范化模式的前三个范式（first，second，third normal form，简写为 1st NF，2nd NF，3rd NF）设计森林环境资源信息系统数据库模型，过程如下：

从前面的分析可知，系统的主要功能是考察森林环境资源的状况，即其各种价值情况，收集反映其各种价值的数据和信息。系统中的各种数据也都是围绕着资源的价值计量和核算来进行收集的。所以，可以将其数据库按其自身的功能价值给予分类设计，即可设计成涵养水源数据库、保持水土数据库、培肥地力数据库、纳碳吐氧数据库、生物多样性保护数据库、景观游憩数据库和净化环境数据库七种。这样，虽然在个别数据库中出现了相同数据项冗余的现象，但便于在以后的数据库中实现查询、检索。因此，分别设计、建库是理想的。

同时，考虑系统还需要许多从地理信息系统中提取的数据、图形信息和有关森林环境资源所处的一些自然状态及社会经济信息，有必要再建一个简单的、小型的 GIS 空间属性数据库，将以上信息存储其中。但是，虽然当前 GIS 应用领域非常广泛，但各领域的专业属性差异很大，不能用其已知的属性集来描述和概括所有的应用专业属性，所以还需做一些技术工作。可将其代码设置为 GIS。

还有，从上文的论述中可以看出，所建的数据库中有几个数据项和其他数据项之间存在或多或少的函数关系，但考虑到该系统数据库建成后的主要任务是数据的检索，几乎没有什么插入、删除等工作，且数据库之间也几乎没有数据信息联系，所以所建的关系数据库不会带来后期使用中的数据冗余等问题。

因此，为了及时地掌握森林环境资源各项价值的监测指标值和相应状况，建立各项价值的监测指标数据库和相关情况的 GIS 数据库是非常必要而且可行的。

具体的设计过程如下：

首先根据数据字典，用 E-R 图描述各价值实体的属性。这里举一个通例，见图 7.13。

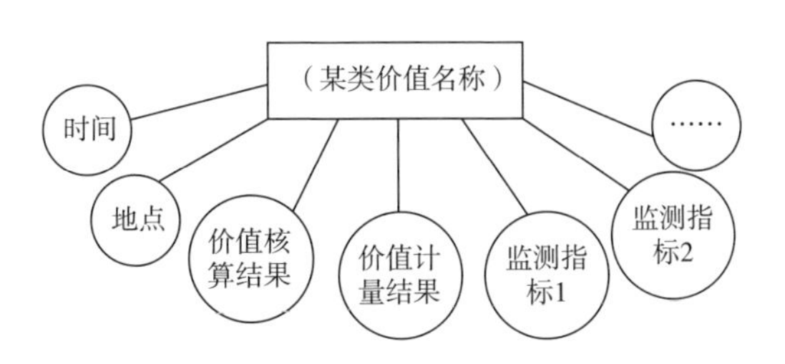

图 7.13　价值实体属性图通例

根据图 7.13 即可建立起某一价值的关系数据库的基本二维表，见表 7.2。

表 7.2　某价值的二维关系表

时间	地点	核算值	计量值	属性 1	属性 2	…
20020112	01					
20020122	01					
20020122	02					
…	…					

以此类推，就可将森林环境资源的七个关系数据库建立起来。由关系数据库理论的第二范式可知，在它们的关系数据库中没有主关键字(primary key words)，不能唯一地在表中区分各项记录。

其次，进行某项价值评价时还需要相应的地理信息，所以空间数据库和各项价值的属性数据库之间通过标识码连接的问题也需考虑。而在上文代码设计的过程中，笔者实际已将地点这一属性作为空间与属性数据库的连接标识码了。

对于属性数据库中没有主关键字的问题，由于某项价值的各个监测指标值属性必然有相同的取值，因此主关键字还必须在时间和地点属性上定义，而实际中存在着相同时间不同地点、不同时间相同地点的情况记录，但是，“每一时间每一地点”是唯一的，即一个地点在某一个时间点上的记录只有一次，所以将时间属性给予扩展，给它加上地点的信息代码，改名为时地属性。这样每个关系数据库中就有了它的主码。

更改后的二维表见表 7.3。

表 7.3 更改后的某价值的二维关系表

时间	地点	核算值	计量值	属性 1	属性 2	…
2002011201	01					
2002012201	01					
2002012202	02					
…	…					

这样，各个关系数据库之间以及它们和空间数据库之间就可以以“时地”属性作为彼此之间联系的主码，因为各个数据库中的某区域的记录采集都在同一个时点进行。而属性“地点”可作为彼此之间联系的辅码。

7.4.6 系统人机接口设计

信息系统建立之后，它的运行、使用和维护涉及人和计算机两个方面，即其本身是一个人-机互动的系统。所以，做好系统人机接口的设计是关系到系统能否正常运作、人们操作是否简单便捷等问题的重要因素之一。

人机接口设计一般指输入设计、输出设计和界面设计三个方面。

(1)输入设计

输入数据的收集、填制和录入是整个信息系统中工作量最大的部分，并且很容易出错，而且输出信息的正确与否直接依赖于输入数据的正确性，因此，输入设计至关重要。一个好的系统输入设计可以为用户和系统双方带来良好的工作环境。

由前文论述可知，森林环境资源信息系统的原始数据不仅数量大、类型多，而且采集获取过程复杂。大量的数据分布在广阔的林地的不同的监测站点，还有少量的数据来源于林业系统以外的不同单位和部门。因此，从系统对实时性要求不高的角度出发，考虑实际中的各种因素，系统数据的输入方式可采用集中脱机输入。

系统建成后，将全部系统安装在总部的微机上，而可将存储功能部分的软件进行分离，装在基层各个林区站点的微机上，按系统的规范格式和要求存储日常得到的数据，再定期将数据用软盘或移动存储设备带回到总部，输入系统中对应的数据库即可。其他单位或部门的数据，可由系统操作员手工输入。

数据的输入格式，要综合数据的类型、各种报表的格式和数据库的文件结构来设计，应尽量使各种报表和数据库关系表一致，按照数据库的规范来设计输入格式。

至于输入数据的校验工作重点应在原始数据采集的地点进行，可采用二次输入校对的方式，即将同一批数据两次键入系统，看两次是否完全一致。尽管二次输入在同一个地方出错，并且错误一致的可能性是存在的，但是，这种可能性出现的概率极小（曹建华 等，2003）。

（2）输出设计

信息系统对输入数据进行加工处理后的结果只有通过输出才能为用户所利用，所以输出设计也是很重要的，而且从系统开发的角度说，它还决定着输入。

本节所设计的信息系统的使用者不外乎三方：林业部门的技术人员和中高层管理者、高校和科研院所的学者专家们以及社会上一部分关心森林环境资源和生态环境的人士或组织。因此，输出的内容、格式和方式要依据不同的使用者而有所不同。

林业部门的技术人员和进行科研的学者们，他们需要的是具体的数据记录和报表，甚至是最初的原始数据，所以不仅要提供屏幕的显示输出，还要提供打印输出。

而对于历史数据应定期，如一年，采取磁盘或光盘输出的形式给予备份，另行保管。一方面减轻系统存储的负担，另一方面为进一步的相关研究提供数据支撑。

中高层的管理者和社会上其他人士希望知道的是森林环境资源的整体状况，他们对具体的某项价值有多大等信息并不很关心。即使给其提供了各种数据或报表，他们也无暇去看，或根本看不懂，所以应采取文字和图形相结合的方式输出信息。

至于显示或打印输出时的报表或文本格式，应根据林业系统的行业规范和传统格式来设计。对于图形，可利用 Excel 的动态数据交换功能（Dynamic Data Exchange，DDE），借用 Excel 来完成统计分析和图形输出功能。

（3）界面设计

界面是系统和用户之间的接口，也是控制和选择信息输入输出的主要途径。从这个意义上讲，输入设计和输出设计也属于界面设计的范畴。界面设计就好比商品的包装，要给用户一个直观的印象，所以，友好的界面是信息系统顺利应用的关键因素。

当今，图形用户界面（Graphics User Interface，GUI）已成为界面设计的主流技术，它具有易学、易用、直观生动等特点。本系统可模仿 Windows 系统的界面方式来进行菜单、会话、操作提示、操作权限管理等方式的设计。

7.4.7　系统数据输入模块处理过程设计

在上文设计的系统功能结构图和流程图中，只是给出了每一个处理功能模块的名称，没有描述出其内部处理的细节，而在处理过程设计中则要使用各种符号具体地规定出处理过程的每一个步骤。即信息系统处理过程设计是对系统流程图的展开和具体化。

这里采用传统程序框图的描述方式，沿用上文流程图设计中的符号，对系统的数据输入模块的处理过程给予设计。

数据的采集和输入是整个森林环境资源系统成功运作的基础和关键。从上面的分析可知，现阶段有关森林环境资源计量和评价的数据来源基本可分为四个方面：依靠林业普查取得的数据；需要从其他单位、部门收集、采编的数据和信息；在林区设立监测站、布设监测仪器采集的数据；从地理数据部门获取的相关空间信息数据。前两者需人工从数据源中按系统要求选取并输入，而后两者则可以通过网络或磁盘等方式输入系统。

据此设计的系统数据输入模块处理过程见图 7.14。

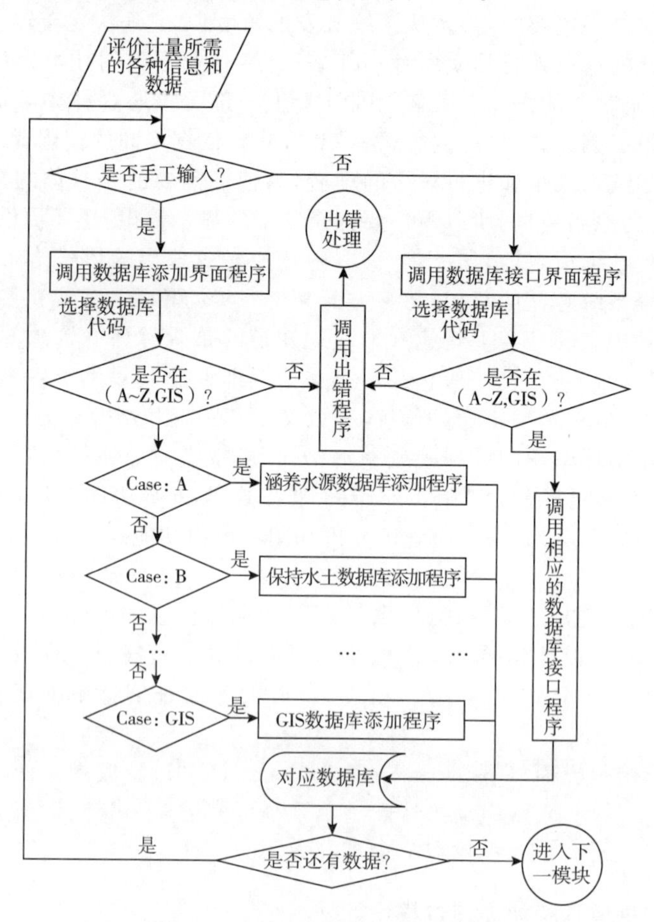

图 7.14　系统数据输入模块处理过程

7.4.8 讨论

森林环境资源的计量评价研究在我国还处在积极的研究和探讨之中，无论是理论研究方面还是实务操作方面，都处于起步发展阶段。

本章以福建省闽江流域为调研对象构建的森林环境资源价值计量动态监测指标体系和设计的森林环境资源信息系统框架，是针对当前我国在森林环境资源方面的研究现状和困难提出的，主要目的是解决在对森林环境资源进行计量、核算以及评价预测工作中，全面、基础和历史数据缺乏以及大量数据管理困难的状况，以期为下一步森林环境资源的计量、核算、评价、开发、保护等管理工作的信息化、科学化打下基础。

但是，从研究和设计过程来看，还有许多问题和技术细节，比如监测指标的具体数据应采取何种仪器、通过何种途径获得，以及信息系统开发中数据输入等一些具体的功能模块如何实现的细节等问题，没有给予充分的论述和说明。这些还有待于笔者下一步结合工作实践，在这方面继续研究，以期尽早形成一套能够全面指导森林环境资源信息系统建设的技术体系。

信息系统的规划、分析、设计和最后的实施是一个融各种技术、知识综合运用的复杂的过程。它不仅需要相应专业领域和计算机方面的知识，而且要求开发人员具有丰富的实践经验。因此，它的最终完成还需要很多的努力。

实践篇：

基于定价理论的森林环境资源价值评估

第 8 章　福建省生态公益林环境资源定价研究

8.1　研究对象和研究方法

8.1.1　研究对象

(1)实证研究区域——福建省的背景

福建地处我国东南沿海，东北邻浙江，西北接江西，西南接广东，东与台湾隔海相望，是中国大陆距东南亚和太平洋海上距离最近的省份之一，也是中国与世界交往的重要窗口和基地。福建省气候温和，雨量充沛，自然条件优越，森林资源丰富，是南方重点林区之一，同时，又是自然灾害频繁发生的省份。作为东南沿海开放地区，要建设好海峡西岸繁荣地带，必须有一个良好的生态环境和稳定的防灾减灾系统。加强生态公益林的保护和管理，对于防灾减灾、维护生态安全、提高环境质量和建设海峡西岸繁荣带具有深远而重要的意义。近年来，福建省生态公益林的保护和管理工作得到了上级有关部门的高度重视和大力支持，财政部和国家林业局将福建省列为全国森林生态效益补助资金试点省份之一，正式全面启动了生态公益林保护建设工作，极大地调动了林权所有者和经营者的积极性，为建立森林生态环境保护体系奠定了良好的基础。

因此，做好现有生态公益林的保护建设，恢复、更新、壮大福建省生态环境脆弱区的森林生态系统，对维护生物多样性，促进自然生态系统良性循环，改善生态环境，具有重要的战略意义。为此，本章通过对福建省生态公益林环境资源价值问题的探讨，提出建立福建省生态林环境资源经济补偿机制的对策。

(2)研究区域生态公益林分布及区划的基本情况

福建是多山多林省份，改革开放以来，通过实施“三五七”造林绿化、沿海防护林、生物多样性保护及五江一溪保护等生态工程，全省林业生态体系建设取得了显著成效。根据国家林业局审定的第八次全国森林资源清查结果，福建省森林面积 801.27 万 hm^2，森林覆盖率65.95%。活立木总蓄积 66 674.62 万 m^3，森林蓄积 60 796.15 万 m^3。天然林面积 423.58 万 hm^2，天然林蓄积 35 942.92 万 m^3；人工林面积 377.69 万 hm^2，人工林蓄积 24 853.23 万 m^3。森林每公顷蓄积量 100.20 m^3，生态功能等级达到中等以上的面积占 95%。清查结果表明，福建省森林覆盖率继续保持全国第一。

近年来，福建省不断完善森林生态补偿机制，在全国率先实施江河下游补上游地区政策，率先开征森林资源补偿费。目前，省级以上生态公益林生态补偿标准提高到了 17 元每年每亩，其中省级以上自然保护区 20 元每年每亩。

下一阶段，福建省将紧紧围绕"生态美、百姓富"的目标，加快造林绿化美化，全面推进森林可持续经营，加强森林资源保护管理，着力稳定森林总量，提高森林质量，增强森林功能，深化改革、创新机制、科学发展，为建设"生态省"和"美丽福建"做出新的贡献。

同时，福建省"十二五"规划纲要实施情况显示，福建生态省建设全面深化，"十二五"以来植树造林 1 347 万亩，生态环境质量稳居全国前列，水、大气、生态环境质量均保持优良。

福建省越来越多的人开始关注环保以及绿色事业并参与其中。数据显示，30 多年来，福建累计 4.43 亿人次参加义务植树，义务植树超过 18 亿株；森林覆盖率从 1981 年的 39.5%提高到 2013 年的 65.95%，居全国第一；活立木蓄积量从 4.3 亿 m^3 提高到 6.67 亿 m^3，位居全国第七位，其中竹林约 99 万 hm^2，居全国第一，人工林蓄积量全国第一。

全省规划重点生态林经营区林地总面积 285 万 hm^2，占规划时全省林地面积的 30.6%，重点布局在"五区、三线、二点"，"五区"即自然保护区、大型水库周围汇水区、江河源头区、国防军事禁区、自然文化遗产区；"三线"是江河干流和一级支流两侧一条线；沿海海岸防护林一条线；国铁、国道(含高速公路)、国防公路两沿一条线；"二点"是山体坡度大、水土流失严重的地段和国家重点保护野生动植物类保护点。

按森林权属分：规划的集体生态公益林经营区面积为 259.6 万 hm^2，占全省生态公益林经营区总面积的 91%；规划的国有生态公益林经营区面积为 25.63 万 hm^2，占全省生态公益林经营区总面积的 9%。

按树种划分：杉木 17.4 万 hm^2，占生态公益林有林地面积的 6.1%，占全省杉木林分面积的 8.6%；马尾松 143.6 万 hm^2，占生态公益林有林地面积的 50.4%，占全省马尾松林分面积的 33.5%；阔叶林 123.7 万 hm^2，占生态公益林有林地面积的 43.4%，占全省阔叶林林分面积的 73.0%。

按照生态功能对福建省公益林进行分类：水源涵养林 126 万 hm^2；水土保持林 90 万 hm^2；防护林 12.82 万 hm^2，其中防风固沙林 1.67 万 hm^2，农田防护林 0.27 万 hm^2，护岸林 3.08 万 hm^2，护路林 7.8 万 hm^2；环境保护林 7.5 万 hm^2；风景林、自然保护区林和小片林 48.61 万 hm^2，包括风景林 2.48 万 hm^2；名胜古迹和革命纪念林 0.13 万 hm^2；自然保护区林 46 万 hm^2；其他特种用途林主要用于军事和科研的林分，包括国防林 1.6 万 hm^2、实验林和母树林 0.34 万 hm^2。

8.1.2　研究方法

森林环境资源的鉴别、量化和货币化都很困难，目前世界上还没有比较成熟的森林环境资源定价方法，现有的只是一些用不同替代方法计算森林环境资源提供的生态价值的实例。但因其所得结果数额太大，口头上说一说生态价值的重要性还可以，真的要人们为它做出支付，或是纳入国民统计和核算体系中，那就非常困难了，更难以应用于实际。

(1)森林环境资源动态定价方法

森林环境资源价格的大小，主要取决于它的稀缺性，而稀缺性又主要体现在供求关系上。在可持续发展原则下，森林环境资源定价必须在保持森林环境资源总量不变的前提下进行，因此，当供给一定时，森林环境资源均衡价格与需求量大致呈正比关系。而森林环境资源提供的这种生态服务功能在不同的社会发展阶段和不同的人群中是不一样的，其价格总是与相应的社会经济发展水平和人们的环境意识联系在一起，某一区域的森林环境资源的生态功能价值是指其相应的生态服务功能在特定人群一定支付意愿下的货币价值。因此，人们对某种商品或服务的需求大小可以通过他们对这种商品或服务的支付愿望表达出来，支付意愿就成了森林环境资源定价的中心概念，它可以作为评估价值向市场价格过渡的中转点。为了获知人们的支付意愿，最常用的办法就是调查评价法，也就是通过问卷、访谈、征询等方式，来了解人们的支付愿望。但是，这种方法相对来说比较麻烦，需要耗费大量的人力、物力、财力和时间，如果缺乏足够的经费和技术力量支持的话，那么通过调查评价法来获取人们的支付意愿就无法进行。因此，本文利用了一个简单快速的揭示支付意愿的方法。

价格不仅显示出了期望获得森林物质资源与环境资源的急迫性，愿意支付的价格越高，表明人们对森林物质资源与环境资源的急迫性越高，而且还表明了区分物质资源与环境资源的意愿。人们愿意在森林物质资源与环境资源上支付一定数量的货币，而对其他一些物质产品与服务支付很少或者根本不愿支付货币。目前，在一些国家，消费者对来自于可持续管理的森林环境资源支付更高的价格，对来自非可持续管理的支付较低的价格，从而反映出消费者的环境保护意识在加强，通过价格也明显地反映出消费者对产品与服务的区分。在特定市场上，价格差异产生的原因在于信息费的昂贵，人们可以不断地寻求自己期望的价格，但是寻求价格是要付出一定成本的。价格是经常变化的，有些价格信息传递很快，而另外一些传递非常缓慢。随着人们环保意识的强化，人们获取森林资源环境服务的急迫性也相应强化，获取森林环境资源服务或者效用的搜索成本在一定程度上也会增加，如人们进行生态旅游等搜索成本的加大。

因此，对森林环境资源价格的研究，既要考虑其自身特点，又要考虑其社会背景。随着社会经济发展水平的不断提高，价格逐渐显现并不断增加，人们生活水平的提高必然会导致对优美环境的需求的不断增加，为其进行支付的愿望也是不断发展的，森林环境资源价格会随之增加,它是个发展的、动态的概念(李金昌,2002),具有从发生、发展到成熟这样的过程特征。

人们的收入水平直接影响其对森林环境资源的支付能力。在多数情况下,森林环境资源被认为是奢侈品。当收入较低时,人们对森林环境资源的市场需求相对也较低,在极端情况下,市场需求为零;当收入水平提高后,人们对森林环境资源的市场需求先缓慢增加然后较快地增加。所以,森林环境生态价格应存在一个发展阶段系数,其大小由人们的生活质量高低决定,它反映了需求方面的信息。定义森林环境资源价格为:

$$Y = V + V_m \times L \tag{8.1}$$

式中:Y 为森林环境资源价格;V 为不需用发展阶段系数来调整的森林环境资源各单项服务功能价值之和;V_m 为需用发展阶段系数调整的森林环境资源各单项服务功能最大价值之和;L 为森林环境资源价值的发展阶段系数。

也就是说,在本研究中,笔者借助发展阶段系数来修正"效益费用分析法"评估的价值。在实际操作中,当用效益费用分析法算出的森林环境资源价值已经含有支付意愿时,则不需要用发展阶段系数来调整;如果在评估森林环境资源价值时没有考虑支付意愿,所得结果为最大值的情况下,则需要乘上发展阶段系数加以调整为市场价格;有的时候,虽然在某些方面使用了市场价格,有含支付意愿的意思,但总的来看,还没有体现人们的支付意愿,而且得出的结果又是最大值,这时也需要用发展阶段系数来转换。

(2)参数讨论

由于人们对森林环境资源生态价值大小的认识是一个渐进的过程,处于较低发展阶段的人们关注较多的是基本物质生活问题,对森林环境资源生态价值不可能有充分的认识,并且这种认识水平的提高也较为缓慢;但在解决了基本温饱问题,特别是达到了小康之后,人们对环境舒适性服务的需求便会急剧提高,而后继续发展到极富阶段时,这种需求便会趋于饱和。这说明了随着社会经济发展阶段的不断推进,发展阶段系数呈现不断增大的趋势。

人民生活水平大概可以划分为五个阶段(李金昌,2002),分别为贫困、温饱、小康、富裕、极富,而目前通常用人均国民生产总值和恩格尔系数的倒数来衡量人民生活水平的指标,它们有个大致的对应关系(见表 8.1)。恩格尔系数是指一个家庭用于食品消费的支出占其总生活消费支出的比例,该系数越大,越贫穷;越小,越富裕。人们挣的钱首先得用于解决吃饭问题,有剩余才能用来改善衣住行和文化生活消费。而且,关于恩格尔系数的计算都有现成的资料。目前,国家和地方都有统计居民家庭人均生活消费支出和人均食品消费支出,它们的比值正好是恩格尔系数或它的倒数。

表 8.1　恩格尔系数与发展阶段的对应关系

发展阶段	贫困	温饱	小康	富裕	极富
恩格尔系数 E_n(%)	>60	60～50	50～30	30～20	<20
$1/E_n$	<1.67	1.67～2	2～3.3	3.3～5	>5

本研究借助 Logistic(逻辑斯谛)增长曲线模型来描述发展阶段系数随社会经济发展水平(即恩格尔系数的倒数)的关系。

Logistic 曲线公式为

$$y = \frac{k}{1+\partial e^{-bt}} \tag{8.2}$$

变形成

$$L = \frac{1}{1+\partial e^{-bt}} \tag{8.3}$$

式中：y 为社会对森林环境资源价值的支付意愿；k 为支付意愿的最大值；L 为发展阶段系数，$L=\frac{y}{k}$；t 为时间；e 为自然对数；∂和 b 为常数取值。

从式(8.3)可见，当 $t=-\infty$时，$L=0$；当 $t=+\infty$时，$L=1$；当对 L 取时间 t 的二阶导数，并令其等于 0 时，则得曲线拐点为 $t=\ln(\partial/b)$，这时 $L=0.5$，曲线关于拐点对称。为了便于应用，这里对 ∂ 和 b 均取值 1，由此，得到增长曲线模型的简化形式(见图 8.1)为：

$$L = \frac{1}{1+e^{-t}} \tag{8.4}$$

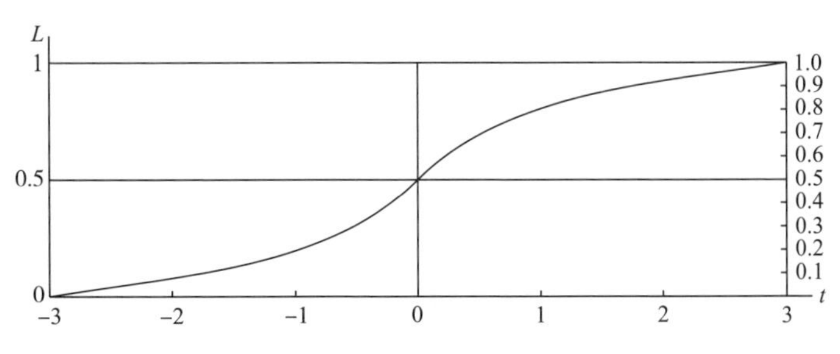

图 8.1　Logistic 增长曲线

在实际应用时，可以利用简化的增长曲线模型公式直接计算求得发展阶段系数。首先依据国家和地方的相关统计资料，算出生活消费支出与食品消费支出的比值，即恩格尔系数的倒数，接着代入 $L=\frac{1}{1+e^{-t}}$，式中 t 为恩格尔系数的倒数或人均 GDP，这样就可得到发展阶段系数 L 值的大小。

第二种方法是从预先制好的图中查得发展阶段系数 L 值(见图 8.2)。

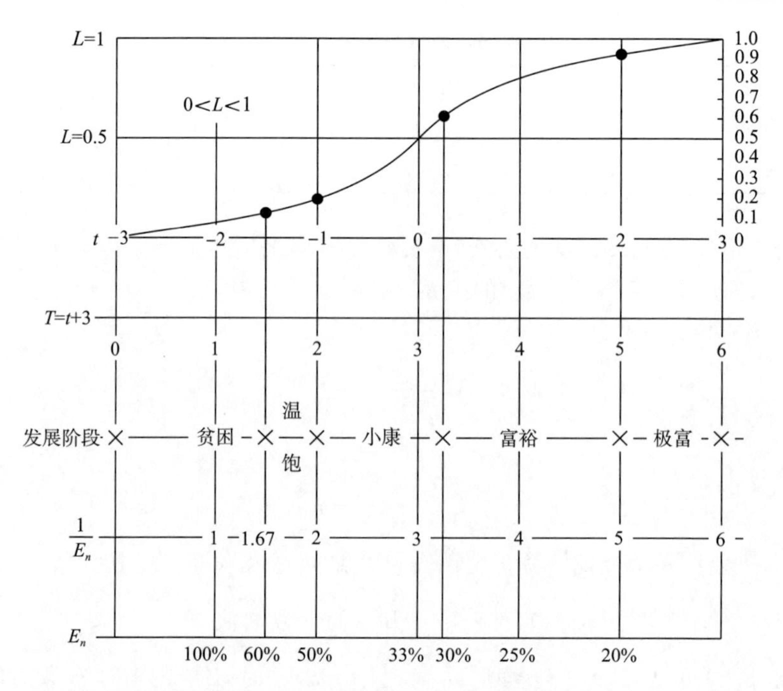

图 8.2　用增长曲线和恩格尔系数求森林环境资源定价的发展阶段系数

图 8.2 中，横坐标代表经济社会发展水平和人民生活水平，用恩格尔系数的倒数来表示，但这里要做一定的转换，用 $T=t+3$ 代替时间 t 轴作横坐标；纵坐标代表支付意愿相对水平，用发展阶段系数 L 表示，其取值在 0 与 1 之间，L 值越小，发展水平就越低，L 值越大，发展水平就越高。实际应用时，先根据国家和地方统计年鉴中生活消费支出与食品消费支出的比值，从图 8.2 中找出对应的 L 值。然后将所得的发展阶段系数，代入森林环境资源价格公式中，就可以求出经济社会发展和人民生活水平所处阶段的森林环境资源的价格大小。例如，当经济社会处于小康阶段时，在图 8.2 中位于增长曲线的拐点，其发展阶段系数 L 值等于 0.5，这样小康阶段的森林环境资源价格 $Y=0.5\,V$；处在温饱阶段的 L 约为 0.12 左右，则 $Y=0.12\,V$。

可见，只要能运用效益费用分析法中的定量评价技术计算出森林环境资源价值 V，然后乘以上述发展阶段系数 L，即可算出森林环境资源在相应发展阶段的价格的大小。

8.2 福建省公益林环境资源价值的货币化计量

8.2.1 各环境资源价值分量货币化过程

森林环境资源是一种间接的无形产品，其价值无法在市场上得到直接的体现，因此，本研究采用效益费用分析法的市场价值法、影子工程法、恢复与防护费用法等（范军祥 等，1999；李培林 等，2003；郝向春，2000；姜海燕 等，2003；孔繁文 等，1994；邓坤枚 等，2002；葛亲红，2005；周国逸 等，2000；张小红 等，2004；姜文来，2003；张建国 等，1994），从生态功能角度出发，对福建省不同类型的公益林林分的这种"产品"进行量化。

（1）涵养水源价值

涵养水源是森林的重要生态功能之一。森林与水源之间有着非常密切的关系，主要表现在森林具有截留降水、蒸腾、增强土壤下渗、抑制蒸发、缓和地表径流、改变积雪和融雪状况及增加降水等功能。这些功能使森林对河川径流产生或增或减的影响，并主要以"时空"的形式直接影响河流的水位变化。在时间上，它可以延长径流时间，在枯水位时补充河流的水量，在洪水时减缓洪水的流量，起到调节河流水位的作用；在空间上，森林能够将降水产生的地表径流转化为土壤径流和地下径流，或通过蒸发蒸腾的方式将水分返回大气中，进行大范围的水分循环，对大气降水进行再分配。

这里首先要估算森林涵养水源的总量，其次是确定单位水价。按下式计算森林的蓄水价值：

$$V_1 = R \times C \times 10 \times K \tag{8.5}$$

式中：R 为年平均降水量；C 为有林地和无林地的径流系数之差；10 为水资源单位由 mm 转化成 t/hm^2 的系数；K 为水资源的综合价格。

经查相关资料，福建省的年平均降水量为 1 608 mm，有林地和无林地的径流系数之差为 0.27，再按目前水资源的综合价格 0.20 元/m^2 计算，涵养水源价值为 868 元/(hm^2 · a)。

（2）水土保持价值

关于森林环境资源的水土保持功能的估算方法，生态学家和生态经济学家已经做了很多探讨，并且提出了一些方法，但是，由于其复杂性，生态系统服务功能价值的计量至今仍是一件十分困难的事情。当前，森林水土保持价值核算在研究内容上，主要集中在与无林地相比的森林固土价值、森林保肥价值、防止泥沙滞留和淤积价值。

1)森林固土价值

固土价值计算式为:

$$V_{21} = S \times K \times G \times d \tag{8.6}$$

式中:S 为森林的面积(hm^2);K 为挖取 1 t 泥沙的费用(元);G 为坡地侵蚀的泥沙进入河道的比例;d 为单位面积无林地比有林地多流失的泥沙量[t/(hm^2 · a)]。

据相关资料,挖取 1 t 泥沙的费用为 20 元,坡地侵蚀的泥沙进入河道的比例为 50%,无林地比有林地多流失的泥沙量为 60 t/(hm^2 · a)(葛亲红,2005)。由此,可计算出森林固土价值=600 元/(hm^2 · a)。

2)保肥价值

水土流失的同时也带走了土壤中大量的 N,P,K 等营养物质。由于森林的保持土壤作用,大大地减少了林地的土壤侵蚀,使土壤中的各种养分能够得以保留。按照下式计算保肥价值:

$$V_{22} = d \times \sum_{i=1}^{3} (C_i \times P_i / R_i) \tag{8.7}$$

目前,福建省常用化肥(N 肥为尿素、P 肥为过磷酸钙、K 肥为氯化钾)中 N,P,K 占各类肥料的比例 R 分别为 28/60,62/406,39/74.5。三种肥料的平均销售价格(P)分别为 1 380,400 和1 350元/t。据相关资料,无林地比有林地多流失的泥沙量(d)为 60 t/(hm^2 · a)(葛亲红,2005),福建省林地表层土壤全 N、全 P、全 K 的平均含量(C)分别为 0.114%,0.033%和3.139%,保肥价值为:

$$\begin{aligned} V_{22} &= d \times \sum_{i=1}^{3} (C_i \times P_i / R_i) \\ &= 60 \times (0.114\% \times 1380 \times 60/28 + 0.033\% \times 400 \times 406/62 + 3.139\% \times 1350 \\ &\quad \times 74.5/39) \\ &= 5112[\text{元}/(\text{hm}^2 \cdot \text{a})]。 \end{aligned}$$

3)培育土壤价值

凋落物通过分解、矿化作用,将 N,P,K 等养分归还给土壤,供植物生长吸收利用。在福建省,阔叶林地的平均凋落物量(L)为 6.72 t/(hm^2 · a),针叶林的平均凋落物量为 2.25 t/(hm^2 · a),根据各类凋落物 N,P,K 的平均含量(C)为 1.049%,0.033%,0.371%(葛亲红,2005)。按式(8.8)计算出各类凋落物的培育土壤价值:

$$V_{23} = L \times \sum_{i=1}^{3} (C_i \times P_i / R_i) \tag{8.8}$$

式中:P,R 的符号含义与上述公式符号含义相同。则:

阔叶林培育土壤价值=6.72×(1.049%×1380×60/28+0.033%×400×406/62+0.371%×1350×74.5/39)=279[元/(hm^2 · a)]。

针叶林培育土壤价值=2.25×(1.049%×1380×60/28+0.033%×400×406/

62+0.371%×1350×74.5/39)=93[元/(hm^2 · a)]。

按照福建省规划的生态公益林面积比例加权平均得培育土壤价值 V_{23} 为 173.8 元/(hm^2 · a)。

(3)净化大气价值

1)森林吸收大气 CO_2 功能价值

森林通过光合作用同化大气中的 CO_2 并生产有机质。根据有关资料统计，森林对大气中 CO_2 的净积累量(C_n)为 3.06 t/(hm^2 · a)。在国际上，综合治理和回收 1 t 工业排放的 CO_2，根据不同的方法和回收程度其所需的费用不同，若按 50%回收率，治理 1 t CO_2 需要 20～90 美元，若回收 80%以上，则需要 60～80 美元。本研究按平均治理 1 t CO_2 需 30 美元计算(折合人民币约 250 元)，生态公益林吸收和治理大气 CO_2 的价值为：

$$V_{31} = C_n \times 250 = 3.06 \times 250 = 765[\text{元}/(\text{hm}^2 \cdot \text{a})]。$$

2)森林释放 O_2 功能价值

森林在吸收大气 CO_2 的同时，还释放 O_2，给人类的生活提供新鲜空气。根据相关资料，森林生产 1 t 干物质可生产 O_2 达 1 393～1 423 kg，平均为 1 408 kg(葛亲红，2005)。按照生物净积累量7.73 t/(hm^2 · a)以及生产 1 kg 的 O_2 平均生产价为 0.37 元(为医用 O_2 批发价的 50%)计算，则森林释放 O_2 的价值为：

$$V_{32} = 7.73 \times 1408 \times 0.37 = 4027[\text{元}/(\text{hm}^2 \cdot \text{a})]。$$

3)滞尘价值

粉尘是大气污染的重要指标之一，树木对烟灰、粉尘有明显的阻挡、过滤和吸附作用。这里利用市场价值法来计量生态公益林的滞尘价值。森林滞尘效益的计算公式为：

$$V_{33} = K \times \sum_{i=1}^{n} (S_i P_i) \tag{8.9}$$

式中：V_{33} 为滞尘价值；n 为森林类型的个数；K 为消减粉尘的影子价格(170 元/t)；S_i 为第 i 种森林的面积；P_i 为第 i 类森林的滞尘能力[t/(hm^2 · a)]。

研究表明，针叶林的滞尘能力为 33.2 t/(hm^2 · a)，阔叶林的滞尘能力为 10.11 t/(hm^2 · a)(周国逸 等，2000)，按照福建省规划的生态公益林面积比例加权平均为23.17 t/(hm^2 · a)。

根据式(8.9)，消减粉尘的影子价格取为 170 元/t，则生态公益林滞尘价值为：

$$V_{33} = 170 \times 23.17 = 3938.9\,[\text{元}/(\text{hm}^2 \cdot \text{a})]。$$

4)污染物降解的价值

森林具有通过吸收、滞留而减少空气中的硫化物、氮化物、卤素等有毒有害物质的作用。根据专家预算和污染检测部门的调查，每公顷森林对污染物的降解，如以通过先进的技术消减到同等程度所需要的投资和成本(d)来计算森林对污染物降解的价值为：

$$V_{34} = S \times d \tag{8.10}$$

式中：V_{34}为森林对污染物降解的经济价值；S为森林的面积；d为采用先进的技术消减到同等程度所需要的投资和成本。

根据专家预算和污染检测部门的调查，每公顷森林对污染物的降解，如用先进的技术消减到同等程度所需要的投资和成本至少为600元(周国逸 等，2000)。根据各生态林区的森林面积就可算出森林对污染物降解的价值。

(4)防护效益价值

防护林的主要功能是在风沙区及海岸沿线降低风速、防止风蚀、固定沙地。这里只计算防风固沙价值。防风固沙林保护土地资源的价值V_4按市场价为2 192.2元/(hm^2·a)(张小红 等，2004)，再根据防护林的面积可计算出总防护价值。

(5)生态旅游价值

森林游憩资源价值是森林具有显性使用价值(森林公园门票、旅行费等)和隐性使用价值的游憩资源的价值。森林生态旅游是人们回归自然的新需求，森林旅游的效益可按森林旅游区的收益进行估算，但不同地区效益差异相当大。武夷山、雁荡山等自然保护区由于其森林植被基本上保持了原始状态，属世界文化自然遗产，旅游价值很高，平均每公顷森林的年旅游收入可达2 000余元。海南岛热带森林生态旅游效益平均为85元/(hm^2·a)，占木材和林产品收益的11.38%；黑龙江省森林景观旅游效益平均为2.2元/(hm^2·a)，占木材和林产品收益的0.5%；笔架山林场的生态旅游收入占林木经营收入的约60%。据有关资料，福建省生态公益林林木产品收益为869元/(hm^2·a)，按其10%计算，则福建省生态公益林的环境生态旅游收益V_5为87元/(hm^2·a)。

(6)生物多样性保护价值

生物多样性表现在生态系统多样性、物种多样性及遗传多样性等多个层次上。一旦生态系统遭到破坏，必然导致物种和基因损失，其价值是难以估量的，因此，生物多样性价值的评估具有不确定性和复杂性。实现生物多样性，也是公益林可持续发展目标之一。因此，此项价值以整个公益林面积为基准。这里参照印度尼西亚红树林效益研究的个例，采用未受害树"可获得生物多样性"效益至少为124.5元/(hm^2·a)，可求出福建省公益林生物多样性保护的价值。

8.2.2　福建省生态公益林环境资源价值计量结果

按照上述生态公益林各环境资源价值分量的货币化过程，结合福建省生态公益林类型，计算其主要的环境资源价值，结果见表8.2。

表 8.2　福建各类型生态公益林的主要环境资源价值

公益林类型	经营面积（万 hm^2）	环境资源		单位面积价值[元/(hm^2·a)]	价值（亿元/a）
水源涵养林	126	涵养水源		868	10.94
		净化大气	释放 O_2	4 027	117.57
			吸收 CO_2	765	
			滞尘	3 938.9	
			污染物降解	600	
		生物多样性保护		124.5	1.57
小计				10 323.4	**130.08**
水土保持林	90	水土保持	固土	600	52.97
			保肥	5 112	
			培育土壤	173.8	
		净化大气	释放 O_2	4 027	83.98
			吸收 CO_2	765	
			滞尘	3 938.9	
			污染物降解	600	
		生物多样性保护		124.5	1.12
小计				15 341.2	**138.07**
防护林	12.82	防风固沙		2 192.2	2.81
小计				2 192.2	**2.81**
环境保护林	7.5	净化大气	释放 O_2	4 027	7.00
			吸收 CO_2	765	
			滞尘	3 938.9	
			污染物降解	600	
		生物多样性保护		124.5	0.09
小计				9 455.4	**7.09**
风景林、自然保护区林和小片林	48.61	生态旅游		87	0.42
		净化大气	释放 O_2	4 027	45.36
			吸收 CO_2	765	
			滞尘	3 938.9	
			污染物降解	600	
		生物多样性保护		124.5	0.61
小计				9 542.4	**46.39**
合计					**324.44**

由于公益林环境资源提供的生态功能是多方面性和多效益性，因此体现的生态价值也是多样的。本研究从主要生态服务功能上来计算某一种林分环境资源的生态价值。例如，水源涵养林的主要生态价值是水源涵养，此外对于其他价值也进行了计算，如净化大气、生物多样性保护，并分别作为其中价值的一部分。

从表8.2可以看出，福建全省生态公益林环境资源价值为324.44亿元/a，单位面积价值为1.138 7万元/($hm^2 \cdot a$)。其中，水源涵养林和水土保持林的环境资源价值比较高，分别占全省公益林生态价值的40.1%和42.6%。从生态功能价值上分级，按照从大到小的排序为：水土保持林＞水源涵养林＞风景林、自然保护区林和小片林＞环境保护林＞防护林。

从单个效益上分析，维持大气平衡价值最大，为253.91亿元/a，占公益林环境资源价值的78.3%，其次是涵养水源和水土保持的价值。可以看出，公益林对于提高环境的空气质量具有不可替代的作用。

8.3　福建省公益林环境资源价值定价标准及应用

8.3.1　福建省生态公益林环境资源价值定价结果

按照前述的方法，借助发展阶段系数来修正“效益费用分析法”评估的价值。利用公式 $L=\dfrac{1}{1+e^{-t}}$ 可得到福建省的发展阶段系数，见表8.3。

表8.3　福建省的发展阶段系数

年份	居民食品消费支出(元)	居民消费性总支出(元)	恩格尔系数的倒数 $T=1/E_n$	发展阶段系数 L
2012	7 317	18 593	2.541 07	0.910 975
2011	6 535	16 661	2.549 50	0.911 078
2010	5 791	14 750	2.547 06	0.906 058
2005	3 598	8 794	2.444 14	0.901 814
2000	2 518	5 639	2.239 48	0.898 523
平均	$L=(0.911078+0.910975+0.906058+0.901814+0.898523)/5=0.9056896$			

资料来源：福建省统计局，国家统计局福建调查总队，2013

有了上述结果，可以计算福建省各生态公益林区环境资源的价格。生态公益林是以生态效益为主，并兼顾木材和其他林产品生产效益。目前我国对森林的无形产品(即环境资源和社会文化资源)还没有完全当成产品来看待，其价值也不能在有形的市场上充分体现。因此，福建省生态公益林每年每公顷的环境资源价格计算公式为：

$$W = L \times V \tag{8.11}$$

式中：W 为福建省生态公益林环境资源的价格；L 为福建省当前的发展阶段系数；V 为福建全省生态公益林的环境资源价值。见表 8.4。

表 8.4　福建省生态公益林的发展阶段系数、环境资源价值与评估价格

项目	发展阶段系数	环境资源价值[元/(hm^2 · a)]	环境资源价格[元/(hm^2 · a)]
福建省生态公益林	0.905 689 6	11 387	10 313

8.3.2　福建省生态公益林环境资源价值定价结果的应用

由于生态公益林经营以提供生态环境服务为其主要经营目的，仅靠其极少量的直接经济收益不能维护其经营者的正常经营，因此，必须依据国家及地方政府，通过制定相关的法律及地方行政法规，依据法律及行政手段，实施生态公益林经济补偿政策，在使经营者经济利益不受损失的前提下，对生态公益林进行保护与管理，以确保生态公益林的可持续发展及区域生态环境质量的改善，从而为地方经济建设提供良好的生态环境（蔡剑辉，2001）。

上述生态公益林环境资源定价结果可为制定生态公益林补偿标准提供依据。这是生态公益林效益补偿的核心问题，关系到补偿的效果及补偿者的承受能力。制定生态公益林补偿标准，关键就是对森林环境资源进行商品化，将其定名为“生态产品”给予定价，也就是本书的主题所在。当然，补偿标准不仅取决于生态产品的效用大小，而且还取决于生产者花费的成本和消费者的心理和经济承受能力。

对公益林环境资源经济补偿理论上存在最大补偿标准，即主要以修正经济外在性作为森林环境资源经济补偿标准的依据，即最适宜的森林环境资源经济标准应以按修正的效益费用法计算出的森林环境资源所具有的各种价格的总和为依据。

因此，按照上述计量结果，福建省生态公益林每年每公顷的环境资源价格（即最大补偿标准）为 10 313 元。当然，在制定具体补偿标准中，除了考虑环境资源价格因素外，还必须考虑以下因素：一是要考虑生态区位因素，对于生态区位重要的森林，生态价值和社会价值产出相对较高的林分，要适当提高补偿标准；二是要考虑林分质量问题，对优质高效林分与劣质低效林分应有所区别，鼓励经营者在提高林分质量上下工夫；三是要重点考虑经营者的机会成本问题，分类经营对于每一个经营目标，必然使经营者失去了获得商品林收益的机会成本，因此，从理论上说，森林生态效益的补偿应略高于机会成本，否则，经营者的利益得不到平衡，将会影响经营者的积极性，影响到公益林的再生产。

第9章　龙栖山国家级自然保护区森林生物多样性资产价值评估

9.1　龙栖山自然保护区及森林生物多样性概况

9.1.1　龙栖山国家级自然保护区自然概况

(1)地理位置和范围

龙栖山国家级自然保护区(以下简称保护区)位于福建省西北部的将乐县境内，介于东经117°11′～117°21′、北纬26°23′～26°43′之间，最低海拔235 m，主峰海拔1 620.4 m，为周围五县最高峰，属中亚热带季风气候，雨量充沛，温暖湿润，自然条件非常优越。保护区距将乐县城57 km，东南接白莲镇，北靠黄潭镇，西连万全乡，西南角与明溪县相邻，全区南北长18 km，东西宽14 km，总面积15 693 hm^2。其对外交通联系以国道205线和国道316线以及新建成的京福高速公路为主。

保护区下属11个自然村，现有人口1 830人，377户。其中农业人口901人，非农业人口929人。区内共有林区公路和便道64 km，各村均开通了公路，每天有班车从城关直达龙栖山。

(2)地质地貌

保护区地质主要是侏罗系上统的兜岭群，以紫、红、灰、黄色厚层沙砾岩和熔岩为主。砾岩、沙砾岩结构紧密，经风化形成孤峰、陡壁，构成丹霞地貌，在保护区的西南部，为上第三系的佛昙群，按岩性分：下段以深灰色、玄武岩为主，新鲜致密、坚硬，强烈球形风化，地貌构成为低山台地，以山坡陡、山顶平为特征；上段以黄褐色沙砾岩为主，砾石多为玄武岩，易风化而疏松，构成平缓山丘，岩石种类繁多，主要有花岗岩、沙砾岩、石英岩、云母片岩等。矿产主要有煤、铁、云母、银等。

区内最高峰为龙栖山主峰，海拔1 620.4 m，海拔1 000 m以上的高峰有40余座，这些山峰由兜岭群火山熔岩构成，致密坚硬，极难风化，又有柱节状发育形成高山陡壁，蔚为奇观，山脉走向北东，基本平行于西邻的武夷山脉和东邻的戴云山脉，保护区的地貌由于受各期造山运动的影响，特别是受中生代的早期印支、燕山运动的影响，形成一系列中低山地貌，山间盆地零星分布。

(3)气候、水文

区内海拔1 000 m以下的地方，年平均气温在14.6～18.8 ℃之间；海拔1 000 m以上的中山地区年平均气温小于14 ℃。山区气候特征突出，雾多，湿度大，风力小，四季分明。1月平均气温6.2 ℃，7月平均气温25.3 ℃，绝对最低气温−8.3 ℃，绝对最高气温32 ℃；年平均降水量1 797 mm，雨季主要在春、夏两季，秋、冬两季降水较少；年平均相对湿度84%，平均气压996.7 hPa，年日照时数达1 701.5 h；无霜期约297 d，霜期约68 d，每年降雪1～2次，最厚积雪达30 cm。

保护区既具有大陆性气候特征又兼有海洋性气候特色，属亚热带季风气候区。由于境内丘陵山地密布，高差大，形成了多种多样的小气候，为发展多种经营提供了较大的余地。河谷盆地与山间盆地光、热、水资源丰富，有利于粮油作物、茶果等生产，广大丘陵山地气候温和湿润，为用材林、经济林等亚热带植物提供了良好的生长环境。海拔500 m以上的中低山地，气候冷凉湿润，为发展药材及其他经济作物生产提供了特殊的条件。

区内山体崎岖，水系发育，溪流众多，一般多呈树枝状分布。溪流主要有两条，一条源于十字坳的将溪流，经上地、余家坪、石排场，再由黄潭镇将溪村汇入闽江上游金溪河，全长25 km，流域面积115 km^2，总落差1 000 m左右；另一条源于杨梅凹，流经岭干、溪尾，在万全乡常口村附近汇入金溪河，全长超过30 km，流域面积近100 km^2，总落差800 m以上。此外，在保护区北部，还有两条较小的金溪河支流，一条源于墙头厂，一条源于新厂，由南向北汇入金溪河。同时，各溪流上游地区大都处于深山峡谷之中，森林茂密，古木参天，溪流比降较大，流速较快，水源充足，不仅保证了生活用水，而且还可以用于发电和农田灌溉。

(4)土壤

区内土壤母岩主要由花岗岩、变质岩、沙砾岩、石英岩、云母片岩等组成。海拔800 m以下主要为红壤与黄红壤，800 m以上为黄壤或粗骨性黄壤，而山顶主要为山地草甸土。在黄壤带与红壤带间有过渡的黄红壤分布。山地土壤垂直分布的特征是从中山到丘陵，从山顶至山脚，土壤类型分布是黄壤—黄红壤—红壤。土壤均属酸性或中性土，结构尚好，有一定厚度的腐殖质层。

9.1.2 森林生物多样性概况及特点

(1)森林生物多样性资源概况

1)植物资源

保护区地处中亚热带，自然环境多样，植物区系组成复杂，植被类型丰富，地带性植被为典型的常绿阔叶林。海拔800～1 000 m为毛竹林，900～1 100 m为常绿阔叶林，1 000～1 200 m为针阔混交林，1 100～1 300 m为针叶林，1 300 m以上为草甸层。

根据调查,已知保护区境内的高等植物有 253 科 868 属 1 763 种,含 9 个亚种、76 个变种和 10 个变型,其中:苔藓植物 68 科 143 属 248 种,含 8 个亚种、11 个变种和 2 个变型;蕨类植物 37 科 77 属 157 种;种子植物 148 科 648 属1 361种,含 1 个亚种、65 个变种和 8 个变型。

根据调查分析,龙栖山共有原料性资源植物 1 821 种,其中,用材植物 120 种,纤维植物 104 种,鞣料植物 38 种,芳香植物 43 种,油脂植物 130 余种,树脂植物 10 种,胶用植物 33 种,橡胶植物 3 种,淀粉植物 41 种,食用植物 98 种,色素植物 20 种,甜味植物 7 种,饲料植物 121 种,经济昆虫寄主植物 5 种,蜜源植物 176 种,药用植物 750 种,植物性农药 120 种。此外,龙栖山还有大量的非原料性资源植物。

区内被列入国家级保护植物的有 16 种,其中:国家一级保护植物有南方红豆杉、伯乐树等;国家二级保护植物有金钱松、观光木、香榧、闽楠、浙江楠、红皮糙果茶、野大豆、杜仲等。

省重点保护植物有短萼黄莲、八角莲、黄山木兰、乐东拟单性木莲、沉水樟、青钱柳、银钟花、黑节草等。还有部分珍稀濒危植物:假脉观音座莲、闽北冷水花、茫荡山润楠、浙闽樱桃、肥皂荚、密花梭罗树、清风藤猕猴桃、亮毛堇菜、枯岭东俄芹、延平柿、宁波木樨、细脉木樨、江西全唇苣苔、无耳少穗竹、将乐茶秆竹、龙栖山苔草、浙江金线兰、台湾吻兰、大明山舌唇兰等。

2)动物资源

区内动物资源相当丰富,根据调查,已知动物共有 2 129 种,分别隶属于 13 纲 58 目 289 科 1 452 属,其中:昆虫纲 21 目 187 科 1 224 属 1 821 种;无脊椎动物 7 纲 11 目 32 科 77 属 116 种;脊椎动物 5 纲 26 目 70 科 149 属 190 种。龙栖山的昆虫种类约占福建省昆虫种类数的 1/3。

被列入国家级保护动物的有 22 种,其中:国家一级保护动物有华南虎、金钱豹、云豹、蟒蛇、黄腹角雉、白颈长尾雉、黑鹿等 7 种;国家二级保护动物有大鲵、凤头鹃隼、林雕、赤腹鹰、白鹤、领鸺鹠、褐林鸮、花头鸺鹠、穿山甲、苏门羚、小灵猫、短尾猴、虎纹蛙、黑熊、猕猴和拉步甲等 16 种。

药用动物主要有刺猬、鼯鼠、中华竹鼠、豪猪、野猪、豹猫、穿山甲、红腹松鼠、蟾蜍、南草蜥、角菊头蝠、少棘蜈蚣等。

食用动物主要有鱼、虾、螺以及肉质鲜美的部分鸟类、蛙类、鹿等。

3)大型真菌资源

保护区丰富的动、植物资源十分适宜真菌生长繁衍。据调查,仅用 4 天时间在保护区的余家坪、龙潭、十字坳等林地(占保护区总面积的 1/10)进行采集考察,共采集到 19 科 69 种真菌,其中以多孔菌种类较多,还有少部分的牛肝菌、鹅膏菌和其他伞菌等,特别是采集到了名贵食用菌——灰树花标本,该种的分离、驯化、栽培已列入福建省重点攻关课题。另外,还采集有蚂蚁草、辛克莱虫草等珍稀标本等。

4)森林资源

根据“二类”调查统计数据，保护区总面积为 15 693.0 hm^2，其中森林面积 15 118.5 hm^2，疏林地面积 30.3 hm^2，灌木林地面积 29.9 hm^2，宜林荒山荒地面积 4.9 hm^2，未利用地面积 164.5 hm^2，非林地面积 344.0 hm^2。在森林面积中，天然林面积 14 819.4 hm^2，人工林面积 226.4 hm^2，森林覆盖率达 96.5%。

(2)森林生物多样性特征

龙栖山国家级自然保护区地处福建省武夷山国家级自然保护区与梅花山国家级自然保护区之间，由于封闭的地形，人为干扰较少，还保存着大片原生性的森林，具有植被类型多样，区系成分复杂，生态系统结构复杂，地质古老，地形多变，自然综合性复杂，生物多样性丰富的特色。特别是在同纬度低海拔地段还保存了大面积的常绿阔叶林和具有各种代表性的自然生态系统及自然景观，反映出了我国东部中亚热带南缘地区森林生态系统的天然本底，而生物物种的多样性和遗传多样性，特别是含有大量的珍稀濒危物种和当地特有种，成为我国亚热带地区的一个重要的生物资源基因库。森林生物多样性的基本特征表现为：

1)原始古老的自然性

龙栖山成陆历史悠久，地形复杂，环境条件优越，加上第四纪冰川未直接袭击本区，使得第四纪前植物能得以繁衍延续。但冰川进退引起的冷暖交替对第四纪前植物区系的组成及其稳定性有一定的影响，使得本区的现代植物区系成分较为复杂，在古老植物中，有发生在古生代、中生代、白垩纪的古老孑遗植物，如裸子植物。属于古老的孑遗植物有南方红豆杉、竹柏、三尖杉、柳杉等。

2)典型的亚热带山地景观

保护区地处华南地区与华东地区交汇地带，森林类型多样，以亚热带常绿阔叶林为地带性植被，以常绿的壳斗科乔木树种(栲属、石砾属、青冈属、栎属)和樟科、木兰科、茶科的乔木树种等组成。保护区内亚热带植物占优势，如裸子植物柳杉、三尖杉、竹柏等广为分布，这些都是亚热带成分，而裸子植物中典型的温带属如云杉属、冷杉属在保护区没有自然分布。

在野生动物区划中，东洋种在本区得到较大发展，如保护区的无脊椎动物东洋种占总种数的67.3%，昆虫纲中东洋种占总种数的70.2%，东洋种占绝对优势，而古北种却未被发现。

3)复杂的生物多样性

保护区植物群分为6个植被型，21个群系，森林植被主要由针叶林、落叶阔叶林、常绿阔叶林、灌丛、草丛等组成。在保护区范围这个大的自然生态系统中，其组成的核心是森林生态系统，森林植被保存完好，动植物资源丰富，与同纬度的贵州雷公山(北纬 26°12′～26°18′，植物种数1 390种)相比，植物种类相对比较丰富。

良好的生态系统和丰富的生物多样性，使保护区能量流动与物质循环十分活跃，时空关系适宜，结构与功能协调，形成一个相当庞大、相对稳定、处于主导地位的自然中心生态系统。这个中心系统，可以调节气候，净化大气和水体，涵养水源，防止水土流失，保持和美化自然环境，促进微生物活动，有利于大量野生动物的庇护、活动、繁殖，它不仅是一个蕴藏大量物种资源的“基因库”，还是一个物种遗传的“繁育场”。

4)物种资源的稀有性

保护区不仅蕴藏着一些珍贵的动植物资源，而且还有不少稀有种和众多的新物种。已被列入国家重点保护的野生动物有19种，有国家一级保护动物华南虎的活动踪迹，黄腹角雉、白颈长尾雉频频在保护区的十字坳、里山一带出没。珍稀植物有16种，其中：金钱松、台湾野核桃全省罕见；南方红豆杉在保护区内广为分布，据不完全调查统计，胸径20 cm以上的有1 000余株之多，胸径在100 cm以上的有200多株，形成十几个胸径100 cm左右的群落；柳杉资源也十分丰富，在石排场、里山、田角、上地等都有胸径为80～230 cm不等组成的群落；而三尖杉在保护区溪流两岸更是广为分布。

5)生态系统的脆弱性

石牛栏一带的草丛是华南虎的重要栖息地，如不加以保护，将使濒临灭绝的华南虎又少了一块重要的栖息地。

近年来，柳杉频遭云南松毛虫为害，云南松毛虫幼虫往往群集为害，单株虫口密度在百条之上，短短几天，柳杉形似火烧，干枯而死亡。然后这些松毛虫再为害附近的柳杉，往往导致整个柳杉群落的死亡。

随着集约化经营，人们片面追求经济效益，将混生于毛竹林间的阔叶树砍伐掉，这必将导致毛竹林日益纯林化，从而布下竹蝗和刚竹毒蛾毁灭性危害的隐患。毛竹林又是不稳定的群落，随着人们急功近利的管理，经营面积会日益扩大，将影响到其周边常绿阔叶林的生存，破坏生态平衡。

9.2 森林生物多样性资产价值分类及评估途径

关于环境与自然资产的价值，人们大多是从价值的施予方角度来界定，如de Groot(1992)将“自然的价值”认定为4类共37种功能。也有从价值的使用方角度加以定义，如Pearce等(1990)将“环境的价值”确定为4类，即直接使用价值、间接使用价值、选择价值、存在价值。

生物多样性是环境和自然资产的一部分，它的价值分类也可以从价值的施予方或价值的使用方的角度进行。从价值的施予方的角度，更加重视生物多样性的功能，而从价值的使用方的角度，则更加重视人们对生物多样性的一种感知、一种偏好。不管哪一种分类方法，它们之间都存在必然的联系，因为功能是形成价值的基础，没有某种功能，就不存在某种价值。但两者之间也有区别，按照“价值是针对人类的效用而言的，是人们对事物的态度、观念、信仰和偏好，是人的主观思想对客观事物认识的结果”这一效用论，有了某种功能，不一定就具有某种价值（靳珂珂，2005）。

9.2.1　按照森林生物多样性资产属性的价值分类

从转制后保护机构的角度，对森林生物多样性价值进行分类及其评估。同时，对森林生物多样性价值进行分类及其评估的目的，主要是提供给出资者以及生物多样性功能的受益者一种理论参考，使他们所提供的补偿基金与生物多样性价值之间存在着有机的联系。在搞清楚分类及其评估角度、目的的基础上，也必须考虑影响生物多样性价值分类及其评估的其他因素，如分类及其评估的时间、空间区域、生物多样性供给状况、货币化的难易程度等等。

要使出资者以及生物多样性功能的受益者所提供的补偿基金与生物多样性价值之间存在着有机联系，必须清楚以下几个问题：

一是生物多样性价值的现存状况，类似于资产负债表中某一时间点的资产的静态数量。目前许多专家学者都是这样评价的。

二是生物多样性价值的动态状况，类似于利润表中某一时间阶段的“利润”状况。如果要进一步对生物多样性资产进行核算，则要对生物多样性价值的变动进行影响因素分析，分析是人为保护作用所产生的价值的提升还是自然本身的生物转化功能所引致的。

为了更好地配合对生物多样性资产的核算，本书对森林生物多样性价值的分类，是参照会计对资产的分类方法进行的，具体可以分为以下几类：

(1)按照森林生物多样性特点进行的分类

1)森林生物资产所表现的价值

森林生物资产是指森林中活的动物、植物和微生物及栖息于动物、植物和微生物中的个体基因，包括林木资产，林副产品，以及以森林为依托生存的动物、植物和微生物等，因此森林生物资产是一种有形资产。森林生物资产在价值层次上主要表现为物种多样性价值和基因多样性价值，在价值总额中主要表现的是直接使用价值（陈传明，2011）。

根据森林生物资产的种类，对森林生物资产价值可以进一步细分为森林动物资产价值、森林植物资产价值和森林微生物资产价值。

2)森林生态资产所表现的价值

森林生态资产是指森林生态效益所形成的资产，包括有机物质的生产、CO_2 的固定、O_2 的释放、营养物质循环与储存、水土保持、净化污染物等。森林生态资产在价值层次上表现的是森林生态系统多样性价值，在价值总额中表现的主要是间接使用价值和部分直接使用价值（如生态旅游观赏价值、生态文化价值等）（刘梅娟 等，

2005)。

由于森林的多种生态作用,又可以进一步细分为:水源涵养和水土保持价值、防风固沙价值、净化大气价值、防治污染价值等等。

3)森林社会资产所表现的价值

森林社会资产是指森林社会效益所形成的资产,包括森林植物林相、森林动物所表现的美学感受、代内和代际之间的物种基因库、森林科普知识、森林生态文明等。森林社会资产在价值层次上表现的是选择价值和存在价值。

根据森林的多种社会作用,又可以进一步细分为:存在价值、遗产价值、选择价值、科研价值、文化教育价值、美学价值、物种基因库价值、森林科普价值、森林生态文明价值等人类社会公共的价值。

(2)按照生命周期进行的分类

生物资产是具有生命周期的资产,具有很强的周期性特点,而且不同的生物资产其生命周期的长短不相同,有的生物资产周期长,如林木长达几十年、上百年,有的生物资产周期短,只有几十天或几个月(姜文来 等,2003)。因而,可分为长周期性资产价值、中周期性资产价值和短周期性资产价值。

(3)从价值增长因素进行的分类

森林生物资产与其他资产的不同,源于资产的生物特性。生物资产是自然再生产和人类社会再生产共同作用的结果,一般资产主要是依靠人类生产劳动而获取的,生物资产是通过人的劳动和生物自身的生长、发育过程相互作用而形成的,生物资产的经营受自然规律的制约(张心灵 等,2004)。

还有,根据生物资产的流动性,可分为流动性资产(消耗性生物资产)价值和长期性资产(生产性生物资产)价值。由于这两者之间可以相互转化,因而这种划分方法不是绝对的。

9.2.2 从评估的角度进行的分类

(1)从生物多样性保护区域周边居民角度对生物多样性价值的分类

对森林生物多样性保护区域周边居民而言,无论采用哪一种方法对生物多样性价值进行分类、评估,无论评估价值有多大,在他们的生存环境还没受到威胁时,他们真正关心的是对生物多样性的保护能否带来的实际的经济利益。那么,从生物多样性保护区域周边居民的角度考虑,对生物多样性价值的分类,应从生物多样性的保护给周边居民带来的实际的经济利益出发,分为生物多样性的直接经济价值,潜在价值或未来的经济利益,以及生物多样性破坏后给居民带来的经济损失和对他们生存环境的威胁。

1)生物多样性的直接经济价值

指生物多样性中存在的资源的开发利用价值,包括两大类(郭中伟 等,1999):

第一，显著实物型直接价值。此类价值以生物资源提供给人类的直接产品形式出现。根据生物资源产品的市场流通情况，可分为消耗性产品价值和生产性产品价值。

第二，非显著实物型直接价值。此类价值体现在生物多样性为人类所提供的服务上，虽然无实物形式，但仍然可以感觉到，且能够为人类提供直接的非消耗性利用方面的服务，如生态旅游、动物表演，或以文学作品、舞台艺术、影视图片为载体的生物多样性的文化享受，或作为研究对象提供给科学家进行的生物、生态、地理、人文历史等多学科研究。

2)生物多样性的非直接经济价值

由于生物多样性的存在，给居民带来的生态价值。虽然居民享受的生态价值与生物多样性的整体生态价值相比，数量较少，远远低于他们为保护生物多样性的付出，但毕竟也享受到这一生态价值，因而也必须计入。

3)生物多样性的潜在价值或未来经济利益

生物多样性的潜在价值或未来经济利益，主要是指生物多样性保护后，给居民带来的诸如旅游产业收入、补偿回报收入(如乡村集体土地的生物多样性保护补偿)、在自然承载力范围内的过渡区开发收入、农业或其他产业受生物多样性保护的影响所产生的经济增加值等。与生物多样性的直接经济价值相比，生物多样性的潜在价值或未来经济利益强调的是经济增加值。

4)生物多样性破坏后给居民带来的直接和间接经济损失

生物多样性破坏后给居民带来的直接经济损失，如果进行价值计量，主要包括两个方面：

第一，生物多样性本身的损失以及对居民产生的损失。主要指生物多样性破坏或灭绝后的生态系统的破坏所造成的水土流失等对居民的农业或其他产业所产生的影响值等的累计损失。

第二，居民的迁移成本、寻找其他经济收入的“寻找成本”。如迁移的住房支出成本、到外地打工的支出成本及其风险等。

生物多样性破坏后给居民带来的间接经济损失，主要包括小气候改变造成的生活成本的增加值，如小气候变热所产生的购买电扇、增加电费的支出，水源枯竭所产生的寻找水源的支出等。

5)生物多样性破坏后对居民生存环境的威胁所产生的损失

土壤侵蚀、土壤荒漠化、空气中 O_2 含量减少、水源枯竭、泥石流、山洪等直接威胁居民的生产、生活及健康成长的生存环境，由此造成一系列损失，如农田不能种植、生活用水不能满足、泥石流导致的房屋倒塌等。

(2)从生物多样性保护区域投资者角度对生物多样性价值的分类

长期以来，人们认为生物多样性保护工程是公益性、非盈利事业，人类的生存环境必须由国家政府来考虑，而不是由企业、个人来考虑，生物多样性保护区域的投资者就落在政府及相关部门的身上。但诸如迁地保护，就地保护，兼具一定经济目的的绿化工程、荒漠化治理工程、湿地与海岸保护工程等生物多样性保护工程，以及旅游区开发、大型水利工程建设、农垦项目等各种自然资源利用工程(郭中伟 等，1999)，就可以由企业或个人投资建设。目前很少有企业、个人投资，这与国家对生物多样性保护的扶持政策有关，也与专家、学者的引导有关。这种引导，从一定程度上说，就是缺少从投资者的角度进行生物多样性价值的经济评估。

生物多样性保护区域的投资者包括几大类：

第一，生物多样性保护区域的保护管理机构和对生物多样性区域捐赠的志愿者。主要指国家政府部门投资创办的生物多样性保护管理机构及其志愿者。

第二，生物多样性保护区域的居民。

第三，生物多样性保护区域外的投资者，包括企事业单位、个人。

1)从生物多样性保护区域的保护管理机构及其志愿者角度对生物多样性价值的分类

由于生物多样性保护区域的保护管理机构是代表国家政府进行生物多样性保护的，是人类生存环境的保护者。从这一角度对生物多样性价值的分类，可以分为直接实物价值、直接服务价值、生态功能价值、非使用类价值(薛达元，1999)。由于对生物多样性区域捐赠志愿者的愿望与国家政府的想法是一样的，因而归于这一类中。由于许多学者都是从这一角度进行分类的，我们就不再阐述了。

2)从生物多样性保护区域的居民作为投资者角度对生物多样性价值的分类

生物多样性保护区域的居民作为投资者有双重身份：一是作为生物多样性的直接消费者，包括生物多样性的消耗性产品、生态功能的直接享受者等；二是作为生产性投资者或保护性投资者，要求得到一定的经济利益或其他形式的回报。

从生物多样性保护区域的居民作为投资者角度对生物多样性价值的分类与从生物多样性保护区域周边居民角度对生物多样性价值的分类是一样的，只不过更加突出具有经济价值的部分，如直接经济价值、非直接经济价值、潜在价值或未来经济利益。

3)从生物多样性保护区域外的投资者角度对生物多样性价值的分类

从投资者的角度进行生物多样性价值的经济评估，目的就在于引导投资者前来生物多样性保护区域进行投资保护管理。有投资，就得有回报，这是企业、个人投资的市场准则。因而，从投资者的角度进行生物多样性价值分类，更加重视生物多样性的直接产品经济利益，以及由生态功能等的利用所产生的经济利益。

(3)从消费者的角度对生物多样性价值的分类

消费者可以分为：科研消费者、直接产品消费者和间接产品消费者。科研消费者是指科研人员利用生物多样性保护区域进行实地跟踪调查研究，利用生物多样性相关数据进行分析总结，是对生物多样性保护区域的一种形式上的消费。直接产品消费者是指直接利用生物多样性区域的相关实物，如林木、动物、草本植物等的消费。间接产品消费者是指旅游人员、远离生物多样性保护区域的生态功能享受者等。

科研消费者重视生物多样性的生态价值、遗传价值、存在价值，直接产品消费者重视直接产品的利用价值，其余消费者重视生态价值、遗传价值、美学价值等。

9.2.3　综合分类方法

把上述两种分类方法结合起来，并从生物多样性保护区域的保护管理机构的角度进行重新归类，组合成新的分类方法，即综合分类。

综合分类的目的，在于以评估促进生物多样性价值的核算。为了更好地配合生物多样性的核算工作，本节按照会计对资源的分类方法，重新对生物多样性价值进行分类。

(1)森林生物多样性价值综合分类两种方法

分为首次评估的价值分类和考核评估的价值分类。首次评估的价值分类主要以生物多样性的正效应为基础，是生物多样性功能价值的盘查。考核评估的价值分类，还应考虑在某一时间阶段内生物多样性实物资源的增减变动所带来的正面效应和负面效应，以及生态、社会功能变动所带来的正面效应和负面效应。正面效应用正价值表示，负面效应用负价值表示。

无论哪种正面效应和负面效应，又分为所评估区域内部和区域外部的正面效应和负面效应。具体见表 9.1。

表 9.1　生物多样性变动效应的价值分类

	正面效应	负面效应
所评估的生物多样性区域内	1. 生物多样性实物数量的增加； 2. 生物多样性生物质量的提高； 3. 生物链关系的比例更加恰当； 4. 区域内生态环境的好转	1. 开发利用所带来的物种的减少； 2. 生物多样性生物质量的降低； 3. 生物链关系比例的协同性降低； 4. 区域内生态环境的恶化
所评估的生物多样性区域外	1. 外部生态功能的加强； 2. 物种遗传多样性的丰富； 3. 科普、文明教育等功能的加强	1. 水土流失等外部生态功能的退化； 2. 科普、文明教育等功能的减弱

(2)综合分类的价值级别的设置

为了更好地配合森林生物多样性资产的会计核算，把一级分类设置为森林生物资产类价值、森林生态资产类价值和森林社会资产类价值，二级分类设置为直接使用价值、间接使用价值、遗传价值和存在价值。二级分类以下的价值相对比较分散，根据具体情况而定。

以上的分类方法和分类标准总结于表 9.2。

表 9.2　森林生物多样性资产价值综合分类

价值类型一级分类	价值类型二级分类	价值类型三级分类	价值类型四级分类	举例	评估效应
森林生物资产类价值	直接使用价值	显著实物型直接价值	消耗性产品价值、生产性产品价值	木材、毛竹、松脂、薪材、笋、部分野味等	正价值
		非显著实物型直接价值	破坏后给居民带来的直接经济损失	物种破坏导致的直接生物产品的减产	负价值
	间接使用价值	非显著非实物型直接价值	直接的非消耗性利用	物种原因导致的生态旅游、动物表演的观看等	正价值
			生物资源破坏或减少后给居民带来的直接经济损失	居民的迁移成本、寻找其他经济收入的“寻找成本”	负价值
森林生态资产类价值	间接使用价值	生物多样性的生态功能效益		水源涵养、水土保持等	正价值
		破坏后给居民带来的直接间接经济损失	小气候改变对生活成本的增加值	如小气候变热所产生的购买电扇、增加电费的支出，水源枯竭所产生的寻找水源的支出	负价值
		居民生存环境的威胁所产生的损失		农田不能种植、生活用水不能满足、泥石流导致的房屋倒塌	负价值
森林社会资产类价值	遗产价值（选择价值）	当代人为了将某种资源保留给子孙后代而自愿支付的费用		生境、不可逆转的改变	正价值
		准选择价值	机会价值	开发利用给社会带来新物种的减少	负价值
	存在价值	人们为了确保某种资源的存在而自愿支付的费用		生境、濒危物种	正价值

9.2.4　森林生物多样性资产价值评估的途径和方法

（1）森林生物多样性价值计量方法的影响因素

1）价格参数的恰当性对生物多样性价值评估方法的影响

由于价值是人们对事物的态度、观念、信仰和偏好，是人的主观思想对客观事物认识的结果，是相对于人类的利用效用而言的，因而用支付意愿来反映生物多样性的价值是恰当的，但与我们通常所说的市场价格相差一个“消费者剩余”(Consumer Surplus，CS)，即 $WTP=P+CS$。因此，“消费者剩余”的大小，就决定了支付意愿的恰当性。存在两种情况：

第一,市场上存在类似替代品时,其消费者剩余很小,可以直接以其市场价格表示生物多样性的价值(郭中伟 等,1999)。

第二,市场上不存在类似替代品时,无法定量地计算出市场价格和消费者剩余,此时的支付意愿受生物多样性供给状况的影响。随着科学技术的进步,生物多样性的价值会逐渐地被发现和利用。同时,随着时间的推移,生物多样性的数量不断增加,当超过一定的平衡点(供给与需求的平衡点)时,人们对生物多样性价值的感知会逐渐降低,效用会逐渐减少,反之,则效用增加。这正如空气一样,现在很少谈到它的价值,一旦未受到污染的空气减少到一定程度时,空气的价值就体现出来了。又如某种生物濒临灭绝时,其价值是无穷大的。

在这种情况下,市场交易价格与人们的支付意愿相差较大,如果用市场交易价格代替支付意愿(WTP)来评估生物多样性的价值,则很难反映出生物多样性的实际价值。郭中伟等(1999)在考虑这一因素时,提出了用对环境损害补偿的"接受意愿"(Willingness To Accept,WTA)来代替支付意愿。

2)计算途径的恰当性对生物多样性价值评估方法的影响

就计算途径的恰当性而言,正面计算价值(途径1)无疑是最恰当的;从破坏损失来计算价值(途径2)在大多数情况下与途径1等价,有时会超过途径1,因而也是恰当的;途径3是以"恢复成本"来测度"恢复效益"(即价值),而这两者实际上并不相等,因而将有损其恰当性。一般来说,恢复成本总是小于恢复效益的(否则为什么要恢复呢?)。这就是成本与效益(即价值)之间的不对称性。两者差距越大,则途径3的恰当性愈弱。这样,就计算途径选择对价值计量结果的影响而言,基于"破坏损失"的计量将大于或等于"真实价值",大于或等于"替代成本"(郭中伟 等,1999)。

3)价格参数与计算途径的结合对生物多样性价值评估方法的影响

从理论上讲,由意愿型价格参数与途径1相组合的价值计量方法是最恰当的,而以替代成本为特征的计量方法是恰当性较差的。其他组合的恰当性则位居两者之间。然而这种理论上的恰当性并不等于实践中的可实现性。就价格参数选择而言,如果所有价值都以意愿型价格计算,将是非常不费用有效的。而最费用有效的处理是:一方面利用已有的市场价格;另一方面,在不具备相关的市场价格的情况下,通过WTP调查,产生意愿型价格。这样一来,"市场价格+意愿型价格"实际上是较为恰当的。另外,就计算途径选择而言,途径2比途径1更具可行性。这是因为生物多样性是先天存在的,在正常情况下,它的价值往往较容易被熟视无睹,往往需要通过破坏引起的扰动才能全面而清晰地显示出来。这样,应当说"市场价格+意愿型价格"与途径2的组合,实际上是最恰当的。

(2)森林生物多样性资产价值评估方法和评估途径

从目前森林生物多样性价值评估方法的总结和对计量方法影响因素的探讨可以看出,森林生物多样性价值的评估方法不可能是唯一的,不同的价值可能需要采用不同的计量方法。虽然对各种评价方法的选择已基本形成统一的框架和趋向,但如何从资产价值的角度对森林生物多样性资产进行评估，仍是一个需要研究的课题。考虑到上文已对森林生物多样性的资产进行了分类，建立了相应的分类体系，而且各种不同类型资产的价值评估也必须根据各自的特点选择不同的评估方法，本研究拟采用这样一种评估思路，即通过建立森林生物多样性资产价值评估指标体系，选择不同的评估指标来体现不同类型生物多样性资产的价值，并根据评估指标来确定相应的计量方法和评估途径，最后根据评估指标的计算值对森林生物多样性的资产价值进行评价。

9.3 森林生物多样性资产价值评估指标体系

森林生物多样性评价指标体系是森林生物多样性价值评估的工具。制定和验证区域森林生物多样性价值评估指标体系的目的，就是用来评估不同区域的森林生物多样性的经济价值及其变化的动态和趋势。只有建立完善的森林生物多样性评估标准和评估指标，并确定各指标数据的监测和度量方法以及相应指标的权重和计算方法，才能对具体区域的森林生物多样性价值进行恰当的评估。从目前国内外的研究进展看，尚未建立起针对区域评估的森林生物多样性评估指标体系（李金良 等，2003）。因此，本节从森林生物多样性资源资产分类的角度出发，探讨相应的评估标准和指标的含义，通过对森林可持续经营的标准和指标（张守政 等，2001）以及现有的相关森林生态系统价值评估指标和生态工程效益评估指标等指标体系（靳芳 等，2005；雷孝章 等，1999）的研究和筛选，构建多维的区域森林生物多样性资产价值评估指标体系，并探讨评估指标体系的应用方法，为进一步的评估工作提供基础。

9.3.1 森林生物多样性资产价值评估标准和指标含义

（1）森林生物多样性资产价值评估标准的含义

一个森林生物多样性资产价值评估的标准用来描述森林生物多样性资产价值的一种类别或一种情形，它是森林生物多样性资产价值的基本成分和构成，是用于评估森林生物多样性经济价值的类目，一个标准伴随着一套相关的指标。不同的标准可以衡量用于评估森林生物多样性资产价值的主要种类和基本要素。通过建立森林生物多样性的评估标准，可以为指标的定义和选取指明方向。根据前文建立的森林生物多样性资产价值分类方法，本指标体系建立的森林生物多样性的评估标准主要有三个：森林生物资产类价值、森林生态资产类价值和森林社会资产类价值。

（2）森林生物多样性资产价值评估指标的含义

森林生物多样性资产价值评估的指标是对其评估标准某一方面的度量或描述，该指标是一系列可以定期测量或描述的定量或定性变量，它们确定了森林生物多样性资产价值相应的标准及其内涵，并能够表现相应标准随时间变化的趋势。通过对森林生物多样性指标的定期监测从而提供相应森林生物多样性资产价值的信息，可以较为准确地评估森林生物多样性资源资产的价值。指标将森林生物多样性资产所提供的效益作为动态系统来探讨，提供了描述、监测和评估森林生物多样性资产价值与效益的基本框架，并确定其理论与实践意义。

(3)森林生物多样性资产价值评估指标体系的含义

森林生物多样性资产价值评估的标准和指标共同构成了森林生物多样性资产价值评估指标体系。指标体系的核心任务是组织、构造和发展指标。指标体系可以指导森林生物多样性评估所有数据和信息的搜集过程，它是指标形成和确立的基础。

9.3.2　森林生物多样性资产价值评估指标体系的构建方法

(1)森林生物多样性资产价值评估指标体系构建的依据

目前，以森林为对象的评价理论与方法研究大体上可分为两类：一是以经济学为主要理论依据的计量研究；二是以生态学为主要理论依据的定量评价研究。从研究对象上看，前者主要集中在森林资源的价值评估和森林生态效益的经济价值评估两大领域，后者则集中在森林生态系统的质量评价和森林生态系统的环境影响评价两大领域。从目标上看，前者以寻求森林资源的合理定价和森林生态效益的价值补偿为目的，后者则以提高森林生态系统的整体功能和效益为目的。从功能上看，前者是一种价值评估，评估结果可以揭示森林资源在宏观经济决策和微观资源配置中的重要性，后者则是一种特征评价，评价结果用以监督和控制森林生态系统的变化趋势和对环境影响的效益。从实践上看，以经济学为理论依据的计量研究，其理论基础无论是西方的效用价值论还是马克思的劳动价值论，所体现的均是工业文明的传统价值观，尚无法清晰地解释森林生态效益价值的实质、形成机制及其运动规律等重大基础理论问题，评估结果具有不确定性和难以精确计量等缺点，因而在实践中的应用受到了极大限制。以生态学为理论依据的定量评价研究，技术方法较为成熟，研究成果具有对象明确、可操作性强等特点，在林业生态体系建设中得到了广泛的应用，其缺陷是不能合理地解释森林生态系统与社会经济系统之间的协调关系，从而无法为制定有效的经济政策提供依据。

森林生物多样性的功能本质上体现的是人与自然的关系，以经济人假设为前提的经济学理论虽然可以清楚地解释经济运行过程中人与人之间的关系，但在解决人与自然、环境与发展的关系问题时，就显得乏力了，要解决这一问题，经济学理论本身需要发展。目前，国内外还没有关于森林生物多样性价值计量的公认的成熟评价方法，因此，完全从经济学角度出发建立评估指标体系显然缺乏根基，即便建立了相应的指标体系也难以进行实际操作。

鉴于上述分析，本书构建森林生物多样性资产价值评估指标体系的指导思想是：从经济学理论的相应评估指标出发，以生态学的主要理论和方法为依据，构建实物量评估指标与价值量评估指标相结合的评估指标体系，即评估的标准和指标的建立以及指标计量方法的确立主要以经济学相关理论为依据，而指标值的数据来源和动态监测主要以生态学的相关理论为依据。通过二者的集成构建完善的森林生物多样性资产价值评估指标体系。

(2)森林生物多样性资产价值评估指标的设置和选取原则

评估指标的设置和选取，应根据评估对象的结构、功能及区域特性提出反映其本质内涵的指标，同时，吸收前人研究成果中的优良指标，以便科学、公正地进行评估工作。在大量收集涉及生态环境资源和生物多样性评价与监测的理论及方法的基础上，通过分析、比较和咨询专家学者，根据森林生物多样性资源资产价值的特点，提出以下森林生物多样性价值评估指标的设置和选取原则：

1)科学性原则。只有在对森林生物多样性正确理解的基础上，利用科学的理论和方法构建的指标体系，才能比较客观地反映区域森林生物多样性资源资产的经济价值。森林生物多样性价值计量和监测是一项长期性的工作，指标设置应能科学地反映评价对象的本质内涵和外延。每个指标应含义明确，计算方法规范，易于掌握。

2)可操作性原则。所选取的指标应具有可监测性，指标内容尽量简单明了，概念明确。同时，对指标的数据进行监测时应尽量满足经济上合算、技术上可行、社会上满意的多方需求，即考虑成本与效益问题。

3)系统性原则。森林生物多样性资产价值评估指标体系是一个多属性、多层次、多变化的体系，表现在空间层次上以及森林生物多样性的类型上。因此，评估标准和指标体系不仅要反映森林生物多样性的生态机制，而且要反映对区域功能的促进，即森林生物多样性与环境、社会经济系统的整体性和协调性。

4)可比性原则。评估指标体系中的指标，要具有统一的量纲，以便于在不同区域，对同一类型森林生物多样性资产进行计量评估时的比较。

5)全面性原则。评估指标体系作为一个有机的整体，应能够反映和测度森林生物多样性资源资产的主要特征和状况，在时序上既有静态指标，又有动态指标，以全面正确地评估其经济价值。

6)独立性与稳定性原则。在全面性的基础上，应力求简洁、实用，指标间应尽可能独立，尽量选择那些有代表性的综合指标和主要指标，辅之以一些次要指标。同时，指标体系内容不宜变动过多、过频，应保持其相对稳定性，这样可以比较容易地分析和比较被评估系统的发展过程和状况。

7)可接受性原则。应使指标体系中的各项指标能为大多数人所理解和接受。

(3)森林生物多样性资产价值评估指标的设置和选取方法

森林生物多样性资产价值评估指标的设置和选取，是一项复杂的系统工程，要求评估者对指标系统有充分的认识，对森林生物多样性知识有一定的积累。目前，筛选指标的方法，主要有专家咨询法、层次分析法、Delphi 法、频度分析法和会内会外法等。本研究应用雷孝章等(1999)构建的软系统集成方法(SSIM)的思想，将上述主要的指标选取方法进行集成，作为森林生物多样性资产评估指标设置和选取的方法和软件支撑。其具体思路如下：

第一步，通过对森林生物多样性评价研究相关文献的收集、分析和梳理，明确森林生物多样性资产评估指标的范畴、主要目标和功能，采用广义归纳方法，以专家会议或咨询形式，形成对指标设置问题明白的、公认的表述形式系统（即结构化问题）。

第二步，对于无法明确或较难表述的指标设置（即非结构化和半结构化问题）可以分别应用软系统法（SSM）和综合集成法（SIM）进行改进，使其趋于明确。

第三步，在完成指标设置问题的结构化处理后，应用系统工程（SE）方法寻求问题的满意解。

其具体过程是，通过第一、二步完成对评估标准和指标框架所包含的内容的界定，尤其是对指标体系的范畴、功能和评价目的进行明确描述，在此基础上，采取频度分析法，对国内外有关森林生物多样性的各种指标进行统计分析，选择那些使用频度较高的指标作为候选指标。同时，结合森林生物多样性指标选取的依据、原则和第一、二步的分析结果，对候选指标进行分析、比较、综合，选择那些符合要求的指标或根据结果重新设置指标。然后，根据这些指标设计专门的专家咨询方案，征询有关专家意见。用专家咨询表的定量信息和定性信息进行统计分析，从而对指标进行筛选及调整，经过4轮专家咨询，直到70%以上的专家认同，才列入评价指标，最终得到森林生物多样性资产价值评估指标体系。

9.3.3　森林生物多样性资产价值评估指标体系的建立

（1）森林生物多样性资产价值评估的标准

根据前述的评估理论基础，将森林生物多样性资产价值评估的标准分为三个：

标准一：森林生物多样性的生物资产类价值。本标准用于评价森林生物多样性直接满足人类生产和消费需要的价值。包括森林生物多样性为人类提供的食物、纤维、建筑和家具用材、药材及其他工业原料，以及由于森林生物多样性的存在而带来的科学研究、文化和直接旅游观赏价值。

标准二：森林生物多样性的生态资产类价值。本标准用于评价森林生物多样性提供的生态服务功能的价值。包括森林生物多样性支持和保护经济活动及财产的环境调节功能，即涵养水源、净化水质、保持水土、降低洪峰、改善小气候、吸收污染物和固碳释氧等。

标准三：森林生物多样性的社会资产类价值。本标准用于评价森林生物多样性的选择价值和存在价值。选择价值是一种潜在价值，是未来森林生物多样性的直接使用价值和间接使用价值，即为后代人提供选择机会的价值。因为这一价值要通过当代人的选择做出决定，所以把这一价值称为选择价值。存在价值是一种伦理或道德价值。自然界多种多样极其繁杂的物种及其系统的存在，有利于地球生命支持系统功能的保持及其结构的稳定，无论发生什么灾害，总有许多物种会保存下来，继续功能运作，使自然界的动态平衡不致遭到瓦解。人们为保护和维持这种生存能力，愿意付出相应的代价。因此，存在价值实际是人们对森林生物多样性存在的支付意愿，它和人们是否使用没有关系。

(2)森林生物多样性资产价值评估的指标体系

根据前文讨论的森林生物多样性指标体系构建方法，按照上述三个标准，将森林生物多样性价值评价指标体系归纳为表 9.3。该指标体系分为三个评价标准和 13 个评价指标，同时还列出了评价指标计量所用的 41 个监测指标和主要评价方法。

表 9.3　森林生物多样性资产价值评估标准和指标体系

评估标准 T	价值量评估指标 V	实物量监测指标 P	计量方法和评估途径
森林生物多样性的生物资产类价值 T_1	年木材总产值 V_1(万元)	P_1 年平均木材产量(m^3) P_2 年平均木材价格(元/m^3)	市场价格法
	年林副产品总产值 V_2(万元)	P_3 林副产品的种类(如药材等) P_4 某类林副产品的年产量(kg) P_5 某类林副产品的市场价格(元/kg)	市场价格法
	森林生物多样性的科学研究和文化价值 V_3(万元)	P_6 森林生物多样性区域的年科学研究收入(万元) P_7 森林生物多样性区域的年文化活动收入(万元)	费用支出法
	森林生物多样性资源的年游憩收入 V_4(万元)	P_8 森林生物多样性区域的年旅行费用支出(元/人) P_9 森林生物多样性区域的年游客数(万人) P_{10} 相关区域游客对森林生物多样性资源的偏好程度(%)	修正的旅行费用法；机会价值法
森林生物多样性的生态资产类价值 T_2	涵养水源价值 V_5(万元)	P_{11} 林区森林类型及面积(hm^2) P_{12} 某种森林类型地上持水量(mm) P_{13} 某种森林类型土壤储水量(mm) P_{14} 林区年平均降水量(mm) P_{15} 相关区域的水库建设成本(元/m^3)	费用替代法；收入损失法；规避损害法
	水土保持价值 V_6(万元)	P_{16} 某种森林类型减少土壤损失量(kg) P_{17} 某种森林类型土壤中的养分含量(kg) P_{18} 某种森林类型减少泥沙淤积量(kg) P_{19} 相关区域某种化肥的平均价格(元/t) P_{20} 相关区域水库的清淤成本(元/m^3)	费用替代法；收入损失法；规避损害法

续表

评估标准 T	价值量评估指标 V	实物量监测指标 P	计量方法和评估途径
森林生物多样性的生态资产类价值 T_2	纳碳吐氧价值 V_7(万元)	P_{21}某种森林类型植被年碳汇量(t) P_{22}某种森林类型凋落物年碳汇量(t) P_{23}某种森林类型土壤年碳汇量(t) P_{24}单位碳汇的市场价格(元/t)	实际市场价格法或预期收入现值法
	净化空气价值 V_8(万元)	P_{25}某种森林类型的 SO_2 年吸收能力(t/hm^2) P_{26}某种森林类型的氟化物年吸收能力(t/hm^2) P_{27}某种森林类型的粉尘年吸收能力(t/hm^2) P_{28}相关区域大气污染的年处理成本(元/kg)	费用替代法;收入损失法;规避损害法
	参与土壤养分循环与储存价值 V_9(万元)	P_{29}某种森林类型土壤中的养分含量(kg) P_{30}相关区域裸地土壤中的养分含量(kg) P_{31}相关区域某种化肥的平均价格(元/t)	费用替代法;收入损失法;规避损害法
森林生物多样性的社会资产类价值 T_3	物种保存价值 V_{10}	P_{32}区域森林生态系统的物种资源存量 P_{33}新灭绝的物种的单位价值	替代市场法
	栖息地保存价值 V_{11}	P_{34}区域生物栖息地变动指数 P_{35}栖息地保护的单位意愿支出	条件价值法(意愿调查法)
	使用和非使用环境遗产价值 V_{12}	P_{36}区域濒危的森林生物多样性资源数量(hm^2) P_{37}区域森林生态系统多样性指数 P_{38}濒危生物多样性保护的单位意愿支出(元) P_{39}预防生态系统不可逆变化的单位意愿支出(元)	条件价值法(意愿调查法)
	森林生物多样性资源存在价值 V_{13}	P_{40}区域森林生物多样性综合指数 P_{41}区域森林生物多样性资源存在的支付意愿(元)	条件价值法(意愿调查法)

9.3.4　森林生物多样性资产价值评估指标体系应用中应注意的问题

目前国内外对森林生物多样性价值计量评价中存在的一些理论障碍没有定论，也尚无公认的解决方法(徐嵩龄，2001)。因此，在应用该指标体系进行具体区域的森林生物多样性资产价值评估时要注意以下几个问题：

(1)森林生物多样性资产的价值量评价与实物量评价应结合进行,实物量监测数据的准确性与可靠性将直接影响价值量评价的可信度。因此,有必要建立区域森林生物多样性资产价值计量评价信息支撑系统,为评价提供辅助。

(2)在进行具体区域的森林生物多样性资产价值评价时,可以结合区域生物多样性的特征和社会经济发展状况选取部分的评价指标进行计量,作为该区域生物多样性资源资产的经济价值量。

(3)在用于具体区域进行评价时,要考虑各指标值的可累加性,即对各指标计算结果进行最终累加时,可以考虑给某一指标设置一定的调整系数,相当于指标的权重。由于生物多样性的评价十分复杂,它不同于一般的生态公益效能评价,其权重并不是依据评估指标的重要性来确定,而是要考虑生物多样性资源资产的实现程度和相应的效用,目前,可以根据不同的评价区域,考虑通过发展阶段系数和专家咨询法确定某一评估指标的权重,从而对相应累加分量进行适当调整。关于这个问题,有待于今后进一步研究。

9.4 龙栖山各类森林生物多样性资产价值评估

9.4.1 森林生物多样性生物资产类价值评估

依据上文所建立的森林生物多样性资产价值评估指标体系,森林生物资产类价值主要包含直接实物资源资产类价值和直接服务价值,现分别评估如下:

(1)直接实物资源资产类价值评估

1)木材生产价值评估

根据“二类”调查统计数据,龙栖山国家级自然保护区森林总面积达 15 118.5 hm^2,其中,天然林面积为 14 819.4 hm^2,人工林面积为 226.4 hm^2。森林总蓄积为 2 823.4 万 m^3,若以年净生长率 1%计算,每年净生长量可达 28.23 万 m^3,按市场活立木平均价格 250 元/m^3 计算,这项木材生产价值可达 7 057.5 万元。但龙栖山自然保护区属于国家级森林生态保护区,对森林实行禁伐,因此,理论上的木材产量并没有作为实物产品在市场上交易,仅以活立木的形式留存在森林生态系统内。保护区每年的实际木材产量仅包括实验区或缓冲区因森林开发和研究而采伐的木材以及经上级批准对核心区风倒木的清理采伐而生产的木材。因这类木材生产每年均不固定,而且数量较少,本研究拟将其忽略不计。

2)林副产品生产价值评估

指标体系中将森林生态系统中除木材以外的其他直接实物资源产出均归入林副产品类资产价值。保护区中,这类资产价值主要包括:药材资源、果品、野生蔬菜、食用菌类、蜂产品、野生动物资源及其他林副产品等。

龙栖山的药材资源丰富，包括药用植物资源和药用动物资源。其中：药用植物资源约有 750 种，近年来还引种成功杜仲、厚朴、胶股蓝、西洋参等名贵药材；药用动物资源主要有刺猬、鼯鼠、中华竹鼠、豪猪、野猪、豹猫、穿山甲、红腹松鼠、蟾蜍、南草蜥、角菊头蝠、少棘蜈蚣等。保护区内果品、野生蔬菜资源和食用菌资源丰富，现有食用植物 98 种，真菌 69 种，其中食用菌主要有多孔菌类等。保护区食用动物资源主要有鱼、虾、螺，以及肉质鲜美的部分鸟类、蛙类等。保护区每年还产出相当数量的蜂产品和其他林副产品。

龙栖山自然保护区林副产品生产价值的计算方法采用市场价值法，其总价值是指每年各类资源资产价值之和，而每类资源资产价值等于该类资源的总数量乘上当年的市场价格。目前龙栖山保护区林副产品的产出途径主要包括：①人工栽培和养殖。主要指保护区野生动植物资源的种养殖和开发，目前这类产品产量较为有限。②市场收购，主要指保护区林副产品资源的市场输出。虽然保护区的主要资源受到严格保护，但每年仍有相当数量的林副产品资源进入市场交易。③偷采偷猎。主要指核心区和缓冲区受保护的林副产品资源的偷采偷猎产出。由于目前保护区林副产品产量没有统计，只能通过初步的市场实地调查和专家咨询对林副产品资源的资产价值进行估算。根据对将乐县相关林副产品市场和龙栖山当地居民的调查，以及对有关专家进行咨询，并参照相关研究的结果（姜文来，2003），推算出龙栖山林副产品资源的年产出价值约为 150 万元。

(2) 直接服务价值评估

1) 森林生物多样性的科学研究和文化价值评估

龙栖山自然保护区反映出了我国东部中亚热带南缘地区森林生态系统的天然本底，以及生物物种的多样性和遗传多样性，特别是保护区内有大量的珍稀濒危物种和当地特有种，成为我国亚热带地区的一个重要的生物资源基因库。因此，具有重要的科考和研究价值。保护区每年都有相当数量的科学研究和合作研究项目（包括基础研究、应用研究和国际合作研究等）进行，接待和开展众多的文化活动，如科普活动、教学实习、书画出版等。若按照承担和开展的科学研究和文化活动项目的费用支出进行推算，龙栖山自然保护区每年的科学研究和文化活动价值可达 200 万元。

2) 保护区生态旅游价值评估

根据前述的指标体系，旅游价值评估采用费用支出法和机会价值法，旅游价值包括旅行费用支出、旅行时间花费价值和其他费用，其中：旅行费用支出＝交通费用＋食宿费用＋门票及服务费用；旅行时间花费价值＝游客旅行总时间小时数×游客每小时的机会工资；其他费用＝摄影、购物及其他一切费用。该法中暂不评估旅游的消费者剩余价值。

旅行费用支出：据测算，龙栖山保护区自然公园近期（2010—2015 年）的年平均游客规模为 5.6 万人次，远期（2016—2020 年）的年平均游客规模为 9.5 万人次。游客主要旅行费用支出为门票、住宿、餐饮、商店和交通等 5 项。

取近期和远期的平均值作为保护区自然公园旅行费用支出，则旅行费用支出计算值为 595.35 万元。

旅行时间花费价值：旅行时间花费价值＝游客旅行总时间小时数×游客每小时的机会工资，其中：旅行总时间＝途中往返乘车时间＋龙栖山自然保护区停留时间，大约为 6 小时；机会成本一般为工资标准的 30％～50％，由于我国职工工资水平普遍偏低，本研究使用 40％的打折率，用福建省年人均工资（3 万元）收入除以实际工作的小时数，得到实际每小时的工资，即按每年实际工作日 254 天、每天工作 8 小时，则每年实际工作 2 032 小时，所以每小时机会工资价值为 14.8 元/人，则旅行时间花费价值＝6×14.8×40％＝35.52（元/人）。按近期和远期的平均游客规模 7.55 万人次计算，则旅行时间花费价值为 268.2 万元。

其他费用：其他费用包括摄影、购物（土特产等）及其他一切费用，根据调查，平均每位游客为 50 元，则每年游客此费用平均为 377.5 万元。

旅游总价值：旅游总价值＝旅行费用支出＋旅行时间花费价值＋其他费用＝595.35 万元＋268.2 万元＋377.5 元＝1241.05 万元。

综上，龙栖山森林生物多样性生物资源资产类价值＝直接实物资源资产价值＋直接服务价值＝木材生产价值＋林副产品生产价值＋科学研究和文化价值＋保护区生态旅游价值＝0 万元＋150 万元＋200 万元＋1241.05 万元＝1591.05 万元。

9.4.2　森林生物多样性生态资产类价值评估

依据上文所建立的森林生物多样性资产价值评估指标体系，森林生态资产类价值主要指森林生物多样性提供的生态服务功能的价值，包括涵养水源、水土保持、纳碳吐氧、净化空气和参与土壤养分循环等五个指标，现分别评估如下：

（1）涵养水源价值评估

根据评估指标体系，森林植被的蓄水功能主要体现在森林植物保水、森林枯枝落叶持水和森林土壤储水三个方面。

根据杨春霞等（2004）对闽江流域主要森林植被类型水文功能的研究，闽江流域不同森林类型的持水能力见表 9.4。

龙栖山的主要森林植被类型为常绿阔叶林、落叶阔叶林、针叶林和毛竹林。依据表 9.4 数据和龙栖山各森林类型的面积比例，计算出龙栖山森林植被林分持水总量的加权平均值为2 154.15 t/hm^2，因此龙栖山森林的涵养水源总量 T 为：

$$T = 15168.7\ hm^2 \times 2154.15\ t/hm^2 = 3267.57\text{万}\ t$$

以全国水库建设投资成本测算，新增 1 t 库容的投入成本约为 0.67 元（1990 年不变价）（姜文来，2003），因此，龙栖山森林的涵养水源总价值为：3267.57 万 t×0.67 元＝2189.27 万元。

表 9.4　闽江流域不同森林类型的持水量

林分类型	林冠层持水量		林下植被层持水量		枯枝落叶层持水量		40 cm 土壤持水量		林分持水总量
	(t/hm²)	占地上%	(t/hm²)	占地上%	(t/hm²)	占地上%	(t/hm²)	占总%	(t/hm²)
米槠天然林	32.0	69.18	3.97	8.57	10.29	22.29	2 323.30	98.05	2 369.56
马尾松天然林	14.35	55.40	3.31	12.77	8.25	31.83	2 323.98	98.90	2 349.89
天然阔叶林	8.43	34.17	2.62	10.62	13.62	55.21	2 312.40	98.94	2 337.07
柳杉林	17.90	65.74	0.37	1.36	8.96	32.90	2 256.60	98.81	2 283.83
杉木天然林	6.52	35.71	1.24	6.79	10.50	57.50	1 987.70	99.09	2 005.96
天然杂木林	13.56	28.58	4.04	8.51	29.85	62.91	2 111.60	97.80	2 159.05
格氏栲天然林	31.01	27.56	30.35	26.97	51.15	45.46	2 036.70	94.77	2 149.21
木荷林	4.54	37.79	0.33	2.31	9.41	65.90	2 066.10	99.31	2 080.38
毛竹林	5.49	45.83	1.16	9.68	5.33	44.49	1 939.90	99.39	1 951.88
楠木林	23.45	59.75	0.48	1.23	15.32	39.02	1 813.40	97.88	1 852.65
红豆杉林	15.50	43.19	3.52	9.81	16.87	47.00	1 887.16	98.13	1 923.06
火力楠林	3.46	20.02	0.37	2.13	13.44	77.85	1 523.86	98.88	1 541.12
秃杉林	12.73	90.03	1.00	7.07	0.41	2.90	1 832.00	99.23	1 846.14

引自:张春霞 等,2004

(2)水土保持价值评估

森林水土保持的价值主要体现在减少了因水土流失形成江河湖和水库的泥沙淤积,还减少了因水土流失造成的土壤肥力丧失。从事物的对立面出发,对其价值的计量可从其减少土壤肥力损失和减少土壤侵蚀两个方面来衡量。

1)森林减少土壤肥力损失的价值评估

龙栖山保护区山地土壤垂直分布的特征是从中山到丘陵,从山顶至山脚,土壤类型分布是黄壤—黄红壤—红壤,山顶为山地草甸土。土层厚度为 19～125 cm。据相关资料测算,无林地比有林地多流失的泥沙量约为 60 t/(hm² · a)(姜文来,2003)。龙栖山各类森林总面积为 15 168.7 hm²,因此,保护区森林减少土壤损失总量 B 为:

$$B = 15168.7\ \text{hm}^2 \times 60\ \text{t/(hm}^2 \cdot \text{a)} = 91.01\ \text{万 t/a。}$$

目前,福建省常用化肥(N 肥为尿素、P 肥为过磷酸钙、K 肥为氯化钾)中 N,P,K 在各类肥料中的比例分别为 46.67%,15.27%,52.35%。三种肥料的平均销售价格分别为 1 380,400 和 1 350 元/t。据张春霞等(2004)的研究,闽江流域各森林类型表层土壤全 N、全 P、全 K 的平均含量分别为 0.031%,0.017%和 0.0175%,据此推算,龙栖山保护区每年森林减少土壤损失的价值 Y 为:

$$Y = (91.01\ \text{万 t/a} \times 0.031\% \times 1380\ \text{元/t} \div 46.67\%) + (91.01\ \text{万 t/a} \times 0.017\% \times 400\ \text{元/t} \div 15.27\%) + (91.01\ \text{万 t/a} \times 0.0175\% \times 1350\ \text{元/t} \div 52.35\%) = 83.42\ \text{万元/a} + 40.53\ \text{万元/a} + 41.07\ \text{万元/a} = 164.97\ \text{万元/a。}$$

2)森林减少土壤侵蚀价值评估

根据学者研究,有林地与无林地侵蚀差异平均为30 mm/a(姜文来,2003),用此参数乘以保护区森林总面积,可推算出保护区森林减少土壤侵蚀总量 B 为:

$$B = 30\ \text{mm/a} \times 15168.7\ \text{hm}^2 = 455.06\ \text{万}\ \text{m}^3/\text{a}。$$

以林地土层平均厚度为0.6 m计,保护区减少土壤侵蚀量相当于减少林地面积损失 S 为:

$$S = 455.06\ \text{万}\ \text{m}^3/\text{a} \div 0.6\ \text{m} = 758.43\ \text{hm}^2/\text{a}。$$

根据国家统计局的资料,我国林业生产的平均收益为282.17元/(hm^2 · a)(1990年不变价),由此可得保护区森林减少土壤侵蚀价值 V 为:

$$V = 758.43\ \text{hm}^2/\text{a} \times 282.17\ \text{元}/(\text{hm}^2 \cdot \text{a}) = 21.40\ \text{万元}/\text{a}。$$

综上,龙栖山保护区森林每年水土保持总价值=减少土壤肥力损失价值+减少土壤侵蚀价值=164.97万元/a+21.40万元/a=186.37万元/a。

(3)固碳价值评估

纳碳吐氧是森林植物自身的一种生理现象,即光合作用的结果,可以通过监测森林固碳量来评估。森林生态系统的碳储量由植被、凋落物和土壤三个分室组成,其碳储量分别由这三个库的碳密度及林分类型面积决定。因此,对森林生物多样性进行碳汇价值评估时,应先求算出森林植被、土壤和凋落物的固碳量,然后根据碳汇的市场价格来计算总经济价值。

根据张春霞等(2004)的研究成果,闽江流域不同森林类型乔木层年固碳量情况见表9.5。

表9.5　不同森林类型乔木层年净固碳量　　单位:t/(hm^2 · a)

项目	格氏栲天然林		格氏栲人工林		杉木人工林	
	干物质量	碳量	干物质量	碳量	干物质量	碳量
生物量增量			12.422	6.456	5.460	3.045
凋落物生产量	9.459	4.391	9.566	4.514	4.357	2.151
死细根归还量	8.632	4.352	5.148	2.235	2.492	1.254
乔木层净固碳量	18.901	8.743	27.135	13.206	12.309	6.450

根据龙栖山保护区的森林植被类型,天然林按同类格氏栲天然林年净固碳量8.743 t/(hm^2 · a)计算,人工林按同类格氏栲人工林年净固碳量13.206 t/(hm^2 · a)计算,保护区现有森林面积中,天然林面积14 819.4 hm^2,人工林面积226.4 hm^2,因此,龙栖山保护区森林年总净固碳量 C 为:

$$C = 8.743\ \text{t}/(\text{hm}^2 \cdot \text{a}) \times 14819.4\ \text{hm}^2 + 13.206\ \text{t}/(\text{hm}^2 \cdot \text{a}) \times 226.4\ \text{hm}^2$$
$$= 12.96\ \text{万 t} + 0.30\ \text{万 t} = 13.26\ \text{万 t}。$$

推算固碳价值的方法主要有碳税率法和造林成本法,前者通常使用瑞典的碳税率,即150美元/t C,折合人民币为1 245元/t C;后者中国造林成本约为250元/t C。

目前的研究通常采用市场价格法确定单位固碳价格。据此，本研究采用实施国际自由能源贸易时的价格，即约为26美元/t C，折合人民币为208.26元/t C。算出龙栖山保护区森林每年固碳价值约为2 761.53万元。

(4)净化空气价值评估

本研究以森林生态系统对SO_2和粉尘的净化作用来评估保护区森林净化空气价值。

1)污染物降解价值评估

根据《中国生物多样性国情研究报告》编写组(1998)，阔叶林对SO_2的吸收能力为88.65 kg/(hm^2 · a)，针叶林平均吸收能力为215.60 kg/(hm^2 · a)，两者平均值为152.13 kg/(hm^2 · a)，每消减1 t SO_2的成本为600元，据此可推算出龙栖山自然保护区森林每年消除SO_2的总价值＝森林面积×单位森林面积SO_2吸收量×消减单位重量SO_2的成本＝15168.7 hm^2×152.13 kg/(hm^2 · a)×600元/t＝138.47万元/a。

2)滞尘价值评估

粉尘是大气污染的重要指标之一，树木对烟灰、粉尘有明显的阻挡、过滤和吸附作用。本研究利用市场价值法来计量森林的滞尘价值。

研究表明，针叶林的滞尘能力为33.2 t/(hm^2 · a)，阔叶林的滞尘能力为10.11 t/(hm^2 · a)(王洪梅，2004)，按照龙栖山保护区森林面积比例加权平均为15.52 t/(hm^2 · a)。消减粉尘的影子价格取为70元/t(王洪梅，2004)，则龙栖山保护区森林滞尘价值为1 647.93万元/a。

综上，保护区森林净化空气总价值为138.47万元/a＋1647.93万元/a＝1786.40万元/a。

(5)参与土壤养分循环价值评估

林地可通过枯枝落叶等促进土壤中的微生物分解，从而参与土壤养分循环和储存，在一定程度上能提高土壤的肥力。森林参与土壤养分循环的价值可通过林分持留的养分进行计量。

根据张春霞等(2004)对不同水土保持模式林分养分循环的研究成果，天然林分(封山育林)的养分循环见表9.6。

龙栖山森林基本属于原始和天然林分，与封山育林形成的林分比较接近，因此可用表9.6的数据作为龙栖山森林的养分存留量。据此，可以推算出龙栖山保护区森林每年的净留存养分为：

$$N = 26.875\ \text{kg/(hm}^2\cdot\text{a)} \times 15168.7\ \text{hm}^2 = 407.66\ \text{t/a};$$

$$P = 0.178\ \text{kg/(hm}^2\cdot\text{a)} \times 15168.7\ \text{hm}^2 = 2.70\ \text{t/a};$$

$$K = 22.490\ \text{kg/(hm}^2\cdot\text{a)} \times 15168.7\ \text{hm}^2 = 341.14\ \text{t/a}。$$

表 9.6　封山育林林分的养分循环　　单位：kg/(hm² · a)

指标	土壤养分				
	N	P	K	Ca	Mg
乔木层存留量	9.153	0.082	11.118	3.690	1.520
灌木层存留量	15.856	0.083	9.526	3.092	1.860
草本层存留量	1.866	0.012 8	1.846	0.233	0.201
群落存留量	26.875	0.178	22.490	7.016	3.581
归还量	3.623	0.011	1.362	0.847	0.280
吸收量	30.498	0.189	23.852	7.862	3.860

参照上文水土保持价值评估中 N,P,K 化肥价格参数，则龙栖山保护区森林参与土壤养分循环的价值可推算为：(407.66 t/a×1380 元/t÷46.67%)+(2.70 t/a×400 元/t÷15.27%)+(341.14 t/a×1350 元/t÷52.35%)=120.54 万元/a+0.71 万元/a+87.97 万元/a=209.22 万元/a。

9.4.3　森林生物多样性社会资产类价值评估

依据上文所建立的森林生物多样性资产价值评估指标体系，森林生物多样性社会资产类价值，包括森林生物多样性的选择价值和存在价值。参照薛达元(1999)研究成果，本研究采用条件价值法(CVM)对龙栖山自然保护区森林生物多样性的社会资产类价值进行评估。

(1)条件价值法的数据采样

本研究通过支付意愿问卷调查的方式进行条件价值法的数据采样。问卷调查以龙栖山保护区的森林资源现况为例，根据评估需要，以森林生态旅游者和当地居民为对象，设计了“龙栖山自然保护区森林生物多样性存在价值个人支付意愿问卷调查表”。调查表具体内容包括：

1)调查对象的基本信息。包括家庭所得、受教育程度、年龄、性别、职务、职业、家庭结构等。

2)对龙栖山国家级自然保护区的了解程度和偏爱程度。

3)支付意愿及 WTP 值。即调查对象是否愿意为龙栖山保护区森林生物多样性的维持而每年从个人收入中支付一定的费用，以及愿意支付的具体数额。在支付卡上提供的选项为0～100元之间，每 10 元为一档，最高为 100 元以上，共 11 档。

本次问卷调查于 2011 年 8—9 月在龙栖山自然保护区自然公园所在地进行，共发放问卷 100 份，回收总数为 93 份，扣除回答不全等无效问卷 8 份，提供进行森林生物多样性社会资产价值评估的实际有效问卷样本数为 85 份。

(2)调查结果的统计分析

对收回的调查问卷进行统计,其结果见表9.7。

表9.7　龙栖山保护区生物多样性保护支付意愿调查统计表

项目	调查对象		
	森林生态旅游者	周边居民	保护区工作人员
反馈样本数(人)	65	15	5
愿意支付率(%)	86.67	90.0	80.0
WTP平均值(元)	32.4	53.8	61.3

对上述问卷调查不同人群的WTP平均值按调查样本数进行加权平均,计算出龙栖山保护区森林生物多样性的支付意愿为37.88元/a,按龙栖山的游客容量规模100万人次/a(含周边居民在内),可以计算出龙栖山保护区森林生物多样性的总支付意愿值为3 788万元/a。此计算值可以作为龙栖山自然保护区森林生物多样性社会资产价值的初步评估结果。

9.5　评估结果与讨论

9.5.1　评估结果及分析

龙栖山自然保护区森林生物多样性资产总价值评估结果见表9.8。

从上述生物多样性资产总价值的评估结果可以看出:

(1)各类资产的价值构成。在龙栖山保护区生物多样性资产总价值中,生物资产类价值为1 591.05万元,占资产总价值的12.72%;生态资产类价值为7 132.79万元,占资产总价值的57.00%;社会资产类价值为3 788.00万元,占资产总价值的30.28%(见图9.1)。

(2)各类资产价值的数值反映了龙栖山自然保护区生物多样性资产价值的特征。生物资产类价值最小,而且主要来自于直接服务价值(占生物资产类价值的91.02%),说明龙栖山作为国家级的森林生态系统保护区,区内的资源性利用受到严格限制,其直接的开发利用主要通过非消耗性的直接服务价值体现,目前主要形式包括开展生态旅游及科学研究和文化活动。龙栖山生态资产类价值在总资产中所占比重最大,达57.00%,说明龙栖山森林生态系统功能健全,生物多样性发挥了巨大的生态保护功能,也说明了以森林生态系统保护为主的自然保护区的重要作用。社会资产类价值仅次于生态资产类价值,在总资产中占30.28%,说明龙栖山生物多样性的保护,除了具有重要的生态保护功能外,还具有相当的潜在的选择价值和存在价值，人们愿意为龙栖山森林生物多样性的维持支付一定的费用，随着龙栖山保护区在区域乃至全国的影响力不断增大，其森林生物多样性的社会资产类价值将凸显出来。

表 9.8 龙栖山国家级自然保护区森林生物多样性资产价值评估结果

一级评估指标	二级评估指标		评估结果(万元/a)
森林生物多样性生物资产价值	直接实物资源资产价值	木材生产价值	忽略
		林副产品生产价值	150.00
	直接服务价值	科研和文化价值	200.00
		生态旅游价值	1 241.05
	小计		1 591.05
森林生物多样性生态资产价值	涵养水源价值		2 189.27
	水土保持价值		186.37
	固碳价值		2 761.53
	净化空气价值		1 786.40
	参与土壤养分循环价值		209.22
	小计		7 132.79
森林生物多样性社会资产价值	物种保存价值		3 788.00
	栖息地保存价值		
	使用和非使用环境遗产价值		
	森林生物多样性资源存在价值		
	小计		3 788.00
总计			12 511.84

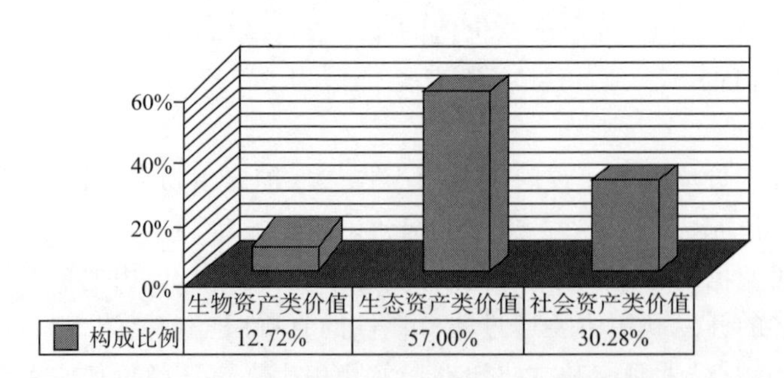

图 9.1 龙栖山森林生物多样性资产价值构成

(3)龙栖山森林生物多样性资产价值的评估结果，从资产价值的角度初步摸清了龙栖山森林生物多样性的本底，这可以为龙栖山自然保护区生物多样性的资产化管理和建立新型的利益群体协同共管的生物多样性保护新机制提供依据。

9.5.2　讨论

综观上述评估案例的研究，提出以下问题进行讨论：

(1)实物资源资产价值的评估主要基于市场价格法，但由于缺乏相关的统计数据，直接实物资源资产价值(含木材产品生产和林副产品生产)的评估，有许多项都忽略了，使计量结果偏小。

(2)龙栖山自然保护区的科学研究和文化价值将随着保护区影响力和知名度的扩大而不断增大，本次对保护区的科学研究和文化价值的评估采用专家咨询和估算的方法，不够准确，应进一步探讨和研究开发科学研究和文化价值的更好的评估方法。

(3)在该评估案例的研究中，应用了许多森林环境资源动态监测的研究成果，对评估结果的可靠性和准确度具有重要的作用。应加强对森林生物多样性动态监测和建立评价数据库的研究，并尝试在评估案例中应用专家系统对评估工作进行辅助，为更加准确全面地进行生物多样性价值评估打下基础。

(4)本研究采用条件价值法对龙栖山森林生物多样性的社会资产价值进行评估，限于研究时间和其他条件，问卷不够充分(样本数和问卷内容)，应考虑加大调查样本数并设计针对不同类型生物多样性社会资产价值(含指标 $V_{10} \sim V_{13}$)和不同利益群体的支付意愿问卷调查表，并进行更加科学严密的统计分析和处理，这些有待于进一步的研究和探讨。

第10章　基于能值方法的武夷山国家级自然保护区生态系统服务功能价值评估

10.1　武夷山自然保护区生态系统服务功能分析

10.1.1　武夷山自然保护区生态系统概况

(1)自然特征

1)地理位置和范围

武夷山国家级自然保护区位于福建省北部的武夷山、建阳、光泽、邵武四县(市)交界处,北部与江西省毗连。呈东北—西南走向,地处北纬27°33′～27°54′、东经117°27′～117°51′之间。东西宽22 km,南北长52 km。全区总面积56 527 hm^2,其中有林地面积52 168 hm^2,森林覆盖率96.3%。1979年经国务院批准建立了国家级自然保护区,1987年保护区被联合国教科文组织接纳为世界人与生物圈(MAB)保护区,1999年12月1日被收入联合国教科文组织世界遗产中心的自然、文化保护遗产名录。作为我国最早成立的自然保护区之一,武夷山具有世界同纬度保存面积最大、保存最完整、最典型的中亚热带森林生态系统,是世界生物多样性保护的关键地区。

2)地质地貌

保护区属闽西北隆起带中的邵武—建宁拗陷带。地质的断裂构造发育主要属于邵武—河源深断裂,断裂地貌极其壮观,桐木关—大竹断裂、黄溪洲—皮坑口断裂、美罗湾断裂等延伸十几千米。保护区内地层为华南地层区武夷山—四明山地层分区的一部分,露出地层的岩石简单,主要为火山岩、浅变质岩、火山屑岩、黑云母花岗岩及细粒花岗岩等,分布最多的为火山岩和花岗岩。

武夷山自然保护区位于武夷山脉北部的最高地段,境内山峰林立,地势起伏剧烈,多垭口地貌特征。平均海拔高度为1 200 m,北段地势最高,其中黄岗山海拔2 158 m,是我国大陆东南部的最高峰,在面积556.7 m^2 的小范围内,最低处仅300 m,相对高差达1 858 m,平均坡降6.5%。河流侵蚀切割深度达500～1 000 m,沟谷相间,山势极其雄伟。根据成因类型和形态特征,把地貌划分为构造侵蚀中山地貌、构造侵蚀低中山地貌、构造侵蚀中低山地貌及构造侵蚀低山地貌等四种类型。

据专家考察，武夷山保护区自然综合体是从第三纪开始发育的，已有7 000万年的历史，经科学家实地踏勘，未发现有任何冰川侵蚀或堆积的痕迹；在第四纪冰期与间冰期气候的变化幅度不大。经过第四纪孢粉组合对比和剥夷面阶地对比，说明保护区海拔高度自第四纪以来上升幅度为1 000 m。区内断裂构造发育，以北向东、北西向两组断裂为主，形成许多断块，各断块的上升幅度不等，以黄岗山断块上升最多，黄岗山在较近时期（地质时代）又上升了400 m。所以，武夷山国家级自然保护区的地质构造对研究古地理、古气候的演变具有很高的价值。

3）气候

武夷山自然保护区地处中亚热带季风性气候区，境内以黄岗山为主峰的海拔1 800 m以上的山峰有34座，形成天然屏障，冬季可阻挡、削弱北方冷空气的入侵，夏季可抬升、截留东南海洋季风，形成中亚热带温暖湿润的季风气候区。武夷山气候温暖潮湿，具有气温低、降水量多、湿度大、雾日长和垂直变化显著等特点。保护区春、秋季相连，夏无酷暑，冬季较冷，是福建省气温最低、降水最多、湿度最大、雾日最长的地区。年平均降水量1 400～2 100 mm，年平均气温12～18 ℃，极端最低气温－15 ℃，年平均相对湿度78%～84%。海拔高度每上升100 m，气温下降0.44 ℃。早霜10月份，终霜3月份，无霜期250～270 d，年平均雾日数大于120 d。随海拔高度增加年日照时数递增率为21.3 h/100 m，年降水量递增率为44～54 mm/100 m。武夷山优越的气候条件滋养了森林、灌丛、草甸等多种类型的植被。

4）水文

武夷山脉的自然保护区地段是福建闽江水系与江西赣江水系的天然分水岭。保护区内沟壑纵横，溪流交错，各类溪流多达150余条，著名的武夷山国家级风景区的精髓和灵魂——九曲溪就发源于保护区内的桐木关，其长流不息的溪水正是得益于这片保护完好的茂密森林。其水系属于放射状，河流面窄，河床中多砾石，是典型的山地性河流，其特点是坡降大，水流急，水量充沛，水利资源颇为丰富。

5）土壤

武夷山最高峰黄岗山自山顶从上而下，随着海拔高度的下降，生物、气候递变，土壤垂直分布明显，自上而下分别为海拔1 900～2 158 m的山地草甸土带、海拔1 050～1 900 m的黄壤带、海拔700～1 050 m的黄红壤带、海拔700 m以下的红壤带和暗红壤带。海拔从高到低，土壤有机质、全氮含量逐渐减少，pH值4.0～7.0，土壤黏粒含量逐渐增加，沙粒含量相对减少，在武夷山脉和我国中亚热带山地中有一定代表性。

由于海拔高度差异引起气候、生物等成土环境条件的递变，武夷山土壤在性状变异和类型分布上具有明显的垂直地带性。已有研究表明，本区土壤总体上处于中度富铝化阶段，土壤黏土矿物以高岭石（或多水高岭石）为主，伴有三水铝石，细土全钾含量较低。而土壤有机质含量随着海拔高度下降逐渐减少，这种分布趋势，除了水热条件差异的原因外，还与人为干扰程度有关。不同植被类型和利用方式下，生物富集作用有明显差异。此外，山体自高到低，土壤腐殖质体系逐渐向分子量较小、复杂度较低的方向变化。

6)生物多样性

保护区内自然生态系统完整，生物多样性丰富，是亚热带多种多样生物的保留地和生物资源宝库，其中有国家明令保护的珍稀濒危野生动植物77种。早在19世纪中叶，位于保护区腹地的挂墩、大竹岚便是备受全球生物界瞩目的“生物模式标本产地”。据科学资料记载，100多年来中外生物学家在此发现的模式标本达1 000多种。在这样小区域面积上脊椎动物新种模式标本种类之多，在世界上也是极为罕见的。

据科学考察记载，区内已定名的高等植物种类有2 466种，低等植物840种，本区种子植物数量与我国亚热带地区的湖北神农架、安徽黄山、广东鼎湖山等相比，位居第一位。保护区内自然植被的垂直分布明显，包括了我国中亚热带地区所有的植被类型，主要有：

中亚热带常绿阔叶林：是我国中亚热带季风气候区的地带性植被。武夷山保存着非常完整的中亚热带常绿阔叶林，分布于海拔1 100 m以下。

针阔混交林：在武夷山的分布面积较广，位于海拔500～1 700 m之间，介于常绿阔叶林与针叶林之间，是区内主要的植被类型。

针叶林：主要分布于海拔1 500～1 800 m之间。马尾松林是暖性针叶林的主要群落类型，而黄山松林是温性常绿针叶林的主要群落类型。

毛竹等人工林：多分布于海拔1 100 m以下高度带。

自然保护区内已知脊椎动物有475种，其中哺乳纲8目23科31种，鸟纲18目47科73种，两栖纲2目10科35种，鱼纲4目12科40种。昆虫已定名的有4 635种。国家重点保护野生动物57种，其中国家一级保护野生动物9种，二级48种。被列为国家保护对象的脊椎动物有华南虎(已多年未见出没)、猕猴、短尾猴、毛冠鹿、云豹、金猫、大灵猫、小灵猫、白颈长尾雉、黄腹角雉、鸳鸯、白鹇、草鸮、穿山甲、苏门羚等。此外，崇安髭蟾(角怪)、丽棘蜥、竹鼠、蝾螈、大头平胸龟、长脚鼠耳蝠、短脚鼠耳蝠、崇安地蜙、武夷湍蛙、三港雨蛙等数十种动物是全国仅见于此的独有珍贵物种。全国昆虫发现的有32个目，在这里有31个目，金斑喙凤蝶、宽尾凤蝶等属于珍稀种。蛇类已发现5科26属64种(其中毒蛇17种)，占我国蛇类种数的1/3。

(2)社会经济特征

武夷山自然保护区内有武夷山市星村镇桐木村，以及建阳市黄坑镇坳头村、大坡村和桂林村的六墩自然村，共32个居民点。区内有居民住户589户，2 453人，周边还涉及4个县(市)、6个乡(镇)、13个村(场)的10 694名群众。

武夷山自然保护区内除半山、坪溪两个自然村外，其余各村均已通公路。武夷山市已有了通往全国各地的交通网络，武夷山机场已开通至北京、西安等地的多条航线，横南铁路贯穿武夷山市。

毛竹、茶叶、生态旅游及种养殖是区内村民发展的主导产业和村民经济收入的主要来源。当地政府对社区经济发展进行科学指导。现实验区有毛竹林 6 130 hm^2(其中集体林 5 730 hm^2),年生产毛竹 60 多万根,蒿竹 15 万根,产值 1 000 多万元;茶叶生产 100 多 t,产值 1 000 万元。年产 80～100 t 茶叶的加工企业有 2 家,毛竹加工企业 35 家。现有农家旅馆(宾馆)11 家,床位 340 个,年旅游收入达 230 万元。村财政收入主要来源于毛竹山价款、租金收入、集体竹山经营收入等。2006 年区内人均收入达 4 500 元。

保护区及周边地区有普通中小学 19 所,学生入学率达 100%。各行政村均已实现村村通公路、通电话、通电视节目,基础设施初步建成。

保护区成立后,特别是 1998 年国家实施天然林保护和退耕还林工程后,保护区采取相应的有效措施,鼓励居民迁出,限制迁入,以减轻人口对自然资源和自然环境保护的压力。

10.1.2 武夷山自然保护区生态系统服务功能构成

武夷山面积广阔,相对高差较大,景观多样,生态系统类型丰富。按大的类型划分,有森林、灌丛、草甸、农田、果园、河溪、水潭等,它们又可细分为多种不同的类型。森林是武夷山生态系统的主体,也是物种多样化的主要依托。

生态系统服务是指人类直接或间接从生态系统得到的利益,主要包括向经济社会输入的各种有用的物质和能量,以及接受和转化来自经济社会系统的各种废弃物。虽然目前国内外对森林生态系统服务功能还没有形成确定统一的分类,但综合国内外的相关研究,在此将生态系统服务功能主要归结为以下三个大的方面:① 生产功能,即提供人类所需的实物(林地、木材等);②生态服务功能,即森林的多种生态效益(涵养水源、保土保肥、固碳释氧、污染物吸收、净化环境、维持生物多样性等);③社会文化功能,即森林的社会效益(森林提供自然环境的娱乐、游憩、美学、精神和文化价值等)。为便于与已有的研究进行比较,同时,结合武夷山的具体情况,本研究的评估对象即武夷山自然保护区生态系统服务功能具体包括 9 个方面,见表 10.1。

(1)有机物生产和原材料价值

森林具有成层的光合面积和较高的叶绿素含量,是最有效的光能利用者。森林植物可以转化大约 1%～2%的太阳能为生物能,是生物链中有机物的第一性生产者和生物能量的积累者。森林生态系统通过第一性生产与次级生产,合成与生产了人类生存所必需的有机质及其产品,如森林资源为人类提供木质林产品,而林业作为一种产业,对国民经济发展具有重要贡献。就研究对象武夷山而言,由于自然保护区禁止林木采伐,一般不形成木材市场产品,因而生物生产量及其经济价值主要体现于活立木的生产量和蓄积量。从能值角度看,其林木每年的生产力均蕴藏着巨大的太阳能值，构成生态系统服务的重要组分。

表 10.1 武夷山自然保护区生态系统服务功能构成

概念型分类		具体功能项目
生态系统产品	提供产品功能	有机物生产与原材料
支持与维持人类生存环境	调节功能	涵养水源
		固碳释氧
		污染物处理
	支持功能	保持土壤
		营养物质储存与循环
		动物栖息地
	文化功能	文教科研
		生态旅游

(2)涵养水源

在森林生态系统中水是维持生态系统正常运转、保持生态平衡的关键因素之一，同时也是森林生态系统中能流和物流的重要载体。森林与水源之间有着非常密切的关系，主要表现在森林通过林冠层、枯枝落叶层和土壤层等三个水文作用层而具有的截留降水、蒸腾、增强土壤下渗、抑制蒸发、缓和地表径流、改变积雪和融雪状况及增加降水等功能。这些功能使森林对河川径流产生或增或减的影响，并主要以“时空”的形式直接影响河流的水位变化。在时间上，它可以延长径流时间，在枯水位时补充河流的水量，在洪水时减缓洪水的流量，起到调节河流水位的作用；在空间上，森林能够将降雨产生的地表径流转化为土壤径流和地下径流，或通过蒸发蒸腾的方式将水分返回大气中，进行大范围的水分循环，对大气降水进行再分配。

武夷山自然保护区的浩瀚森林是闽江上游 150 条溪河的发源地，中外闻名的“九曲溪”就发源于此；此外，保护区森林对减少下游的干旱、洪涝灾害及降低河流的泥沙含量，均起着不可估量的作用。

(3)固碳释氧

森林在维持大气平衡方面的功能主要表现为通过光合作用和呼吸作用与大气物质的交换，即释放 O_2 和固定 CO_2。森林通过光合作用同化大气中的 CO_2，利用太阳能生成碳水化合物，在吸收大气 CO_2 的同时释放 O_2，不仅给人类的生活提供新鲜空气，而且对维持地球大气中的 CO_2 和 O_2 的动态平衡、减缓温室效应及提供人类生存的最基本条件有着巨大的不可替代的作用。

(4)污染物处理服务价值

生态系统的污染物处理主要是指过多或外来养分、化合物的去除和降解及对大气的净化。武夷山生态系统的污染物处理服务主要表现在以下两个方面：

一是对各种重金属的吸收。植物学研究表明，植物通常通过根系吸收土壤和水体中的污染物质，且很多资料证明，植物通过根系吸收的各种污染物质大部分被积累在根中，各种污染物在不同器官中的分配规律一般是根大于茎，茎大于叶，叶大于结实器官。而根、树干是较不易被动物直接啃食的部分，这就避免了重金属通过食物链进入其他生物不断富集而引起的危害。

二是对空气的净化。森林净化空气的价值主要在于有害物质的消减和森林滞尘功能的评估。具体来说，植物净化大气主要是通过叶片的作用实现的，即在植物抗生范围内能通过吸收而减少空气中硫化物、氮化物、卤素等有害物质的含量。SO_2 在有害气体中数量最多，分布最广，危害较大。粉尘是大气污染的另一重要污染物，而植物尤其是树木对烟灰、粉尘有明显的阻挡、过滤和吸附作用。森林的减尘滞尘作用可以使空气得到某种程度上的净化，且具有降低风速的作用，使含尘量相对减少。

(5)保持土壤

由于武夷山自然保护区气候与土壤的特点，生态系统对土壤保持起着非常重要的作用。土壤是生态系统发育的基质和生境，是一个国家财富的重要组分，而水土流失的发生不仅使土壤生产力下降，降低雨水的可利用性，还造成下游可利用水资源量减少，水质下降。森林能有效地减少土壤侵蚀，因为森林土壤的非毛管空隙大，渗透性强，降水时很难形成地表径流，减少了土壤水蚀；森林根系能防止土壤崩溃泻溜；森林可以防风固沙，减少风蚀；森林还可以缓和林内温差的剧烈变化，减少冻融蚀。另一方面，水土流失的同时也带走了土壤中大量的营养物质，主要是土壤的有机质、N、P和K。由于森林的保持土壤作用，可以大大减少林地的土壤侵蚀，使土壤中的各种养分能够得以保留。

(6)营养物质储存与循环

森林生态系统在其生长过程中不断从周围环境吸收营养元素，固定在植物体中，这些营养元素一部分通过生物地球化学循环以枯枝落叶形式归还土壤，一部分以树干淋洗和地表径流等形式流入江河湖泊，另一部分则以林产品形式输出生态系统，再以不同形式释放到周围环境中。森林生态系统的营养物质通过复杂的食物再生网络，并成为全球生物地球化学循环不可缺少的环节。

(7)动物栖息地服务价值

生态系统为各类生物物种提供繁衍生息的场所，为生物进化及生物多样性的产生与形成提供了条件，避免了因某一环境因子的变动而导致物种灭绝，保存了丰富的遗传基因信息。武夷山是全球生物多样性保护的关键地区，良好的生态环境和特殊的地理位置，使其成为地理演变过程中许多动植物的“天然避难所”。这里物种资源极其丰富，是许多尚存的珍稀、濒危物种的栖息地。在动物种类中尤以两栖、爬行类和昆虫类分布众多而著称于世，中外生物学家把武夷山称为“研究两栖、爬行动物的钥匙”、“鸟类天堂”、“蛇的王国”、“昆虫世界”等。

(8)文化教育服务价值

对人类社会而言,森林生态系统能够提供娱乐、美学、社会、文化、自然科普教育、科学研究、精神享受、历史参照等多方面的功能,具有巨大的社会价值,包括生理效益、心理效益、文化效益、审美效益和社会关系效益等。

(9)生态旅游价值

生态旅游是生态系统娱乐价值的主要内容,已经成为当今世界旅游发展的潮流。武夷山自然保护区有着丰富的生态旅游资源,其生物多样性、森林生态系统的完整性和森林植被的典型性闻名于世,具有多姿多彩的生态景观。而且保护区内森林环境优美,空气清新,含氧量高,细菌含量低,灰尘少,噪声小,空气中负离子含量高,为人类提供了良好的旅游环境和极佳的保健疗养场所。自 1993 年开展生态旅游以来,游客量持续增长,取得了一定的经济效益。生态旅游的开发对保护区建设筹集资金,增加当地农民收入,协调保护区与当地居民的关系,实现保护区的有效保护起了重要作用。在可持续发展成为人类社会发展主题的当今,生态旅游作为保护区的主导产业,对实施可持续发展战略具有特别重要的意义。

10.2 武夷山自然保护区生态系统能值分析

10.2.1 生态系统能值分析方法与步骤

H. T. Odum 建立的能值分析理论与方法是以太阳能值为基本度量单位,以能量定律、系统学、系统生态学为理论基础,将生态经济系统中各种形式的能量归为太阳能,来对不同尺度、不同类型的系统的资源、服务或商品价值进行定量分析和综合研究。对于不同类型和尺度的系统进行能值分析研究时,方法有所差别。若以分析对象而言,有国家或地区生态经济系统能值分析方法、亚系统能值分析方法(如农业、林业系统)、具体生产系统(如农作物、工业品生产)能值分析方法等。若以分析手段与步骤而言,系统的能值分析基本包含以下几个步骤(蓝盛芳 等,2002):

(1)资料与数据的收集

通过实地调研、调查、测定、计算,收集研究对象相关的自然环境、地理及经济等各种资料,即研究对象的有关能量流、物质流和货币流的资料数据,整理分类并保存。

(2)能量系统图的绘制

应用 H. T. Odum 的“能量系统语言”图例,确定系统的主要能源和组分,形成包括系统主要组分和相互关系以及能量流、物质流、货币流等流向的系统能量图解,概况研究对象各组分和环境的关系。先根据研究内容确定系统图解边界，再确定系统的主要能源，最后在系统边界内外按能源所代表的太阳能值转换率高低，从左到右按顺序排列。整个图解应包括系统外部的环境投入能值、人类经济反馈能值和系统产出能值，以及系统内部的生产者、消费者等主要成分。

(3)编制能值分析表

能值分析评估表有多种，但基本格式一般包括表内从左到右的五或六个题头：①项目编号，即该项目计算和来源的注释编号；②项目名称，与系统内的名称对应(①与②项可合并)；③原始数据，其单位根据原始资料来源通过计算所得值而定，一般为能量(J)、物质(g)或货币(美元)单位；④太阳能值转换率，单位为太阳能焦耳/焦耳(或克、美元)，即 sej/J(或 sej/＄，sej/g)；⑤太阳能值，由③与④项相乘而得；⑥能值-货币价值(emdollar value)，它表示该项目的能值相当于当年的多少币值。

(4)能值指标计算

根据能值评价分析表中的相关数据，计算反映系统能值特征和评价系统结构功能的各种能值指标，衡量整个系统的发展状况。

(5)结果分析

通过计算得出的各种能值指标和分析结果，有助于人们正确认识区域生态系统发展中存在的问题，为科研工作提供理论依据，为政府制定合理的持续发展策略提供客观标准。

10.2.2 能值转换率及能值货币比率的确定

能值分析中非常关键的一步就是能值转换率的计算。地球生物圈中流动能量的太阳能值转换率的计算取决于正确了解和反映地球系统的能量等级。主要的计算方法包括：从地球生物圈能量等级分布网中获取数据进行计算；通过对亚系统能量流动和转化进行分析；通过能量储存时间进行分析计算；通过其他太阳能值转换率进行转化推算；通过能量流动网络数据计算；通过计算机解矩阵方程计算；通过能量等级分布图计算；通过事物再生周期计算等。

许多学者在这方面做了很多研究，取得了大量成果。H. T. Odum 和各国研究人员经过大量研究实践，计算了自然界和人类社会主要能量类型的太阳能值转换率，这些能值转换率可用于大尺度生态系统的能值分析，如国家尺度、地区尺度，以及用于某种特定类型的生态系统，如森林生态系统、湿地生态系统和农业生态系统等尺度的能值分析。基于此，本研究通过查阅大量的文献资料(李双成 等，2001；田龙，2005；Odum *et al.*，2000；李海涛 等，2005；曹凯 等，2006；赵晟，2007)，整理出可以在本书中直接利用的能值转换率，见表 10.2。

表 10.2 本书使用的能值转换率

项目	能值转换率(sej/单位)	项目	能值转换率(sej/单位)
太阳辐射(J)	1	钾肥(g)	2.96×10^{9}
雨水势能(J)	8.89×10^{3}	CO_2(g)	3.78×10^{7}
雨水化学能(J)	1.54×10^{4}	O_2(g)	5.11×10^{7}
地热能(J)	2.90×10^{4}	铜(g)	6.8×10^{10}
投资($)	8.67×10^{12}	锰(g)	8.9×10^{10}
劳务输入(人)	1.55×10^{17}	锌(g)	1.25×10^{10}
原材料(木材)(J)	3.49×10^{4}	铅(g)	1.25×10^{10}
凋落物(g)	1.33×10^{4}	废气(J)	6.66×10^{7}
表土层损失能(J)	7.4×10^{4}	固体废物(g)	1.50×10^{8}
氮肥(g)	4.62×10^{9}	科学研究(页)	3.39×10^{17}
磷肥(g)	6.88×10^{9}	物种(种)	1.26×10^{25}

在将太阳能值转换为相应的能值货币价值的计算中,本书所采用的能值货币比率为 2.76×10^{12} sej/\$,借鉴了由姚成胜等(2007)进行的“福建生态经济系统的能值分析及可持续发展评估”中的相关研究结论。发达国家或地区由于大量购买外部资源,GDP 又较高,同时货币循环迅速,因而其付出的货币所含的能值大大低于采购资源本身所含的能值,导致能值货币比率较低。而较高的能值货币比率说明每单位的货币所能购买的能值财富较多。经济开发程度低的发展中国家由于直接大量使用本国免费的自然资源,较少购买其他国家的资源产品,同时经济领域流通的货币量少,因而发展中国家一般都有较高的能值货币比率。

福建省能值货币比率自 1984 年以来一直下降,这主要是由于福建省 GDP 的快速增长造成的。2004 年以来福建省的能值货币比率已明显低于国内的甘肃、新疆等西部省份和印度、巴西、泰国等发展中国家,与美国、荷兰等发达国家和国内的浙江、江苏相当,表明 30 年来福建省已由经济不发达地区转变为经济发达地区,已从一个以直接利用环境资源为基础的经济体系演变为一个通过货币购买而获得资源的经济体系,来自环境的能值已极大降低。

10.2.3 武夷山自然保护区能量系统

能值价值理论将地球视为一个以太阳能、地热能和潮汐能为主要持续能量来源的封闭系统,所有的内在子系统均参与不同程度的能量流动网络,由低等级的能量传递转化为较高等级的能量,并伴随着能质和能级的提高。武夷山自然保护区生态系统是一个具有持续能量来源的系统,其能量的外部输入主要来自可更新资源,同时,生态系统在运行过程中接收反馈输入,最终产生输出。

进行能量系统分析首先要绘制能量系统图，确定系统的主要能量来源、系统内的主要成分及各成分间的过程与关系（流动、储存、相互作用、生产、消费等），揭示武夷山自然保护区组成结构、能量、投入产出等要素的源和汇。能量系统图反映了系统能量流动的基本情况，要在此基础上进行能值计算与分析（见图 10.1），武夷山自然保护区生态系统的能量来源包括太阳能、风能、雨水能、深层地热能等自然界能源，同时也包括政府预算和劳务输入。森林作为生产者，吸收、应用低能值的能量聚集和转化成木材和林副产品，并形成保护区生态环境，通过与人类的劳动、物质投入、消费等的交流和相互作用，形成能量流动和转换。

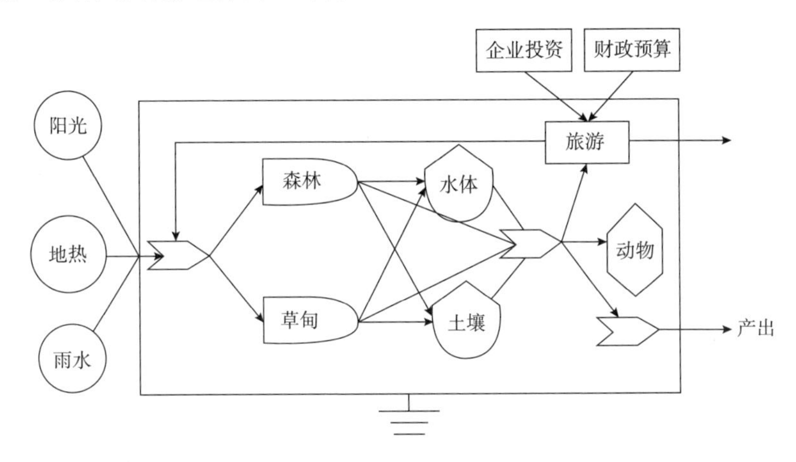

图 10.1 武夷山自然保护区能量系统图

(1)输入能流

系统输入能流是生态系统得以维持和发展的原始驱动力，包括自然能流和人工能流。这些能流不仅能促进生态系统组分的新陈代谢，其中一部分还能滞留在系统中，使系统进一步向有序化方向发展。但输入能流并非都是有益的，其中也有干扰能流，如不正当的开发活动、自然输入能流的异常波动（如洪水、大风、泥石流等自然灾害）。本研究区的输入能流中，自然能流主要包括太阳辐射、雨水势能、雨水化学能和地热能；人工能流主要包括森林养护、旅游开发、基础设施等保护区建设的投资和劳务输入。

(2)输出能流

能流的输出是系统新陈代谢的诱导因素，为输入能流提供发挥作用的空间，是系统得以稳定的必要条件。输出能流一般包括系统的物质产出和其他的生态系统服务功能。

(3)滞留能流

滞留能流是指输入能流进入系统后，转化为系统组分的一部分，停留在系统中的输入流。滞留能流是系统向有序化方向发展的物质基础。能流在系统中的滞留一般是通过有机物的生长和土壤的形成来实现的。

10.2.4　武夷山自然保护区生态系统能值基础

根据对武夷山自然保护区能量系统的分析，结合有关数据和计算方法，可编制武夷山自然保护区生态系统投入能值分析表（见表 10.3）。

表 10.3　武夷山自然保护区生态系统投入能值分析

	项目	原始资料	能值转换率(sej/单位)	太阳能值(sej)	能值货币价值($)
系统可更新资源	太阳辐射(J)	3.14×10^{18}	1	3.14×10^{18}	1.14×10^{6}
	雨水势能(J)	1.33×10^{16}	8.89×10^{3}	1.18×10^{20}	4.27×10^{7}
	雨水化学能(J)	5.58×10^{15}	1.54×10^{4}	8.59×10^{19}	3.11×10^{7}
	地热能(J)	8.2×10^{14}	2.90×10^{4}	2.38×10^{19}	8.62×10^{6}
	小计	3.16×10^{18}		2.31×10^{20}	8.37×10^{7}
货币流	投资($)	7.64×10^{5}	8.67×10^{12}	6.62×10^{18}	2.39×10^{6}
	劳务输入(人)	500	1.55×10^{17}	3.96×10^{19}	1.43×10^{7}
	总计			2.77×10^{20}	1.004×10^{8}

注：表中武夷山自然保护区年平均投资量以及劳务投入量数据均引自李维中等(2001)；原始数据的计算方法引自蓝盛芳等(2002)。

太阳辐射＝面积×辐射率＝$56527\ hm^2\times5.56\times10^{9}\ J/(m^2\cdot a)=3.14\times10^{18}\ J/a$；

雨水势能＝面积×平均降雨量×水密度×重力加速度×平均海拔高度

$=56527\times10^{4}\ m^2\times2000\ mm\times10^{-3}\times10^{3}\ kg/m^3\times9.8\ m/s^2\times1200\ m=1.33\times10^{16}\ J/a$；

雨水化学能＝面积×平均降雨量×吉布斯自由能

$=56527\times10^{4}\ m^2\times2000\ mm\times10^{-3}\times4.94\ J/g\times10^{6}\ g/m^3=5.58\times10^{15}\ J/a$；

地热能＝面积×热通量＝$56527\times10^{4}\ m^2\times1.45\times10^{6}\ J/m^2=8.2\times10^{14}\ J/a$

武夷山自然保护区的年能值总投入为 2.77×10^{20} sej，其中可更新自然资源为 2.31×10^{20} sej。可更新资源能值是指林业生态经济系统中从外界输入的太阳能、光能、雨能、风能等的能值。武夷山自然保护区雨量十分充沛，因而雨水势能和雨水化学能占到可更新资源的88.3％。由于自然保护区生态系统的特殊性，即自然保护区生态经济系统并不像其他如工业、农业等生态系统一样要耗费不可再生资源，因此，在此不可更新资源不考虑在内，并不影响分析结果。人类经济社会投入的反馈能值（主要是指政府投资和劳务）为 4.62×10^{19} sej。投资项目包含了对保护工程、科研工程、宣教工程、基础设施、社区扶持、生态旅游等的投资。自武夷山自然保护区成立以来，全体职工就在资源保护、本底调查、科学研究、开发利用等方面做了大量工作，建立起一套比较完善的保护管理制度和实施计划。

本书基于能值分析进行的武夷山自然保护区生态系统服务功能的评估，研究对象即生态系统的年输出能流，同时还包括其重要的存量价值，即作为动物栖息地的服务价值。

10.3　武夷山自然保护区生态系统服务功能能值评估

在武夷山自然保护区生态系统服务功能价值的分类计算中，需要大量的基础数据。为了获得可靠和真实的关于武夷山自然保护区各类输出能流的详尽数据，本研究在武夷山自然保护区进行了大量的实地调研，还查阅了大量相关统计年鉴、经济社会发展报告和其他相关规划报告等资料。通过走访武夷山国家级自然保护区管理局等相关部门和专家访谈、查阅统计资料等方式，获得了较多资料，进行了认真的分类与筛选，并通过大量的文献检索获得了研究所需的各类数据。需要说明的是，尽管进行了详细的调研和数据筛选，但由于统计的原因，以及时间、经费所限，所获得的数据用于能值分析仍然存在诸多问题，例如保护区的各监测站因为人员或经费等问题，致使某些数据缺失或具有明显的时滞性。但是因为本研究的主要目的是将能值评价方法进行学术性的应用以估算武夷山自然保护区生态系统服务功能的价值，因此可以认为在个别数据上的近似推算对于该研究分析结果的影响可以忽略，并不影响基于能值分析的评价结果。

为了计算的方便，并综合分析武夷山自然保护区生态系统现有的研究成果，以杉木林、马尾松林、常绿阔叶林、竹林、经济林五个优势群落作为武夷山自然保护区生态系统服务功能评估的主体，在涉及相关的计算时，以此五个优势群落的面积作为实际计算面积进行评估，详见表10.4。

表10.4　武夷山自然保护区各森林类型相关数据

森林类型	杉木林	马尾松林	常绿阔叶林	竹　林	经济林	总　计
面积(hm^2)	1 682.47	23 585.67	16 802.60	8 032.5	597.8	50 698.64
蓄积量(m^3)	196 239.0	2 640 962.0	2 359 291.0	—	—	—
蓄积增长率(%)	10.535	5.473	4.266	—	—	—
蓄积量与生物量转换系数	0.54	0.56	1.72	—	—	—

数据来源：武夷山森林资源调查报告(武夷山市林业局，1998)

10.3.1　有机物生产和原材料价值

本节以武夷山自然保护区生态系统典型植物群落凋落物的年能值货币价值作为其有机物生产的服务价值，森林生态系统每年以凋落物的形式向土壤和周围的生态环境输送大量的营养物质，成为次级生产者物质和能量的重要来源；同时，以武夷山森林树干年生产量的能值货币价值作为原材料(木材)的服务价值。

鉴于可获得数据的局限性，有机物生产的价值只计算占武夷山森林生态系统主体部分的阔叶林地和针叶林地的能值价值；而原材料的价值计算将涵盖阔叶林、针叶林、竹林和经济林。

(1)有机物生产价值

有机物生产价值的原始数据即武夷山自然保护区生态系统阔叶林和针叶林的年凋落物量，以福建省森林阔叶林地的平均凋落物量(L_1)和针叶林地的平均凋落物量(L_2)为基础数据(葛亲红，2005)乘以相应的植物群落面积，加总后再乘以凋落物能量折算比率(l_1)得到。

按下式计算出有机物生产价值的原始数据：

$$Y_1 = (L_1 \times S_1 + L_2 \times S_2) \times 10^6 \times l_1 \tag{10.1}$$

式中：Y_1 为阔叶林和针叶林的年凋落物量；L_1 为 6.72 t/(hm^2 · a)；L_2 为 2.25 t/(hm^2 · a)；S_1 和 S_2 分别为武夷山自然保护区阔叶林地和针叶林地的总面积(hm^2)；l_1 为 1.73×10^4 J/g。

根据表 10.4 中所提供的相关数据，可得到：

$Y_1 = (6.72\times16802.60+2.25\times25\ 268.14)\times10^6\times1.73\times10^4 = 2.937\times10^{15}$(J)。

根据相关计算结果，编制能值分析表(见表 10.5)。

表 10.5　武夷山自然保护区生态系统有机物生产能值价值分析

项目	原始资料(J)	能值转换率(sej/J)	太阳能值(sej)	能值货币价值($)
阔叶林	1.953×10^{15}	1.33×10^4	2.597×10^{19}	9.41×10^6
针叶林	0.984×10^{15}	1.33×10^4	1.309×10^{19}	4.743×10^6
合计	2.937×10^{15}		3.906×10^{19}	1.415×10^7

(2)原材料价值

原材料价值的原始数据需计算杉木林、马尾松林、常绿阔叶林、竹林、经济林的树干年生产力。杉类、松类和阔叶林根据蓄积量计算生物量，然后乘以生长率计算出相应的生产力。竹林的生产力为 17.16 t/(hm^2 · a)，经济林的生产力为 7.09 t/(hm^2 · a)。

按下式计算出原材料价值的原始数据：

$$Y_2 = (\sum X_i k_i r_i + \sum P_i s_i) \times 10^6 \times l_2 \tag{10.2}$$

式中：Y_2 为树干年生产力的总量；X_i 为杉类、松类和阔叶林对应的总蓄积量(m^3)；k_i 为杉类、松类和阔叶林蓄积量与全树生物量的转换系数(t/m^3)；r_i 为杉类、松类和阔叶林的蓄积量年增长率；P_i 为竹林和经济林生产力[t/(hm^2 · a)]；s_i 为竹林和经济林面积(hm^2)；l_2 为原材料(木材)的能量折算比率，为 1.67×10^4 J/g。

根据表 10.4 中所提供的相关数据，可得到：

$$Y_2 = (196239.0\times0.54\times10.535\%+2640962.0\times0.56\times5.473\%+2359291.0\times1.72\times4.266\%+17.16\times8032.5+7.09\times597.8)\times10^6\times1.67\times10^4$$

$=(11163.84+80942.32+173113.45+137829.12+4238.4)\times10^6\times 1.67\times10^4$

$=6.802\times10^{15}$(J)。

根据相关计算结果，编制能值分析表(见表 10.6)。

表 10.6　武夷山自然保护区生态系统原材料能值价值分析

项目	原始资料(J)	能值转换率(sej/J)	太阳能值(sej)	能值货币价值($)
杉木林	1.864×10^{14}		6.51×10^{18}	2.36×10^6
马尾松林	1.352×10^{15}		4.718×10^{19}	1.71×10^7
常绿阔叶林	2.891×10^{15}	3.49×10^4	10.09×10^{19}	3.66×10^7
竹林	2.302×10^{15}		8.034×10^{19}	2.91×10^7
经济林	7.078×10^{13}		2.47×10^{18}	8.95×10^5
合计	6.802×10^{15}		2.374×10^{20}	8.601×10^7

根据上述能值分析计算，武夷山自然保护区生态系统年凋落物的太阳能值为 3.906×10^{19} sej，相应的年能值货币价值为 10.188×10^7 元。武夷山自然保护区生态系统五种典型植物群落的树干年生产量的总能值为 2.374×10^{20} sej，年能值货币价值为 6.193×10^8 元(届时 100 美元折合 720 元人民币，下同)。

10.3.2　涵养水源价值

根据水资源生成转换能量系统分析，可知系统内能增量＝流入系统的能量(雨水)－流出系统的能量(蒸散)。以此可以为本研究的计算奠定能值基础。根据目前国内外的研究方法和成果，森林涵养水源的总量可以根据森林区域的水量平衡法来计算，也可以根据森林土壤蓄水能力和森林径流量来计算。其中，水量平衡法经实践证明较好。本研究以区域水量平衡法来计算武夷山自然保护区生态系统每年涵养水源的总量，可以用以下公式得到：

$$W=(T-E)\cdot S_0 \tag{10.3}$$

式中：W 为年涵养水源总量；T 为年平均降水量；E 为年平均蒸散量；S_0 为研究区域面积。

根据厦门大学和武夷山自然保护区管理局科研人员的相关研究资料(福建省土壤普查办公室，1991)，在武夷山平均海拔 1 240 m 处，测得年平均降水量为 2 678.78 mm，植物蒸腾与地表蒸发平均为 2 025.64 mm，地表平均径流量为 21.88 mm，林木与土壤的平均蓄水量为 631.26 mm。

根据式(10.3)和相关数据，可得：

$W=(2678.78-2025.64)\times10^{-3}\times56527\times10^4=3.692\times10^8(\mathrm{m^3/a})$。

从而得到武夷山自然保护区年涵养水源总量为 3.692×10^8 m³。得到森林涵养水源的总量后，可以利用以下公式得到保护区涵养水源能值服务价值的原始数据：

$$N = W \cdot \rho \cdot j \tag{10.4}$$

式中：N 为年涵养水源总能量；ρ 为雨水密度；j 为雨水的吉布斯自由能。根据相关数据，可以得到：

$$N=3.692\times10^{8}\ m^{3}/a\times1\times10^{6}\ g/m^{3}\times4.94\ J/g=1.824\times10^{15}\ J/a。$$

根据计算结果，编制能值分析表（见表 10.7）。

表 10.7 武夷山自然保护区生态系统涵养水源服务能值价值分析

项目	原始资料(J)	能值转换率(sej/J)	太阳能值(sej)	能值货币价值($)
涵养水源	1.824×10^{15}	15 444	2.82×10^{19}	1.022×10^{7}

根据上述的计算结果，武夷山自然保护区生态系统提供的涵养水源服务的年能值为 2.82×10^{19} sej，年能值货币价值为 7.36×10^{7} 元。

10.3.3 固碳释氧价值

根据《中国生物多样性国情研究报告》编写组（1998）的相关研究，植物每生产 1 g 干物质需要1.63 g CO_2，同时释放 1.20 g O_2。以此为基础，依据本书 10.3.1 节中关于武夷山自然保护区杉木林、马尾松林、常绿阔叶林、竹林、经济林的树干年生产力的计算方法得到相应植物群落的年干物质量，以其总量分别乘以植物每生产 1 g 干物质所需的 CO_2 量和释放的 O_2 量，即可得到武夷山自然保护区森林生态系统每年 CO_2 的固定量（V_{CO_2}）和 O_2 释放量（V_{O_2}）分别为：

$$V_{CO_2}=1.63\times(11163.84+80942.32+173113.45+137829.12+4238.40)\times10^{6} =6.64\times10^{11}(g);$$

$$V_{O_2}=1.20\times(11163.84+80942.32+173113.45+137829.12+4238.40)\times10^{6} =4.887\times10^{11}(g)。$$

根据所得到的武夷山自然保护区森林生态系统每年固定 CO_2 量和释放 O_2 量，编制相应能值分析表（见表 10.8）。

表 10.8 武夷山自然保护区生态系统固碳释氧能值价值分析

项目	原始资料(g)	能值转换率(sej/g)	太阳能值(sej)	能值货币价值($)
固定 CO_2	6.64×10^{11}	3.78×10^{7}	2.510×10^{19}	9.094×10^{6}
释放 O_2	4.887×10^{11}	5.11×10^{7}	2.497×10^{19}	9.047×10^{6}
合计			5.01×10^{19}	1.815×10^{7}

通过上述计算，得到武夷山自然保护区生态系统每年固定 CO_2 的太阳能值为 2.510×10^{19} sej，年能值货币价值为 65.48×10^{6} 元，释放 O_2 的太阳能值为 $2.497\times$

10^{19} sej，年能值货币价值为 6.5138×10^{7} 元，其固碳释氧的能值货币价值总量为 1.3068×10^{8} 元。

10.3.4 污染物处理服务价值

(1)重金属吸收价值

为得到武夷山自然保护区生态系统对重金属的年吸收价值，本研究计算以下 4 种常见重金属，即铜(Cu)、锰(Mn)、锌(Zn)、铅(Pb)。首先分别计算原始数据即森林每年吸收的四种重金属量。本书只计算武夷山自然保护区典型植物群落杉木林、马尾松林及常绿阔叶林每年吸收的四种重金属量。

由于目前尚没有关于武夷山自然保护区森林植物群落对重金属吸收的具体研究数据，本研究采用类似生态系统的相应植物群落重金属年吸收量的已有研究成果(方晰等，2004；孙凡 等，1998)，由于相似的大自然生态系统在许多自然特征方面都具有可比性，因此这种借鉴是可取的。同时，由于缺乏杉木林的相应研究数据，本研究用马尾松林的数据进行替代，见表 10.9。

表 10.9 武夷山典型植物群落重金属年吸收量 单位：g/hm^2

类型	杉木林	马尾松林	常绿阔叶林
Cu	101	101	27.7
Mn	12 410	12 410	1 823.1
Zn	625	625	94.4
Pb	113	113	46.6

结合表 10.4 中的面积数据，武夷山典型植物群落重金属年吸收量的计算如下：

$Z_{Cu}=101\times1682.47+101\times23585.67+27.7\times16802.60=3.017\times10^{6}(g)$；

$Z_{Mn}=12410\times1682.47+12410\times23585.67+1823.1\times16802.60$

$=3.442\times10^{8}(g)$；

$Z_{Zn}=625\times1682.47+625\times23585.67+94.4\times16802.60=1.738\times10^{7}(g)$；

$Z_{Pb}=113\times1682.47+113\times23585.67+46.6\times16802.60=3.638\times10^{6}(g)$。

式中：Z_{Cu}，Z_{Mn}，Z_{Zn}，Z_{Pb} 分别为武夷山自然保护区典型植物群落对铜(Cu)、锰(Mn)、锌(Zn)、铅(Pb)四种重金属的年吸收量。

根据以上数据，编制能值分析表(见表 10.10)。

根据表 10.10 中所得到的结果，可知武夷山自然保护区杉木林、马尾松林、常绿阔叶林三种典型植物群落重金属的年吸收能值总共为 77.23×10^{16} sej，转化为相应的能值货币价值即重金属吸收的年能值价值量为 200 万元。

(2)净化空气价值

本研究受数据及研究方法的限制,只估算武夷山自然保护区生态系统对 SO_2 的吸收和滞尘两个方面的空气净化价值。

表 10.10 武夷山自然保护区三种典型植物群落重金属吸收能值分析

项目	原始数据(×10^5 g)			小计	能值转换率	太阳能值	能值货币价值
	杉木林	马尾松林	常绿阔叶林	(×10^6 g)	(×10^9 sej/g)	(×10^16 sej)	(×10^4 $)
Cu	1.699	23.82	4.57	3.017	68.0	20.4	7.39
Mn	208.8	2 927	306.3	344.2	0.89	30.63	11.1
Zn	10.52	147.4	15.87	17.38	12.5	21.7	7.86
Pb	1.901	26.65	7.83	3.638	12.5	4.5	1.63
合计						77.23	27.9

1)吸收 SO_2 价值

鉴于数据的可获得性,本研究只计算武夷山自然保护区森林生态系统典型植物群落即阔叶林和针叶林对 SO_2 的吸收价值。根据《中国生物多样性国情研究报告》编写组(1998),阔叶林对 SO_2 的平均吸收能力值为 88.65 kg/(hm² · a),针叶林对 SO_2 的平均吸收能力值为 215.60 kg/(hm² · a)。

武夷山生态系统典型植物群落年吸收 SO_2 的总量:

$$C = C_1 + C_2 = q_1 S_1 + q_2 S_2 \quad (10.5)$$

式中:C 为森林年吸收 SO_2 的总量;C_1,C_2 分别为阔叶林、针叶林年吸收 SO_2 的总量;S_1,S_2 分别为阔叶林、针叶林的面积;q_1,q_2 分别为阔叶林、针叶林对 SO_2 的年平均吸收能力值。结合表 10.4 中已取得的相关数据,计算结果如下:

$$C = (88.65 \times 16802.60 + 215.60 \times 25268.14) \times 10^3 = 5.6 \times 10^{10}(g)。$$

根据计算结果,编制能值分析表(见表 10.11)。

表 10.11 武夷山自然保护区典型植物群落 SO_2 吸收能值分析

项目	原始数据(×10^10 g)		小计	能值转换率	太阳能值	能值货币价值
	阔叶林	针叶林	(×10^10 g)	(sej/g)	(×10^18 sej)	(×10^6 $)
吸收 SO_2	0.149	5.45	5.6	6.66×10^7	3.73	1.35

2)滞尘价值

在计算滞尘量时,通常以森林的平均滞尘能力乘以森林面积得到。鉴于数据的可获得性,本研究只计算武夷山自然保护区生态系统典型植物群落即阔叶林和针叶林对粉尘的吸收价值。阔叶林的滞尘能力为 33.2 t/(hm² · a),针叶林的滞尘能力为 10.11 t/(hm² · a)。

武夷山森林生态系统年滞尘总量:

$$K = K_1 + K_2 = c_1 S_1 + c_2 S_2 \tag{10.6}$$

式中：K 为森林年滞尘总量；K_1，K_2 分别为阔叶林、针叶林的年滞尘量；S_1，S_2 分别为阔叶林、针叶林的面积；c_1，c_2 分别为阔叶林、针叶林的单位滞尘能力。结合表10.4中的相关数据，计算结果如下：

$K=(33.2\times16802.60+10.11\times25268.14)\times10^6=8.13\times10^{11}$(g)。

根据以上计算，编制能值分析表(见表 10.12)。

表 10.12　武夷山自然保护区典型植物群落吸附尘埃能值分析

项目	原始数据($\times10^{11}$g)		小计($\times10^{11}$g)	能值转换率(sej/g)	太阳能值(sej)	能值货币价值($)
	阔叶林	针叶林				
滞尘	5.58	2.55	8.13	1.50×10^8	1.22×10^{20}	4.42×10^7

由计算所得，武夷山自然保护区森林生态系统每年吸收重金属的能值为 7.723×10^{17} sej，相应的能值货币价值为 2×10^6 元；武夷山自然保护区生态系统每年吸收 SO_2 的能值为 3.73×10^{18} sej，相应的能值货币价值为 9.72×10^6 元；而每年吸收粉尘的能值为 1.22×10^{20} sej，相应的能值货币价值为 3.182×10^8 元。总体来说，武夷山自然保护区森林生态系统每年在净化空气方面的能值达到 1.265×10^{20} sej，能值货币价值为 3.29×10^8 元。

10.3.5　保持土壤价值

当前森林保持土壤价值核算在研究内容上，主要集中在同无林地相比的森林固土价值、保肥价值、防止泥沙滞留和淤积价值。

(1)固持土壤价值

森林固持土壤价值即森林减少土地废弃损失的经济价值(土壤废弃机会价值)。目前，根据国内外森林保护土壤的研究方法和成果，有三种方法可以计算森林减少土壤侵蚀的总量：①用无林地与有林地的土壤侵蚀差异来表示；②用无林地的土壤侵蚀量计算(忽略森林土壤侵蚀量)；③根据潜在侵蚀量与现实侵蚀量的差值计算。根据对武夷山自然保护区实际数据的获取情况，在此采用第三种方法。根据我国土壤侵蚀的研究，亚热带常绿阔叶林的现实土壤侵蚀模数为 320 t/(km^2 · a)，以此作为本研究所应用的数据，而森林覆盖区的土壤侵蚀量仅为潜在土壤侵蚀量的 5.1%。

可用下式计算出此项研究所需的原始数据：

$$G = Q - Q' = d \times S' \div 5.1\% - d \times S' \tag{10.7}$$

式中：G 为林区每年固持土壤总量；Q 为林区土壤潜在侵蚀总量；Q' 为林区土壤现实侵蚀总量；d 为现实土壤侵蚀模数；S' 为有林地面积。

结合有林地面积数据(52 168 hm^2)，可以得到武夷山自然保护区生态系统每年固持土壤总量为 3.1×10^{12} g。根据植物表土层能量折算比率 6.78×10^2 J/g，可得到林区每年固持土壤的总能量为 2.1×10^{15} J。

根据相应数据结果，编制能值分析表（见表 10.13）。

表 10.13 武夷山自然保护区生态系统固持土壤能值价值分析

项目	原始资料(J)	能值转换率(sej/J)	太阳能值(sej)	能值货币价值($)
固持土壤	2.1×10^{15}	7.4×10^{4}	1.55×10^{20}	5.61×10^{7}

(2)保肥价值

森林维持土壤养分表现为森林减少土壤侵蚀量的过程中减少了养分的流失，这里主要考虑 N,P,K 三种养分元素。因此，用研究区域土壤的 N,P,K 平均含量（见表 10.14）乘以土壤保持量就可得到森林固持 N,P,K 的总量。

表 10.14 武夷山林地土壤养分平均百分比含量

项目	全 N	全 P	全 K	总和
含量(%)	0.164	0.053	1.83	2.047

引自：福建省土壤普查办公室，1991

由式(10.7)中所得到的武夷山自然保护区生态系统每年固持土壤总量数据以及表中的数据，可计算出武夷山自然保护区森林减少土壤的养分损失量分别为：

$F_N = G\times0.164\% = 3.1\times10^{12}\times0.164\% = 5.08\times10^{9}$ (g)；

$F_P = G\times0.053\% = 3.1\times10^{12}\times0.053\% = 1.64\times10^{9}$ (g)；

$F_K = G\times1.830\% = 3.1\times10^{12}\times1.830\% = 5.67\times10^{10}$ (g)。

式中：F_N，F_P，F_K 分别为武夷山自然保护区森林减少土壤中 N,P,K 三种养分的损失量。

根据以上计算，编制能值分析表（见表 10.15）。

表 10.15 武夷山自然保护区生态系统土壤保肥能值价值分析

项目	原始资料(g)	能值转换率(sej/g)	太阳能值(sej)	能值货币价值($)
N	5.08×10^{9}	4.62×10^{9}	2.3×10^{19}	8.33×10^{6}
P	1.64×10^{9}	6.88×10^{9}	1.13×10^{19}	4.09×10^{6}
K	5.67×10^{10}	2.96×10^{9}	1.678×10^{20}	5.88×10^{7}
合计			2.021×10^{20}	7.31×10^{7}

在计算保肥价值时，本研究仅计算了固持土壤中 N,P,K 养分的价值，未计算固持土壤中减少有机质丧失的价值。因为，森林土壤有机质是由森林本身的凋落物形成的，又提供给树木生长吸收利用，然后部分以凋落物的形式返回土壤，形成一种周而复始的循环，这也是森林生态系统独特的“自我施肥”功能与机制。有机质功能是

系统内的利用和服务，所以不做计算。但这并不意味着否认森林生态系统在土壤有机质形成方面的生态功能。

鉴于目前研究方法上的局限性和数据的可获得性，本研究对武夷山自然保护区生态系统保持土壤方面的服务价值能值评价仅限于上述两部分，即对其固持土壤和保肥的价值进行评估，而防止泥沙滞留和淤积方面的价值在此暂不做探讨。由上述计算可知，武夷山自然保护区生态系统固持土壤方面的年能值总量为 1.55×10^{20} sej，相应的年能值货币价值为 4.039×10^{8} 元；在土壤保肥方面的年能值总量为 2.021×10^{20} sej，相应的年能值货币价值为 5.263×10^{8} 元。总的保持土壤年能值货币价值为 9.302×10^{8} 元。

10.3.6 营养物质储存与循环价值

凋落物通过分解和矿化作用，将 N，P，K 等养分归还给土壤，供植物生长吸收利用。本研究主要计算通过生物地球化学循环以枯枝落叶形式归还土壤的营养元素的价值，具体的研究对象是武夷山典型植物群落中 N，P，K 三种主要营养元素。在营养物质积累量的计算中，以各植物群落的平均凋落物量为依据，结合各类凋落物 N，P，K 的平均含量数据以及武夷山自然保护区森林分布面积来计算武夷山森林生态系统年固定营养物质 N，P，K 的总量。在福建省，阔叶林地的平均凋落物量为 6.72 $t/(hm^2\cdot a)$，针叶林地的平均凋落物量为 2.25 $t/(hm^2\cdot a)$，各类凋落物 N，P，K 的平均含量分别为 1.049%，0.033%，0.371%（张翼飞，2008）。

$$A_N=(L_1\times S_1+L_2\times S_2)\times 1.049\% \tag{10.8}$$

式中：A_N 为武夷山典型植物群落中 N 元素的含量；L_1，L_2 分别为阔叶林地和针叶林地的平均凋落物量；S_1，S_2 分别为阔叶林地和针叶林地的面积。

代入相关数据，可得到：

$A_N=(6.72\times16802.60+2.25\times25268.14)\times10^6\times1.049\%=1.781\times10^9$(g)。

同理可得：

$A_P=(6.72\times16802.60+2.25\times25268.14)\times10^6\times0.033\%=5.602\times10^7$(g)；

$A_K=(6.72\times16802.60+2.25\times25268.14)\times10^6\times0.371\%=6.30\times10^8$(g)。

根据以上数据，编制相应的能值分析表（见表 10.16）。

表 10.16 武夷山自然保护区典型植物群落营养元素吸收能值分析

项目	原始数据(g)		小计(g)	能值转换率(sej/g)	太阳能值(sej)	能值货币价值($)
	阔叶林	针叶林				
N	1.184×10^9	5.96×10^8	1.781×10^9	4.62×10^9	8.224×10^{18}	2.98×10^6
P	4.257×10^7	1.345×10^7	5.602×10^7	6.88×10^9	3.86×10^{17}	1.40×10^5
K	4.19×10^8	2.11×10^8	6.30×10^8	2.96×10^9	1.87×10^{18}	6.8×10^5
合计					1.048×10^{19}	3.8×10^6

计算表明,武夷山自然保护区生态系统典型植物群落每年储存的 N 总量为 1.781×10^9 g,P 总量为 5.602×10^7 g,K 总量为 6.30×10^8 g。武夷山自然保护区生态系统每年在 N,P,K 营养物质的储存与循环中所创造的经济价值为 2.736×10^7元。

10.3.7 文化教育服务价值

生态系统的文化教育服务包括许多方面,是由生态系统提供休闲娱乐和非商业性用途机会的功能提供的,如美学、艺术、教育和科学研究价值等。由于数据可获性的原因,这里我们只计算武夷山自然保护区生态系统的科学研究价值,计算方法参照 Meillaud 等(2005)的方法。具体方法是,在中国期刊文献数据库中,以"武夷山自然保护区"为关键词检索 2003—2007 年 5 年期间发表的学术论文,检索结果共计 42 篇,平均每年约 8 篇,以平均每篇 6 页计算,共计 48 页,以这些学术论文的能值货币价值作为武夷山自然保护区生态系统的科学研究服务价值,即科学研究(sej)=每年论文页数(页)×能值转换率(sej/页)

根据以上数据,编制能值分析表(见表 10.17)。

表 10.17　武夷山自然保护区森林生态系统文化教育服务价值能值分析

项目	原始数据(页)	能值转换率(sej/页)	太阳能值(sej)	能值货币价值($)
科学研究	48	3.39×10^{17}	1.627×10^{19}	5.895×10^6

经计算可知,武夷山自然保护区生态系统文化教育服务的年能值总量为 1.627×10^{19} sej,相应的年能值货币价值为 4.244×10^7 元。

10.3.8 生态旅游价值

武夷山自然保护区生态旅游的服务价值主要体现在其为当地居民所带来的旅游收入方面,因此可以通过能值货币比率计算出生态旅游所具有的太阳能值总量,即以年平均旅游收入乘以能值货币比率则可得到生态旅游贡献的太阳能值量。

借鉴钦佩等(2000)对米埔自然保护区年投入和产出能值分析的研究成果,以保护区年旅游收入为基础,编制相应的能值分析表(见表 10.18)。根据"福建武夷山国家级自然保护区管理局工作情况汇报"数据显示,目前武夷山自然保护区年平均旅游收入达到 230 万元。

表 10.18　武夷山自然保护区生态系统生态旅游价值能值分析

项目	原始数据($)	能值转换率(sej/$)	太阳能值(sej)	能值货币价值($)
生态旅游	3.2×10^5	2.76×10^{12}	8.832×10^{17}	3.2×10^5

经用能值货币比率折算，武夷山自然保护区生态系统每年提供的生态旅游服务的能值为 8.832×10^{17} sej，年服务价值为 2.3×10^{6} 元。

10.3.9　动物栖息地服务价值

生命进化经历了数十亿年，演变形成的丰富物种积累了大量的能值。这些能值输入到各种不同分类单位的储藏基因信息中。分类学级别愈高的生物类群，进化时间愈长，分布面积较广。例如一个新的物种可能只需要 1 000 年就能从先驱种中变异形成，而新的生物种分布面积比先驱种小。单一生物门的形成可能需要 10 亿年，它遍布世界各地。根据能值理论，生物遗传信息是地质进化的产物，主要体现在生物多样性和珍稀物种两方面。

Ager 估计，在地球历史长河中，1.5×10^{9} 个生物种的形成经过了 2×10^{9} 年的进化。平均每个物种的太阳能值，用地球年能值总量 9.44×10^{24} sej/a（太阳能、地热、潮汐能的能量总和）（Odum，1996），计算如下：

$$9.44\times10^{24}\ \text{sej/a}\times2\times10^{9}\ \text{a}\div(1.5\times10^{9}\ \text{种})=1.26\times10^{25}\ \text{sej/种}。$$

一个具体生态系统中的珍稀物种能值是这个系统对该物种的支持率与 1.26×10^{25} J 的乘积。武夷山已知的动物种类有 5 110 种，其中：哺乳纲 71 种，鸟纲 256 种，鱼纲 40 种，两栖纲 35 种，爬行纲 73 种，昆虫类已定名 4 635 种。在动物种类中尤以两栖类、爬行类和昆虫类分布众多而闻名于世。目前，已列入《濒危野生动植物物种国际贸易公约》(CITES)的动物有 48 种，其中属于国家一级保护动物的有云豹、金钱豹、华南虎、黑麂、黑鹳、中华秋沙鸭、黄腹角雉、白颈长尾雉、金斑喙凤蝶等，以及还有数十种的国家二级保护动物（世界遗产委员会，2003）。鉴于数据取得的局限性，本书仅从武夷山自然保护区现已知动物种类角度计算其栖息地服务价值。

按下式计算本书所需的能值转换率：

$$u_1(\text{sej/ 种}) = u_0 \times S_0 \div S \tag{10.9}$$

式中：u_0 为物种的能值转换率（1.26×10^{25} sej/种）；S_0 为武夷山自然保护区面积；S 为全球面积。

根据相关数据，可得：

$$u_1=1.26\times10^{25}\times565.27\div(5.21\times10^{8})=1.367\times10^{19}(\text{sej/种})。$$

动物栖息地服务能值计算公式如下：

$$R = m \cdot u_1 \tag{10.10}$$

式中：R 为栖息地能值(sej)；m 为动物种数（种）。

代入以上数据，可得：

$$R=5110\times1.367\times10^{19}=6.985\times10^{22}(\text{sej})。$$

根据计算结果，编制能值分析表（见表 10.19）。

表 10.19　武夷山自然保护区生态系统动物栖息地服务能值价值

项目	原始资料(种)	能值转换率(sej/种)	太阳能值(sej)	能值货币价值($)
动物栖息地	5 110	1.367×10^{19}	6.985×10^{22}	2.531×10^{10}

根据上述的计算结果,不考虑珍稀动物对武夷山自然保护区生态系统服务的贡献,仅以目前发现的动物种数5 110种计算,武夷山自然保护区生态系统提供的动物栖息地能值为6.985×10^{22} sej,相应的能值货币价值为1.822×10^{11}元。

10.3.10　武夷山生态系统服务功能评估结果

武夷山自然保护区生态系统年服务功能总价值的评估方程:

$$H_0 = H_1 + H_2 + H_3 + H_4 + H_5 + H_6 + H_7 + H_8 \tag{10.11}$$

式中:H_0为每年武夷山自然保护区生态系统年服务功能总能值货币价值;$H_1 \sim H_8$分别为有机物生产和原材料价值、涵养水源价值、保持土壤价值、固碳释氧价值、污染物处理服务价值、营养物质储存与循环价值、文化教育服务价值和生态旅游价值。代入本书10.3.1节至10.3.9节所计算出的相关数据(见表10.20),可以得到武夷山自然保护区生态系统服务功能每年总能值货币价值为:

$$H_0 = 7.201\times10^8 + 7.36\times10^7 + 9.302\times10^8 + 1.307\times10^8 + 3.29\times10^8 + 2.74\times10^7 + 4.24\times10^7 + 2.3\times10^6 = 2.2567\times10^9 \text{(元)}。$$

表 10.20　武夷山自然保护区生态系统年服务能值价值

项目	太阳能值(sej)	能值货币价值($\times10^7$元)	占总价值量的百分比(%)	单位面积服务价值(元/hm^2)
有机物生产	3.906×10^{19}	10.18	4.51	1 801
原材料	2.374×10^{20}	61.93	27.44	10 956
涵养水源	2.820×10^{19}	7.36	3.26	1 302
保持土壤	3.571×10^{20}	93.02	41.22	16 456
固碳释氧	5.010×10^{19}	13.07	5.79	2 312
污染物处理	1.265×10^{20}	32.90	14.58	5 820
营养物质储存与循环	1.048×10^{19}	2.74	1.22	485
科研服务	1.627×10^{19}	4.24	1.88	750
生态旅游	8.832×10^{17}	0.23	0.11	41
总计	8.739×10^{20}	225.67	100	39 923

为动物提供栖息地是自然保护区生态系统服务功能的非常重要的一个方面。价值评价方法在以往的研究中不断探索科学合理的方法以解决栖息地服务价值评价这一世界性的难题。可采用的方法有物种保护基准价法、支付意愿调查法、收益资本化法、费用效益分析法、直接市场价值法、机会成本法等。而全民支付意愿法被最多的研究者采用以评价生态系统在维持生物多样性功能方面的价值。根据能值理论,自然生态系统中富集的丰富物种是在经历了数十亿年的进化后而演变形成的,在此过程当中积累了大量的能值。这些能值输入到各种不同分类单位的储藏基因信息中,因此生物遗传信息是地质进化的产物,今天的物种存在是历史的结果。从能值角度对栖息地服务价值进行评价时,是以其存在的物种为基础的,因而所得到的价值量不宜作为某一年生态系统的能量输出和服务贡献,应被视为该生态系统服务功能的存量价值。作为可供开发利用的储存能值,武夷山自然保护区生态系统提供的动物栖息地能值价值是自然环境系统长期生产和积累的结果。

根据本研究的结果,武夷山自然保护区生态系统在动物栖息地的服务功能方面具有非常巨大的价值,达到 1.822×10^{11} 元,充分体现了其作为世界生物基因宝库的重要地位。

10.4　武夷山自然保护区生态系统服务功能评估结果分析

10.4.1　总价值量的评价结果及构成分析

根据武夷山自然保护区生态系统服务功能类型对其进行价值评估,得到其总价值量及价值构成(见图 10.2)。由于武夷山自然保护区生态系统提供的生态功能是多方面和多效益性的,因此其体现的生态价值也是多样的。本章集中计算了其中最主要的九大类功能的服务价值。武夷山自然保护区生态系统每年提供的服务功能相当于太阳能值 4.080×10^{21} sej,价值人民币 22.567 亿元,单位面积的服务价值为 39 923 元/($hm^2\cdot a$)。武夷山自然保护区生态系统服务的另一主要价值体现在其作为栖息地的服务上,该方面生态服务价值极显著,存量价值达到 1 822 亿元,是优先发展、保护和建设的方向。

通过分析还可以发现,以能值为单位系统能流并不守恒,滞留和输出能流远大于输入能流。这说明生态系统对输入的能量具有改善作用,使低质的能量变成了高质的能量。虽然以能量为单位系统是守恒的,但是以能值为单位进行分析就会发现系统能量已经发生了质的变化。生态系统是一个具有生产能力的系统。按照资本运作的一般原理,资本在生产过程中能够实现增值。生态系统能值流的这种不守恒正是生态系统生产能力的反映。

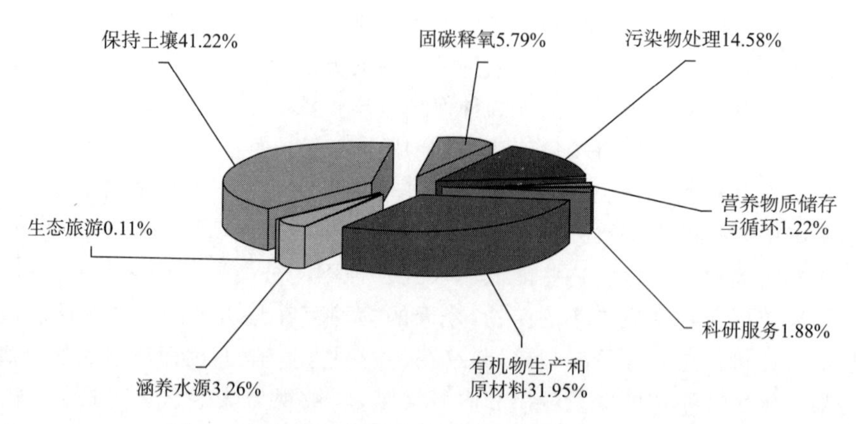

图 10.2 武夷山自然保护区生态系统服务功能构成

各类生态系统服务价值的数值反映了武夷山自然保护区生态系统服务功能的特征。保持土壤方面的服务功能价值最为突出，占到总价值量的 41.22%，说明武夷山自然保护区生态系统在保持土壤方面具有重要作用，而土壤对当地生产力的维护和提高，以及整个生态系统循环的维持起着至关重要的作用。其次，原材料和污染物处理价值也较高，分别占到总价值量的 27.44%和 14.58%（表 10.20）。通常，以市场价值方法计算的森林生态系统服务价值中，木材生产往往不是主要部分，占比在 10%左右。而本书从能值角度出发，以森林年生产力所包含的太阳能值为计量标准，摒弃市场价格方法，不仅符合武夷山自然保护区的实际情况，即保护区禁止林木砍伐，通常不形成木材市场产品，同时又不能忽略森林生态系统在原材料生产方面所具有的巨大服务功能，以能值客观地衡量了其所具备的真实服务价值。

营养物质储存与循环价值在武夷山自然保护区生态系统服务功能价值总量中占比较小。但是，生物从土壤、大气、降水中获得必需的营养元素，并构成生物体本身，生态系统的所有生物体内都储存着各种营养元素，并通过元素循环促使生物与非生物环境之间的元素交换，维持生态过程，调节营养成分的分布格局及养分动态。这些都应属于营养物质储存与循环价值应计量的内容。而本章因数据和现阶段研究方法的限制，只计算了凋落物通过分解、矿化作用，将养分归还给土壤的价值，因此，导致评估结果偏小。但这也为对该项价值的进一步研究和准确计量奠定了基础。

生态旅游价值最小（0.11%），同时，科研服务的价值也较小（1.88%），说明武夷山作为国家级的生态系统保护区，区内的资源性利用受到严格限制，目前主要形式包括开展生态旅游及科学研究和文化活动。

从生态功能价值上分级，按从大到小的排序为：保持土壤＞原材料＞污染物处理＞固碳释氧＞有机物生产＞涵养水源＞科研服务＞营养物质储存与循环＞生态旅游。

本书的评估对象主要是武夷山自然保护区生态系统所具有的潜在的生态价值。由评估结果可知，武夷山自然保护区生态系统具有巨大的服务功能价值，因此，在我们对自然保护区进行管护和开发利用的过程中要着重考虑到它为人类生态环境所创造的长久效益，这对经济、社会和生态效益的可持续发展都具有重要意义。

10.4.2　比较分析

在分析得到的武夷山自然保护区单位面积服务价值结果方面，将本章的评估结果与第 8 章所做的福建省生态公益林环境资源价值做对比。后者得到的福建省生态公益林年平均环境资源价值为 11 387 元/hm^2，而本章研究得到的武夷山自然保护区生态系统的年服务价值为 39 923 元/hm^2。两项研究所得到的结果差距主要源于以下几方面的原因：①第 8 章的研究中未将生态公益林的有机物生产和原材料价值纳入计算范畴；②生态区位因素，武夷山自然保护区属于生态区位非常重要的生态系统，其生态价值和社会价值的产出都相对较高；③林分质量因素，武夷山自然保护区因其特殊的地理位置和气候条件等，其林分多属于优质高效的林分；④采用能值分析方法能够更加准确地反映出环境资源和生态系统的真实价值，往往比以市场价值为基础计算出的结果更高。综上所述，武夷山自然保护区生态系统单位面积服务价值必然远高于以整个福建省生态公益林为研究对象得到的单位面积环境资源价值。

另外，本书与 Costanza 等(1997，1999)计算的全球森林生态系统单位面积服务价值也做了对比，见表 10.21(人民币与美元的换算比率：1 美元＝7.2 人民币元)。计算结果的差别主要表现在单位面积服务价值的总量上，可以看出，武夷山自然保护区生态系统的单位面积服务价值远高于世界范围内森林生态系统的平均服务价值，这充分体现出了武夷山自然保护区作为世界遗产地在全球自然生态系统中所具有的重要地位。另一方面，对于各种不同服务类型在总服务价值中所占的比例，两项研究也具有可比性。显著的差异首先体现在保持土壤价值和营养物质储存与循环价值两方面。笔者认为，造成这种计算结果差异的主要原因在于计算时选用的范围不同，Costanza 等(1997，1999)只将土壤形成和固持的价值纳入保持土壤价值进行计算，而土壤具有的保肥价值被纳入养分循环中进行统计。考虑到计算范围和方法上的差异，笔者认为在价值构成上这两项计算结果的实际差距都要更小。另外，笔者认为 Costanza 等(1997，1999)低估了森林生态系统涵养水源的价值以及为文化教育方面服务的价值。

表 10.21 全球森林生态系统与武夷山自然保护区生态系统单位面积服务价值比较

服务类型	Costanza 等		本研究	
	单位面积服务价值($)	占总服务价值量的百分比(%)	单位面积服务价值($)	占总服务价值量的百分比(%)
有机物生产	43	4.4	250	4.52
原材料	138	14.2	1 521	27.56
涵养水源	5	0.5	181	3.28
保持土壤	106	10.9	2 286	41.4
固碳释氧	143	14.7	321	5.82
污染物处理	89	9.2	782	14.2
营养物质储存与循环	361	37.1	67	1.21
科研文化	2	0.2	104	1.88
娱乐休闲	66	6.8	6	0.11
总计	955	100	5 518	100

10.4.3 武夷山自然保护区生态系统能值指标分析

基于对武夷山自然保护区生态系统的能值分析,可计算如下两个能值指标以反映其系统能值状况。通过能值分析指标可以发现研究地区的潜力以及评估其经济所处的等级地位。

(1)能值投资率

生态经济系统(环境经济系统)的能值投资率(energy investment ratio),等于来自经济的反馈能值(Em_F)除以来自环境的无偿能值输入(Em_I)。前者如燃油、物资、劳务等,均需花钱购买,也称为“购买能值”;后者来自包括土地、矿藏等不可更新资源和太阳能、风、雨等可更新资源在内的自然界无偿能值。因此,能值投资率也可称为“经济能值/环境能值比率”。

根据表 10.3 中所得数据,可计算能值投资率如下:

能值投资率=经济能值÷环境能值=$Em_F \div Em_I = 4.62\times10^{19} \div (2.31\times10^{20}) = 0.2$。

能值投资率是衡量经济发展程度和环境负载程度的指标。其值越大,则表明系统的经济发展程度越高;其值越小,则说明系统的经济发展水平越低而对环境的依赖性越强。武夷山自然保护区生态系统的能值投资率是 0.2,说明当地经济发展程度不高,经济活动对环境的依赖性强,往往欠发达地区的经济增长与发展在很大程度上都要依赖于环境方面的能值支持。也从另一方面说明,武夷山自然保护区具有许多未开发利用的环境资源可供投资者和当地居民利用。

(2)净能值产出率

净能值产出率(net Energy Yield Ratio,EYR)为系统产出能值(Em_Y)与经济反馈(输入)能值之比,是衡量系统产出对经济贡献大小的指标。

根据表 10.3 和表 10.20 中所得数据(不计栖息地能值),可计算净能值产出率如下:

$$EYR = Em_Y \div Em_F = 8.739 \times 10^{20} \div (2.31 \times 10^{20}) = 3.783。$$

可以看出,武夷山自然保护区生态系统的净能值产出率较高。虽然经济反馈能值在计算时因数据不全面会导致 EYR 的数据可能偏高,但并不影响对最终结果的分析。武夷山自然保护区生态系统在获得一定的经济能值投入的基础上,产出能值较高,即其系统的生产效率较高。这跟无偿利用自然资源有关。在此系统里,几乎人类不用花费太多的精力和劳动,大自然就能给予相当大的能值,且是无偿的。另一方面也反映出武夷山自然保护区高能值的人类商品劳务投入数量过少,不能充分利用自然资源来为人类服务。因此,合理加大经济反馈能值的投入,能获得更高能值的产出。

第11章　基于边际机会成本的武夷山自然保护区森林环境资源定价研究

11.1　研究区概况

福建武夷山国家级自然保护区(以下简称“武夷山保护区”)成立于1979年7月3日,是我国东南大陆保存最完好的中亚热带森林生态系统,是国务院批准的第一批5个国家重点自然保护区之一。武夷山保护区地处福建省武夷山、建阳和光泽三县(市)管辖区域内,北部紧邻邵武市和江西省铅山县,地处北纬27°33′～27°54′、东经117°27′～117°51′之间,全区南北长达52 km,东西宽22 km,总面积56 527 hm^2,2012年,有林地面积达53 870 hm^2,是世界上这一纬度带保存面积最大、生物多样性最丰富的代表性生态系统。武夷山保护区1987年被联合国教科文组织列为全球生物多样性保护区,1999年12月被联合国批准为世界自然与文化遗产保留地保护区。区内各种野生动植物资源丰富,拥有原始林与原始次生林,其森林环境资源发挥的各方面价值得到了国内外广泛关注,在福建省生态建设中发挥着重要的作用,是开展森林科学研究的重要基地,也是开展森林环境资源价值研究的一个很好的研究对象。

本章将以武夷山自然保护区的森林环境资源为研究对象,开展基于边际机会成本的森林环境资源定价实证研究。

11.1.1　自然条件

武夷山保护区经过漫长的地质演变过程,现区内主要分布有变质岩、火山岩、花岗岩、碎屑岩等,西部主要是坚硬的岩石构成,东部有较宽的谷地和盆地。保护区内的土壤有红壤、黄壤、黄红壤等多种类型。保护区气候类型属于中亚热带温暖湿润季风气候,具有气温低、降水多和垂直变化显著等特点,年平均气温在8.5～18 ℃之间,年降水量平均在1 486～2 150 mm之间,降水主要分布在3—6月份,全年无霜期253～272 d。全区平均海拔1 200 m,区内有34座海拔1 800 m以上的山峰,其中黄岗山是最高峰,海拔2 158 m,也是东南大陆最高峰,是冬季减弱北方冷空气、夏季截留东南海洋季风的天然屏障,使得武夷山保护区形成中亚热带温暖湿润的季风气候区。生境的多样性形成了保护区内生物的多样性，区内山高坡陡、峡谷纵深，具有低纬度、高海拔、多地形等特点，形成了不同的生态环境，发育着丰富多样的动植物资源。

11.1.2 区内社会经济状况

武夷山保护区根据保护工作需要划为核心区、缓冲区和实验区三种功能区，其中核心区占保护区总面积的51.8%、缓冲区占21.9%、实验区占26.3%。武夷山保护区森林覆盖率达96.3%，有一个显著特点就是其中集体林占60%。保护区内武夷山市部分253.36 km²，占保护区总面积的44.82%；建阳市部分129.42 km²，占22.89%；光泽县部分182.49 km²，占32.29%。据统计，2010年区内居民住户有589户，总人口2 453人。保护区生态系统功能显著，在局部地区表现为涵养水源、保持水土、净化空气、减少噪声等作用，发挥了森林生态系统的巨大价值。

在保护森林生态系统的同时，武夷山保护区的社会效益也十分显著。发展社区经济也是保护区工作的重心之一。现实验区内有毛竹林6 310 hm²（其中集体林5 730 hm²），社区内群众年采伐毛竹60万～80万根，每根原竹纯利润在20元以上，产值1 000多万元。

除了毛竹收入，区内群众的另一经济支柱是红茶收入，武夷山保护区是正山小种红茶的发源地，据统计，2010年红茶产量超过200 t，产值2 000多万元，区内桐木、坳头两村仅红茶一项就人均年增收1 000多元。

另外，社区村民积极参与生态旅游业及保护区森林管护工作。在保护区停止生态旅游前，村民参与到生态旅游经营中，通过经营旅店、参与和销售旅游商品等获得收入；近10%的区内群众直接参与生态公益林管护工作，使村民每年人均增收700多元，使社区的经济持续稳步增长。

现桐木村和坳头村是闽北的明星村，大坡村是建阳市的小康榜样村。区内村民2012年人均收入突破5 000元。虽然过去30年来武夷山保护区社会经济状况获得了不断改善，但也应看到，森林环境资源保护与社区发展仍然存在一些突出的矛盾，村民对森林环境资源的价值认识不足，“靠山吃山”的资源依赖性的农业生产方式致使村民对一些保护区措施并不是发自内心地支持，比如对保护区内林木资源的禁伐，社区群众就反映强烈，因为其生活用材、制茶用材、生产毛竹用架桥材等难以得到。对该区域森林环境资源合理定价，可为下一步设计科学的森林环境服务市场机制服务，真正实现“谁受益，谁付费；谁破坏，谁付费”，从而促进森林环境保护、改善保护区内居民经济生活水平，不失为改进保护区与社区发展矛盾的一条有效途径。

11.1.3 区内森林环境资源分布

2012年，武夷山保护区有林地面积53 870 hm²，其中约有2.9万hm²原生性亚热带森林植被，森林覆盖率高达96.3%，林木蓄积量达5 217 508 m^3。典型的森林类型为毛竹与阔叶混交林、中亚热带常绿阔叶林、针叶林和温性针阔叶混交林等，其中常绿阔叶林是最主要的植被类型，分布最为广泛，占近2/5；毛竹与阔叶混交林、中亚热带常绿阔叶林多分布于海拔1 100 m以下；针叶林以马尾松林、黄山松林为主要群落类型，主要分布在海拔1 500～1 800 m之间；针阔叶混交林介于常绿阔叶林与针叶林之间，在武夷山保护区分布面积较广，多分布于海拔500～1 700 m之间(邱炳文等,2009)。为简化计算，参考其他文献资料数据，本章将各类森林环境资源的数据进行了合并处理，具体情况见表11.1。

表11.1　武夷山保护区主要森林环境资源各类型相关数据

森林类型	面积(hm^2)	林木蓄积(m^3)	蓄积平均增长率(%)	占全区森林面积比例(%)
常绿阔叶林	20 250.47	2 426 002	4.266	37.6
针叶林	21 835.27	2 628 487	5.473	40.5
毛竹与阔叶混交林	9 204.87	163 019	10.535	17.1
合计	51 290.61	5 217 508	—	95.2

引自：萧天喜，2011

武夷山保护区森林环境资源几乎发挥了所有类型的森林环境服务功能，它为武夷山风景区的九曲溪提供了丰富的水源和良好的水质，九曲溪发源于保护区内的桐木关。武夷山保护区不仅提供了固碳释氧、净化空气的环境服务，也为下游地区提供了水土保持服务，是闽江的主要水源地和集水区。它还提供了种类繁多的生物，种类变异多样，拥有众多珍稀植物、古老孑遗物种，在生物多样性方面作用巨大。保护区内有银杏、南方红豆杉、钟萼木、金毛狗、水蕨、香榧等28种珍稀濒危植物。野生动植物总数近9 400种，其中高等植物2 888种、低等植物844种、陆生脊椎动物479种，淡水鱼45种，已查明的昆虫5 000多种。保护区内有云豹、黑麂、华南虎等60种国家重点保护动物，有苍鹰、雀鹰、蛇雕、白尾鹞等众多国家保护鸟类(李洪波 等，2010)。因此，本章选取武夷山保护区作为案例研究对象，有一定的代表性。

11.2　基于边际机会成本的武夷山保护区森林环境资源定价

依据前文建立的基于边际机会成本的森林环境资源定价理论与方法，根据具体定价模型，对武夷山保护区的森林环境资源的边际生产成本、边际环境成本、边际使用者成本进行具体的测算。

11.2.1　森林环境资源边际生产成本测算

根据武夷山保护区管理局的统计资料，在森林资源清查结果的基础上，按森林蓄积平均增长率推算得到 1998—2011 年的武夷山保护区总蓄积数据，见表 11.2。

表 11.2　武夷山保护区 1998—2011 年林木总蓄积表　单位：万 m^3

年份	1998	1999	2000	2001	2002	2003	2004
蓄积	311.94	328.23	345.41	363.52	382.64	402.80	424.08
年份	2005	2006	2007	2008	2009	2010	2011
蓄积	446.54	470.25	495.30	512.90	548.20	576.07	605.42

根据前文讨论，人工林森林环境资源的边际生产成本应该包括：单位蓄积森林环境资源的直接生产成本、单位蓄积森林环境资源的间接生产成本、资本费。根据武夷山保护区提供的成本数据，本研究选取 14 年间武夷山保护区的平均生产成本，将其平均分摊到每年的新增蓄积上，具体生产成本数据见表 11.3。

将森林环境资源历年的生产成本平均分摊到每年所增加的森林蓄积上，得到边际生产成本，计算公式如下：

$$MPC = AIC = \sum_{t=1}^{n} \frac{C_t}{(1+r)^t} \bigg/ \sum_{t=1}^{n} \frac{Q_t}{(1+r)^t} \times (1+r)^n$$

式中：C_t 为第 t 年新投入的生产成本，包括森林环境资源的直接生产成本、间接生产成本等，见表 11.3 数据；Q_t 为第 t 年增加的森林蓄积量，可通过表 11.2 计算得到；r 为贴现率，本章取值为 5%；n 为定价的森林环境资源的林分年龄，考虑到成本数据收集的可得性等原因，n 确定为 14，这 14 年是武夷山保护区重点建设和发展的时期，特别是 1999 年 12 月被联合国教科文组织列入《世界遗产名录》后，在这前后时期的平均生产成本可以说具有代表性。本章是将平均增量成本平均分摊到每年所增加的森林蓄积上来测算边际生产成本，所以该数据的选取是可行的。经计算得到：

$$MPC = 121.65\ 元/m^3(蓄积)。$$

表 11.3　武夷山保护区 1998—2011 年生产成本表　单位：万元

年份	直接生产成本						间接生产成本	总生产成本（当年价）
	基础设施建设	人工费	造林专项及其他	中央级生态公益林补偿基金	省级生态公益林补偿基金	管护费用		
1998	444.00	239.00						683.00
1999	60.00	296.50						356.50
2000	207.00	191.30						398.30

续表

年份	直接生产成本						间接生产成本	总生产成本（当年价）
	基础设施建设	人工费	造林专项及其他	中央级生态公益林补偿基金	省级生态公益林补偿基金	管护费用		
2001	266.00	236.00		269.10		286.00		1 057.10
2002	41.00	300.50		269.10	4.30	60.00		674.90
2003	352.00	314.50		269.10	5.10	89.00		1 029.70
2004	306.00	337.00		346.00	11.20	20.00		1 020.20
2005	941.00	421.20		346.00	17.10	28.00		1 753.30
2006	50.00	410.00	158.00	350.35	17.10	50.00		1 035.45
2007	512.00	444.70	389.70	369.74	201.87	167.00		2 085.01
2008	670.00	335.50	938.20	369.74	193.68	157.56		2 664.68
2009	499.00	310.67	602.40	396.48	216.94	100.00		2 125.49
2010		518.87	861.60	813.81	166.93	54.70		2 415.91
2011	75.00	518.56	799.66	813.81	166.93	38.74		2 412.70

注：生态公益林补偿基金是用于生态公益林管护及补偿的资金；管护费用是防火经费、资源监测经费及病虫害防治经费等。管护费用包括了前述的该单位蓄积森林环境资源的间接生产成本，因不影响计算结果，本表未分开统计。数据由武夷山自然保护区管理局提供

11.2.2 森林环境资源边际环境成本测算

依据前述的森林环境资源的边际环境成本定价模型，计算单位蓄积的森林环境资源砍伐利用所带来的某项森林环境资源服务的损失量。

(1)调节水量减少的损失

武夷山保护区的森林环境资源通过林冠层、枯落物、土壤提供了水源涵养的重要服务。保护区内溪流密布，主要河流有桐木溪、黄柏溪、大安溪、新历溪、西坑庙溪、芙蓉溪、米罗湾溪等，所汇入的河流建溪、富屯溪与沙溪是闽江的三大支流。如对森林环境资源砍伐利用则会直接影响水源的涵养量，带来调节水量减少的损失。

根据1993—1999年《中国水利年鉴》平均水库库容造价(含占地拆迁补偿、工程造价、维护费用等)为2.17元/t，按物价指数调整，得到2012年单位库容造价C_k为2.89元/m^3(刘敏超 等，2006；欧阳志云 等，2004)；林分面积A为51 290.61 hm^2；武夷山保护区不同高度、不同坡向的降水量有一定差异，一般随高度增加而增加，海拔每升高100 m，降水量增加44～54 mm，年降水量一般在1 500～2 100 mm(萧天喜，2011)，本章依据他人研究资料，选取武夷山平均海拔1 240 m处，其年平均降水量P为2 678.78 mm、平均林分蒸散量E为2 025.64 mm、年平均地表径流量C为21.88 mm作为计算数据(许纪泉 等，2007)，对应面积A的2011年末林分蓄积量M

为6 054 200 m^3。

通过公式(6.7)得到单位蓄积森林年调节水量价值 E_1：

$$
\begin{aligned}
E_1 &= 10C_K A(P-E-C)/M \\
&= 10\times 2.89\times 51290.61\times(2678.78-2025.64-21.88)\div 6054200 \\
&= 154.56[\text{元}/m^3(\text{蓄积})]。
\end{aligned}
$$

(2)水质变化的损失

武夷山保护区的森林环境资源提供涵养水源服务的同时，还通过植物对水体的阻挡作用，减缓了雨水对泥沙的冲击，利于沉积物的沉积，吸附了很多污染物质和杂质，这些物质与沉积物一起结合起来分解、转化，使得武夷山保护区内的河流水质好，直接达到饮用水标准，节省了水质净化费用。森林环境资源的采伐利用，会带来水质的变化，就会带来相应的污水处理成本。根据福建省城市污水处理收费标准，2012 年单位污水处理费用 K 平均为 0.8 元/t；林分面积 A 为 51 290.61 hm^2；年平均降水量 P 为 2 678.78 mm；年平均林分蒸散量 E 为 2 025.64 mm；年平均地表径流量 C 为 21.88 mm；2011 年末林分蓄积量 M 为6 054 200 m^3。

单位蓄积森林环境资源采伐利用带来的水质变化损失 E_2 根据公式(6.8)得到：

$$
\begin{aligned}
E_2 &= 10KA(P-E-C)/M \\
&= 10\times 0.8\times 51290.61\times(2678.78-2025.64-21.88)\div 6054200 \\
&= 42.78[\text{元}/m^3(\text{蓄积})]。
\end{aligned}
$$

(3)土壤流失的损失

在武夷山保护区，森林环境资源提供了很好的土壤侵蚀控制服务，一方面通过减少径流量减缓对土壤的冲击力，另一方面改良土壤与固结土壤增强其抗蚀性和抗冲性，可以防止风力和水力对土壤的侵蚀。森林环境资源的采伐利用相应带来的土壤流失将会淤积水库，影响下游水库的库容，造成清淤成本。

林分面积 A 为 51 290.61 hm^2；挖取和运输单位体积土方所需费用 $C_{土}$ 为 12.60 元/m^3(中国林业科学研究院森林生态环境与保护研究所，2008)，根据物价指数调整得到 2012 年挖取和运输单位土方所需费用 $C_{土}$ 为 13.90 元/t；根据福建省土壤侵蚀研究，林地土壤容重 ρ 为 1.3 t/m^3，有林地和无林地中等程度的侵蚀模数差(X_2-X_1)大约为 150～350 t/(hm^2 · a)(福建省土壤普查办公室，1991)，本章以 200 t/(hm^2 · a)作为武夷山保护区减少土壤侵蚀的模数；林分蓄积量 M 为 6 054 200 m^3。根据公式(6.9)计算得到由于单位蓄积森林环境资源的采伐利用带来的土壤侵蚀流失的损失 E_3：

$$
\begin{aligned}
E_3 &= AC_{土}(X_2-X_1)/(\rho M) \\
&= 51290.61\times 13.90\times 200\div(6054200\times 1.3) \\
&= 18.12[\text{元}/m^3(\text{蓄积})]。
\end{aligned}
$$

(4)养分流失的损失

单位蓄积森林环境资源采伐利用造成的养分流失的损失主要是指保存在土壤中的N,P,K营养元素随着土壤流失带来的损失,可以将流失土壤中的N,P,K的数量换算为化肥的价值得到。

林分面积A为51 290.61 hm^2;(X_2-X_1)为200 t/(hm^2 · a);武夷山保护区林地土壤养分平均百分比含量见表11.4(福建省土壤普查办公室,1991);福建省常用的N肥为尿素、P肥为过磷酸钙、K肥为氯化钾,根据化肥产品说明中获知尿素含氮量R_1为46.67%、过磷酸钙化肥含磷量R_2为15.27%、氯化钾化肥含钾量R_3为52.35%,根据中国农资网(www.ampcn.com)2012年福建省春季平均价格,2012年尿素化肥市场价格C_1为2 150元/t、过磷酸钙化肥市场价格C_2为680元/t、氯化钾化肥市场价格C_3为3 120元/t、林分蓄积量M为6 054 200 m^3。

表11.4 武夷山保护区林地土壤养分平均百分比含量表

养分	N含量	P含量	K含量	总和
平均百分比(%)	0.164	0.053	1.830	2.047

根据公式(6.10)得到单位蓄积森林环境资源采伐利用带来的养分流失的损失E_4:

$$E_4 = A(X_2 - X_1)(NC_1/R_1 + PC_2/R_2 + KC_3/R_3)/M$$
$$=51290.61\times200\times(0.164\%\times2150\div46.67\%+0.053\%\times680\div15.27\%+1.830\%\times3120\div52.35\%)\div6054200$$
$$=201.60[\text{元}/m^3(\text{蓄积})]。$$

(5)固碳损失

森林环境资源通过森林植物的光合作用能吸收CO_2,储存碳,其储存量比大气中的多近60%,如果森林环境资源采伐利用,势必增加大气中的碳的积累,影响全球气候,带来损失。对武夷山保护区的单位蓄积森林环境资源采伐利用带来的固碳损失,通过碳税法来计算。

林分面积A为51 290.61 hm^2;碳税率C_T采用国际学术界通用的瑞典碳税率150美元/t,依据不同年份人民币对美元汇率折合为人民币后进行计算,根据中国人民银行授权中国外汇交易中心公布的数据,2012年上半年人民币对美元的平均汇率为6.307 4,碳税率换算成人民币为946.11元/t;森林的平均林分净生产力B_n为8.99 t/(hm^2 · a)(李文华 等,2008);依据李金昌(1999)在《生态价值论》中提出的森林土壤的碳储量占森林总储碳量的13%的结论,单位面积森林土壤年固碳量F_t为总量的0.13倍;林分蓄积量M为6 054 200 m^3。

单位蓄积森林环境资源采伐利用造成的固碳损失采用公式(6.11)计算得到:

$$E_5 = AC_T(1.63 \times 27.27\% \times B_n + F_t)/M$$
$$=51290.61 \times 946.11 \times (1.63 \times 27.27\% \times 8.99 \times 1.13) \div 6054200$$
$$=36.19[\text{元}/\text{m}^3(\text{蓄积})]。$$

(6)居住质量下降的损失

对单位蓄积森林环境资源采伐利用带来的氧气减少、负离子减少、吸收污染物减少、噪声增大、滞尘能力降低等负面影响，对他人影响带来的损失可以通过归结为居住质量下降，对其损失的计量采用意愿调查法(CVM)得到，其值计为 E_6。考虑到武夷山保护区单位蓄积森林环境资源的采伐利用带来的居住质量下降的损失的影响范围主要为武夷山保护区周边县市，所以问卷调查以武夷山保护区周边县市居民为主要调查对象。同时考虑到对居民支付意愿的调查能较真实地反映受访者所享受的森林环境资源带来的居住质量改善服务的价值，因此本研究采用 CVM 调查获取该服务价值，然后将其平均分摊到单位蓄积森林环境资源上，该单位蓄积环境资源的采伐利用会带来与该服务价值等量的损失，即得到 E_6。

按照以下步骤开展具体的工作：

1)问卷设计

调查问卷的设计是调查的基础和关键，本研究借鉴国内外问卷设计经验，依据 CVM 中有关支付意愿(WTP)的原理和方法，考虑到一般居民对假想市场定价方法不够了解，本研究采用简单、便于回答的支付卡式问卷。

调查问卷包括四部分：

第一部分是封面信，通过该部分向被调查者介绍本次调查问卷的目的、调查数据的用途、调查者身份等，使被调查者对调查的基本情况有个快速、准确的认识。

第二部分是关于福建武夷山自然保护区森林环境资源的现状介绍，保证调查对象对环境物品有清楚的了解。

第三部分是询问受访者对福建武夷山自然保护区森林环境资源价值的认知和保护的态度及核心估值问题，即受访者对自然保护区保护措施带来的森林环境资源改善居住环境服务的支付意愿。为避免调查过程中受访者认识上有偏差，调查人员强调调查的科研性质以及支付意愿只是基于个人的意愿反映。

第四部分是收集受访者的家庭基本特征、收支等基本的社会经济信息，使用这些信息来分析和核实受访者的支付意愿。将这部分放在最后是为了尽可能避免受访者的排斥心理造成问卷得到不真实的支付意愿。

整个问卷的顺序设计可以有效地使受访者迅速了解调查的目的、内容，快速进入正题，有助于提高问卷数据的质量。调查问卷共设计了 14 个问题，其中的核心估值问题设计如下：

①为保证武夷山保护区森林环境资源为您提供持续的良好居住环境服务，需要您每年支付一定的费用，您愿意吗？(单选)

□愿意　　　　□不愿意

②如果选择“愿意”，您愿意为此项服务每年支付多少元？（单选，这只是支付意愿，并不需要您真正支付）

□0.1～1.0 元 □1.1～2.0 元 □2.1～3.0 元 □3.1～4.0 元 □4.1～5.0 元
□5.1～6.0 元 □6.1～7.0 元 □7.1～8.0 元 □8.1～9.0 元 □9.1～10 元
□11～20 元 □21～30 元 □31～40 元 □41～50 元 □51～60 元
□61～70 元 □71～80 元 □81～90 元 □91～100 元 □101～200 元
□201～300 元 □301～400 元 □401～500 元 □501～600 元 □601～700 元
□701～800 元 □801～900 元 □901～1 000 元□1 001 元及以上

2)问卷的预调查与设计改进

本问卷于 2012 年 3 月在建阳市开展了预调查，根据预调查反馈结果对问卷在个人资料数据的获取顺序、支付意愿的数额等方面进行了设计上的改进。

3)调查的实施

正式调查于 2012 年 8 月在福建省武夷山市、建阳市进行，采取面对面调查方式，以充分保证调查问卷的有效性和回收率，共发放问卷 300 份，回收总数为 300 份。在填写调查问卷之前，通过调查问卷中的背景资料介绍，使被调查者明确调查的目的、意义，并承诺数据仅供研究使用，不会对被调查者产生任何副作用，以确保问卷的支付意愿的真实性。

4)调查结果统计分析

对回收的调查问卷进行编号，并建立数据集进行统计，扣除无效问卷 2 份，实际有效问卷样本数为 298 份，有效率为 99.3%，问卷调查情况较好。在有效问卷中，愿意支付的占样本总数的 50.34%，不愿意支付率为 49.66%。调查得到武夷山保护区森林环境资源提供的改善居住环境服务 2012 年的人均支付意愿为 33.94 元/m^3（蓄积）。

①样本特征统计

根据有效问卷，对被调查者的基本特征进行了统计，见表 11.5。

从表 11.5 可以看出，在支付意愿的调查问卷中，男女比例相差不太，男性略高于女性。年龄在 40～50 岁之间的人群支付意愿均值高于其他年龄段人群，可能与该年龄群体事业有成、生活稳定的现实有关。支付意愿与支付均值随着教育程度的提高而升高，科研人员、教师与政府行政管理人员的支付意愿比例与支付意愿均值高于其他职业群体，这可能与该职业人群平均受教育程度高、环境保护意识强有关。

②被调查者支付意愿的描述统计

问卷通过询问被调查者认为武夷山保护区内的民众为生态环境的保护是否付出了代价，是否需要经济上补偿他们，然后询问被调查者为保证武夷山保护区森林环境资源提供持续的良好居住环境服务，是否愿意每年支付一定的费用，对于愿意的被调

表 11.5　主要变量的统计描述

类别	变量	属性	样本数(人)	比例(%)	愿意支付比率(%)	支付意愿均值(元)	WTP 支付特征描述
人口变量	性别	男	152	51.01	54.61	36.80	男性略高于女性
		女	146	48.99	45.89	31.08	
	年龄	(0,30]	120	40.27	34.17	22.27	40～50 岁的人最高，年龄大和年龄小的低
		(30,40]	49	16.44	51.02	49.73	
		(40,50]	64	21.48	81.25	57.02	
		(50,60]	48	16.11	64.58	28.25	
		60 岁以上	17	5.70	5.88	0.27	
受教育程度	受教育程度	文盲	6	2.01	0.00	0.00	受教育程度高的支付意愿高，大学程度及以上的支付意愿值高于总体平均值
		小学程度	5	1.68	20.00	0.9	
		中学(初中、中专、高中)程度	199	66.78	37.19	16.56	
		大学程度及以上	88	29.53	85.23	77.49	
职业	职业	政府行政管理人员	17	5.70	76.47	108.53	教师、科研人员、政府行政管理人员支付意愿较高，农民、和离退休人员、学生偏低
		农民	40	13.42	0.00	0.00	
		科研人员	6	2.02	100.00	106.00	
		企事业单位职工	90	30.20	90.00	28.24	
		教师	25	8.39	100.00	117.76	
		学生	15	5.03	66.67	6.83	
		个体经营者	78	26.17	34.62	23.73	
		下岗/待业	10	3.36	50.00	26.50	
		离退休	17	5.70	5.88	0.27	
公众意识	对武夷山保护区的了解程度	相当了解	28	9.40	85.71	110.29	不了解的人群支付意愿低
		有一定了解	205	68.79	56.10	33.36	
		过去不了解，通过阅读本调查资料才了解	65	21.81	16.92	3.15	
	对武夷山保护区的关注程度	非常关注，以前去过	137	45.97	71.53	56.52	平时关注保护区并计划去的人群支付意愿高
		比较关注，计划去	109	36.58	40.37	19.84	
		谈不上关注不关注，去不去无所谓	41	13.76	17.07	5.39	
		根本不关注，不会去	11	3.69	9.09	0.45	

续表

类别	变量	属性	样本数（人）	比例（%）	愿意支付比率（%）	支付意愿均值（元）	WTP 支付特征描述
公众意识	武夷山保护区的森林资源发挥的生态作用与居住环境重要性的认识	有重要影响	107	35.91	79.44	72.36	支付意愿随环境认识的提高而增加
		有较大影响	139	46.64	42.45	17.00	
		影响较小	47	15.77	12.77	0.55	
		毫无关系	5	1.68	0	0	
	对森林资源提供改善居住环境服务的看法	非常同意	103	34.56	66.99	58.53	对森林环境服务的认识高其支付意愿也高
		同意	170	57.05	47.65	24.14	
		不同意	25	8.39	0	0	
		非常不同意	0	0	0	0	
收入	个人月平均收入	没有收入	20	6.71	50.00	5.3	支付意愿不是随着收入的增加而一定升高
		1 000 元以下	12	4.03	8.33	0.42	
		1 001～2 000 元	89	29.87	17.98	5.54	
		2 001～3 000 元	91	30.54	58.24	32.51	
		3 001～4 000 元	54	18.12	77.78	71.02	
		4 001～5 000 元	11	3.69	90.91	118.64	
		5 001～10 000 元	17	5.70	82.35	65.29	
		10 001 元及以上	4	1.34	100.0	80.00	

查者询问其每年愿意支付的最大金额。调查结果(见表 11.6)显示，认为武夷山保护区内的民众为保护森林环境资源付出了代价的比例较高，占到 76.85%。但赞同补偿、愿意支付一定费用的比例依次递减。通过调查分析得知，主要是因为很多认可区内民众付出代价但不赞成补偿、付费的居民认为武夷山保护区内经济条件不错，不需要为他们专门补偿费用。这与现实保护区内这些年大力发展区内农村经济，取得了很好成效是符合的。有的居民认为区内民众收入高于一些区外居民，这个原因削弱了被调查者的支付意愿。

通过对被调查者的支付情况进行统计，不同的支付意愿在愿意支付的问卷中所占比重相差较多，见图 11.1，支付意愿中 95 元的人数最多，占 20.13%；其次为 25 元，占 10.07%；其余较高支付意愿为 15，45 和 150 元。

表 11.6　居民补偿意愿与支付意愿的调查结果

是否付出代价	频数	百分比（%）	是否需要补偿	频数	百分比（%）	支付意愿	频数	百分比（%）
是	229	76.85	是	186	62.42	愿意	150	50.34
否	69	23.15	否	112	37.58	不愿意	148	49.66
合计	298	100	合计	298	100	合计	298	100

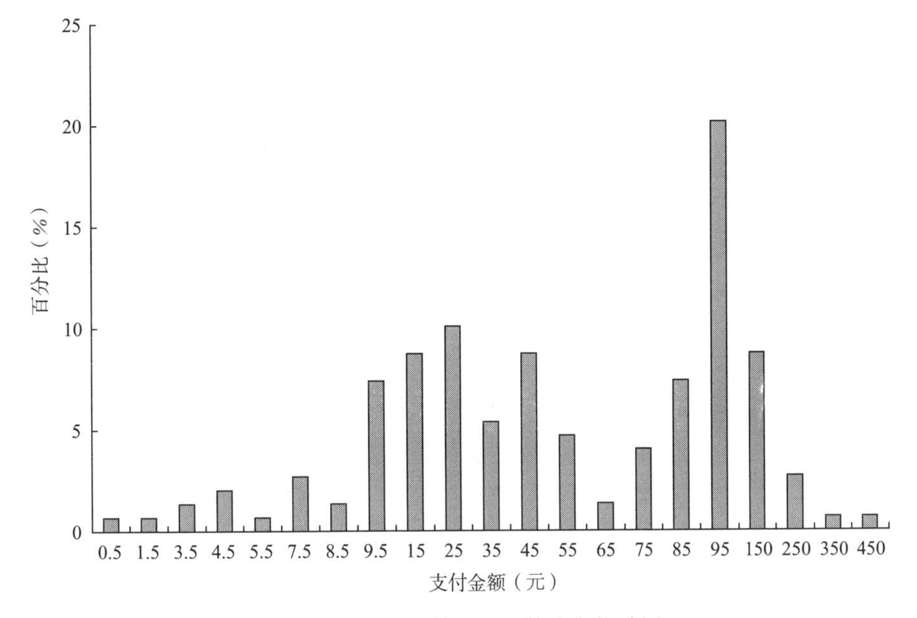

图 11.1　不同支付意愿频数分布统计图

此次调查中共有 150 人表达了自己的支付意愿，148 人不愿意为森林环境资源提供的改善居住环境服务付费，则其支付意愿设定为 0 元。抗议问卷即零支付问卷所占比例为 49.66%，表明近半数的人不愿意为森林环境资源提供的改善居住环境服务付费。抗议支付的原因见图 11.2。

由图 11.2 可知：近 63%的人认为保护森林环境资源应由国家出钱，是国家和政府的责任，民众不应该承担费用；22%的人认为家庭经济收入水平低，没有能力支付服务费用；12%的人是对森林环境资源保护不感兴趣；另外还有 3%的人填写了其他原因，比如担心出钱会被他人挪用、贪占，或是不要老百姓出钱，采取其他手段来获得资金等。

③回归模型分析

对被调查者的支付意愿的影响因素分析，可以采用 Logit 模型和 Tobit 模型进行回

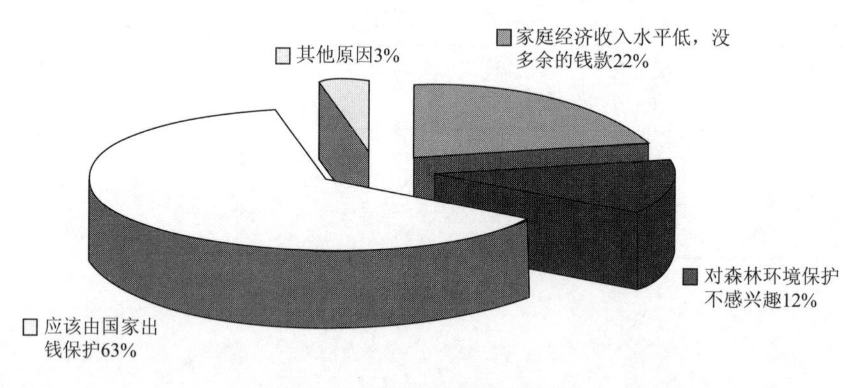

图 11.2　抗议支付原因统计图

归分析，二元 Logit 模型可以有效检验二元因变量与一系列自变量之间的相关性（黄蕾 等，2010；李伯华 等，2011；刘芳芳 等，2012；李广东 等，2011）。通过 Logit 模型对支付意愿进行影响因素分析，是意愿调查法分析调查结果的必要步骤，是为了从另一个侧面检验调查所得的支付意愿是否与现实中的经验判断相符合。运用 Logit 回归模型，把支付意愿（WTP）中愿意支付设为 $y=1$、不愿意支付设为 $y=0$，以 gen，age，edu，inc，und，att，inf，imp 为解释变量（见表11.7），并对变量影响方向做出初步判断。

表 11.7　解释变量定义

变量	符号	变量定义	预期方向
性别	gen	1＝男；2＝女	不确定
年龄	age	1＝“30 岁及以下”；2＝“31～40 岁”；3＝“41～50 岁”；4＝“51～60”岁；5＝“60 岁以上”；	不确定
受教育程度	edu	1＝“文盲”；2＝“小学程度”；3＝“中学（初中、中专、高中）程度”；4＝“大学程度及以上”	＋
个人年收入	inc	1＝“没有收入”；2＝“1 000 元以下”；3＝“1 001～2 000 元”；4＝“2 001～3 000 元”；5＝“3 001～4 000 元”；6＝“4 001～5 000 元”；7＝“5 001～10 000 元”；8＝“10 001 元以上”	不确定
了解程度	und	1＝“相当了解”；2＝“有一定了解”；3＝“过去不了解，通过阅读本调查资料才了解”	—
参与态度	att	1＝“非常关注，以前去过”；2＝“比较关注，计划去”；3＝“谈不上关注不关注，去不去无所谓”；4＝“根本不关注，不会去”	—
环境保护认知	inf	1＝“有重要影响”；2＝“有较大影响”；3＝“影响较小”；4＝“毫无关系”	—
环境服务认知	imp	1＝“非常同意”；2＝“同意”；3＝“不同意”；4＝“非常不同意”	—

以调查问卷数据作样本，采用 SPSS19.0 统计软件进行支付意愿与社会经济信息变量的 Logit 回归分析，得到模型估计结果（见表 11.8），包括解释变量的回归系数（B）、回归系数标准差（S. E.）、Wald 统计量、自由度（df）、Wald 检验的显著度（Sig.）和解释变量变化一单位带来的原发生比的变化的幂指数（Exp(B)）。根据该回归分析模型，对原始数据进行回判，回判率在 75%以上，总回判率为 76.2%，说明所产生的方程总体拟合度较好。

表 11.8　受访城镇居民社会经济信息变量对 WTP 影响的 Logit 模型回归分析结果

变量名	B	S. E.	Wald	df	Sig.	Exp(B)
gen	−0.220	0.307	0.515	1	0.473	0.802
age	0.179	0.129	1.930	1	0.165	1.195
edu	1.404*	0.355	15.679	1	0.000	4.072
inc	−0.011	0.131	0.007	1	0.933	0.989
und	−0.512	0.383	1.779	1	0.182	0.600
att	−0.582**	0.246	5.575	1	0.018	0.559
inf	−1.084*	0.287	14.242	1	0.000	0.338
imp	−0.555	0.289	3.674	1	0.055	0.574
cons	0.416	1.579	0.069	1	0.792	1.515

注：gen 性别；age 年龄；edu 受教育程度；inc 个人年收入；und 了解程度；att 参与态度；inf 环境保护认知；imp 环境服务认知；cons 常数项。* 和 ** 分别表示在 0.01 和 0.05 的统计检验水平上显著

在回归模型中，教育程度的回归系数最大，为 1.404，与预期判断方向一致，且居民的受教育程度在 0.01 的统计检验水平上显著，说明在其他条件不变的情况下，居民受教育程度越高，其对森林环境资源提供的居住环境改善服务的支付意愿越强。调查结果也显示，受教育程度高的居民对环境保护重要性的认知也更强烈，这与其对环境破坏带来的灾害等的知识密切相关。

除居民受教育程度对支付意愿有显著影响外，居民的环境保护认知、参与态度也是重要的影响因素。从模型结果看，环境保护认知在 0.01 的统计检验水平上显著，影响方向与预期一致，说明认可环境保护与自己居住环境密切相关的居民其支付意愿也高。参与态度在 0.05 的统计水平上显著，说明对武夷山保护区关注程度越高的居民，其支付意愿也越高。

居民的性别、年龄、收入、了解程度、环境服务认知这几个因素没有通过 0.05 的统计检验水平，说明男性并不比女性有更高的支付意愿，其中年龄的回归系数为0.179，统计显示年龄大的人比年龄小的人总体支付意愿是递增的。分析原因可能是年纪相对大的居民（特别是中年人以上）社会阅历更加丰富，家庭生活稳定，会更加有时间和精力来关注环境问题。统计结果显示，收入对居民的支付意愿影响不显著，这说明收入高的人其支付意愿并不一定高，与前面描述性统计结果反映一致。了解程度和环境服务认知

这两个变量虽然不是非常显著的影响因子，但从回归系数看来，两者系数相近（分别为－0.512和－0.555），与预期判断一致，显示对森林环境资源了解、对环境资源提供的服务认知程度高的居民其支付意愿也高。

通过以上的分析和讨论可知，居民社会经济特征对其对环境资源改善居住环境服务的支付意愿有一定的影响，受教育程度、环境保护认知、参与态度是影响其决策的主导因素，所以政府在森林环境保护工作中，应该努力提高公民的受教育水平，加大环境保护的力度，提高群众对环境保护的参与力度等，以促进森林环境资源服务市场的形成。通过Logit模型的回归结果，进一步说明本研究运用的意愿调查法调查得到的支付意愿非被调查者任意选择结果，反映了受访者较真实的意愿。因此，结果具有一定的合理性和可靠性。

④问卷结果

根据问卷调查结果，可以计算出受访者对森林环境资源提供的改善居住环境服务的平均支付意愿。经计算，调查得到武夷山保护区森林环境资源提供的改善居住环境服务2012年的人均支付意愿为33.94元。综合考虑武夷山保护区环境资源对改善居民居住环境的影响范围，选取武夷山市、建阳市、光泽县以及邵武市和江西省铅山县的城镇居民人数为人群范围。根据《福建统计年鉴:2012》得到2011年末武夷山市常住城镇人口为12.38万人、建阳市常住城镇人口为15.18万人、光泽县常住城镇人口为5.63万人，邵武市常住城镇人口为18.41万人，根据《江西统计年鉴:2012》得到2011年末铅山县常住城镇人口为9.5万人。由此可以计算得到武夷山保护区森林环境资源提供的改善居住环境服务总价值为：

$$33.94\times(12.38+15.18+5.63+18.41+9.5)=2073.734(\text{万元/年})。$$

⑤单位蓄积森林环境资源利用带来的改善居住环境服务损失

武夷山保护区森林环境资源森林蓄积量M为6 054 200 m^3，所以单位蓄积森林环境资源利用带来的改善居住环境服务损失为：

$$E_6 = 2073.734\times 10^4/M = 3.43[\text{元}/m^3(\text{蓄积})]。$$

(7)生物多样性损失

武夷山保护区动植物资源丰富，森林环境资源为其提供了良好的生存与繁衍场所，发挥了保育服务作用。现已发现陆生脊椎动物479种，占福建省该品种的58%，全国的20%多。其中，哺乳类71种，两栖类35种，鸟类300种，爬行类73种。此外，有淡水鱼45种，贝类27种，寄生蠕虫112种。据中外昆虫学家估计，区内昆虫可能多达2万种，是我国小区域单位面积上野生动植物种类最丰富的地方之一，拥有猕猴、短尾猴、毛冠鹿、云豹、金猫、大灵猫、小灵猫、白颈长尾雉、黄腹角雉、鸳鸯、白鹇、草鸮、穿山甲、苏门羚等国家、国际重点保护动物60余种。武夷山保护区内拥有大面积原生性森林生态系统，植物资源丰富，现已查明有低等植物844种，高等植物2 888种，拥有银杏、南方红豆杉、水松、钟萼木、金毛狗、水蕨、金钱松等国家、省重点保护野生植物50余种（萧天喜,2011)。一旦森林环境资源遭到破坏,野生动植物的数量、种类将随之减少,世界上很多动物的灭绝就是由森林的破坏引起的。要实现人类谋求的社会经济的稳定持续发展,需要保护和合理开发利用生物多样性,并实现森林环境资源的永续利用。

对因森林环境资源采伐利用带来的生物多样性损失,可调查统计武夷山保护区范围内的野生动植物的种类、数量,然后选取代表性的种类假定将其交易,或通过专家估计得到其价格,算出总价值。但鉴于现有科研数据只有动植物种类数目,缺乏具体的动植物数量估计,本研究借鉴国家林业局森林资源管理司、中国林业科学研究院等部门相关专家组成的《中国森林生态服务功能评估》项目组(2010)的研究成果进行推算,该研究公布的福建省年生物多样性保护价值为 1 177.98 亿元/年。根据武夷山保护区森林面积占福建省森林面积的比例 0.67%,考虑武夷山保护区森林蓄积量,得到单位蓄积的森林环境资源利用带来的生物多样性损失 E_7 为:

$$E_7 = 130.36\ \text{元/m}^3\text{(蓄积)}。$$

(8)旅游损失

为保护区实现可持续发展的需要,减轻旅游对生态环境保护带来的压力,从 2009 年 6 月 1 日起,福建武夷山国家级自然保护区已停止开展大众旅游活动,所以本研究不考虑单位蓄积的森林环境资源利用带来的旅游损失,将这部分损失设定为 0,即 $E_8 = 0$。

将以上几项单位蓄积森林环境资源采伐利用带来的损失进行求和,即得到边际环境成本(MEC)。用公式表示为:

$$MEC = \sum_{i=1}^{8} E_i = 587.04\ \text{元}/\text{m}^3\text{(蓄积)}。$$

11.2.3　森林环境资源边际使用者成本测算

根据前文所述,将每单位蓄积的森林环境资源采伐利用的预期收益损失采取租金或预期收益资本化法求得其收益现值,即未来的收益损失 U;然后考虑稀缺性进行供求关系的调整就可得到边际使用者成本(MUC)。根据公式(6.6)计算得到:

$$MUC = \sum_{t=1}^{n} R_m \times (L \times P + MEC) \times (1+r)^{-t} \times \frac{\Delta Q_d}{\Delta Q_s}$$

式中:R_m 为单位森林蓄积年增长量;L 为单位蓄积出材率;P 为木材市场单价,以基年为准,假定不变;r 为社会贴现率;n 为森林的蓄积持续稳定增长的年份;Q_d 为需求量;Q_s 为供给量;ΔQ_d 为前后两年的需求变化,可以用连续前后两年的森林环境资源消耗量之差表示,即 ΔQ_d=第 t 年消耗量-第($t-1$)年消耗量;ΔQ_s 为前后两年的供给变化,可以用连续前后两年的森林环境资源蓄积的变化表示,即 ΔQ_s=第 t 年森林蓄积-第($t-1$)年森林蓄积。为计算简便,ΔQ_d 与 ΔQ_s 以基年为准,假定不变。

武夷山保护区森林环境资源在当前情况下,得到了合理的保护利用,但考虑整体上我国森林环境资源由于树种、林龄结构及分布等原因处于相对耗竭的状态,可采伐的成熟林形势不容乐观，因此为武夷山保护区森林环境资源定价时应考虑这一总的形势，应根据上述公式计算 MUC。

结合具体实际，目前虽然由于缺乏森林环境服务市场，实践中作为森林环境资源服务的提供者还并没有从市场得到环境服务收益。但从理论分析的角度，还是应该将这部分环境服务收益包括在森林环境资源的边际使用者成本中，所以具体对森林环境资源采伐利用的边际使用者成本的测算，不仅考虑森林环境资源采伐利用在未来一定时间内为经济当事人带来物质性产品的价值增值部分收益损失，还考虑其环境服务收益损失。

根据武夷山国家自然保护区提供的森林蓄积量测算得到单位森林蓄积年增长量 R_m 为0.052 4 m^3；另据调查，武夷山市当地单位蓄积出材率 L 为 62%，即消耗 1 m^3 蓄积产出 0.62 m^3 原木；根据海关统计数据，2011 年我国原木进口 4 233 万 m^3，价值 82.7 亿美元，进口平均价格为 199.5 美元/m^3，2011 年美元对人民币平均汇率为 6.46，折算为人民币得到原木参考价格 P 约为 1 289 元/m^3。

参考国家林业局公布的南方主要树种龄级与龄组划分行业标准可以获知武夷山保护区主要树种的龄组情况(见表 11.9)。武夷山保护区内常绿阔叶林占 2/5，主要树种有木荷、米槠、苦槠、甜槠、钩栲、丝栗栲等，根据表 11.9，这部分森林的蓄积持续稳定增长的年份 n 取为 51 年；针叶林及针阔混交林在全区所占面积超过 2/5，主要树种有马尾松、杉木、柳杉、水杉等，马尾松的蓄积持续稳定增长的年份 n 取为 61 年，而杉木、柳杉、水杉的蓄积持续稳定增长的年份 n 取为 36 年(《中国森林生态服务功能评估》项目组，2010)。综合考虑武夷山保护区森林环境资源实际，本研究将森林的蓄积持续稳定增长的年份 n 取为 50 年。另据咨询保护区管理局专家，武夷山保护区中幼龄所占比例大，根据专家建议在本研究计算时点时将武夷山保护区平均林龄设为 25 年。

表 11.9 武夷山保护区优势树种(组)龄组划分表

单位：α

树种	起源	龄组划分					更新
		幼龄林	中龄林	近熟林	成熟林	过熟林	采伐龄
红松、云杉、铁杉、紫杉	天然	60 以下	61～100	101～120	121～160	160 以上	121
	人工	40 以下	41～80	81～100	101～140	140 以上	101
落叶松、冷杉、樟子松、赤松、黑松	天然	60 以下	61～100	101～120	121～160	160 以上	121
	人工	30 以下	31～50	51～60	61～80	80 以上	61
油松、马尾松、云南松、思茅松、华山松、高山松	天然	30 以下	31～50	51～60	61～80	80 以上	61
	人工	20 以下	21～40	41～50	51～70	70 以上	51

续表

树种	起源	龄组划分					更新采伐龄
		幼龄林	中龄林	近熟林	成熟林	过熟林	
红松、云杉、铁杉、紫杉							
杨、柳、檫、泡桐、枫杨等软阔	人工	10 以下	11～20	21～25	26～35	35 以上	26
桦、榆、木荷、枫香、珙桐	天然	30 以下	31～60	61～70	71～90	90 以上	71
	人工	20 以下	21～40	41～50	51～70	70 以上	51
栎（柞）、栲（槠）、樟、楠、椴、水、胡、黄等硬阔	人工	20 以下	21～40	41～50	51～70	70 以上	51
杉木、柳杉、水杉	人工	15 以下	16～30	31～35	36～45	45 以上	36

根据《福建统计年鉴：2012》得到 2010 年福建省木材产量为 1 455.38 万 m^3，2011 年为1 297.99 万 m^3，木材需求量在采伐限额制度等诸多因素特别是政策性因素影响下下降。近年来福建省森林蓄积增长量持续增长，森林保护工作做得较好，局部实际未出现全局的耗竭趋势。考虑实际市场真实木材需求量难以获取，而根据统计数据测算会出现森林环境资源价格不升反降，不利于森林环境资源保护，因此本研究案例从可持续发展角度出发，以基年国际木材市场的平均价格进行低值估算，假定需求、供给保持稳定平衡。

一般情况下贴现率越大，贴现系数则越小，未来价值折现越小，人们更容易不重视后代的利益，不利于森林环境资源的可持续发展；贴现率越小，贴现系数则越大，未来价值折现越大，人们更容易重视未来价值，有利于后代公平享受森林环境资源的权利，有利于森林环境资源的可持续发展。因此，本研究结合武夷山保护区实际，兼顾当代与后代的利益，贴现率取值 5%，且假定其各年相等。

最后，将上述确定的各参数代入计算公式(6.6)，得到：

$$\begin{aligned} MUC &= \sum_{t=1}^{n} R_m \times (L \times P + MEC) \times (1+r)^{-t} \times \frac{\Delta Q_d}{\Delta Q_s} \\ &= \sum_{t=1}^{25} 0.0524 \times (62\% \times 1289 + 587.04) \times (1+5\%)^{-t} \\ &= 978.36 \ [\text{元}/\text{m}^3(\text{蓄积})]。 \end{aligned}$$

最后依据边际机会成本理论，即可得到理论上 2012 年武夷山保护区森林环境资源的价格 $P=MOC=MPC+MUC+MEC=1687.05$ 元/m^3（蓄积）。

11.3 武夷山保护区森林环境资源定价结果分析与讨论

11.3.1 定价结果及分析

武夷山保护区森林环境资源的价格构成见表11.10。

表 11.10 武夷山保护区森林环境资源定价结果 单位:元/m^3(蓄积)

边际机会成本构成项		计算值	总价
边际生产成本(MPC)		121.65	1 687.05
边际环境成本(MEC)	调节水量减少的损失 E_1	154.56	
	水质变化的损失 E_2	42.78	
	土壤流失的损失 E_3	18.12	
	养分流失的损失 E_4	201.60	
	固碳损失 E_5	36.19	
	居住质量下降的损失 E_6	3.43	
	生物多样性损失 E_7	130.36	
	旅游损失 E_8	0.00	
边际使用者成本(MUC)		978.36	

从定价结果可以看出：

(1)武夷山保护区单位蓄积森林环境资源的价格构成中边际使用者成本为978.36元/m^3(蓄积),约占60%;边际环境成本为587.04元/m^3(蓄积),约占34.8%;边际生产成本为121.65元/m^3(蓄积),只占7.2%左右。该结果有效地反映了武夷山保护区森林环境资源发挥的重要环境服务作用的特点,单位蓄积森林环境资源的采伐利用会带来较大的使用者成本及环境损失,所以,针对森林环境资源应尽可能通过保护对其利用,将其保护起来,使其发挥环境服务功能,而不是采伐利用其实物产品部分。

(2)本研究所计算的单位蓄积森林环境资源价格为平均价格,所以有的成熟林的单位蓄积森林环境资源价格将高于这个平均数。将所计算的平均价格与武夷山地区实际林木产品的市场价格比较,现行武夷山地区林木的市场价格总体偏低,不能弥补单位蓄积森林环境资源采伐利用所带来的生产成本与环境成本,不利于森林环境资源的保护。采用边际机会成本的定价方法开展森林环境资源定价将会有利于森林环境保护的工作实践,为森林环境资源开发利用提供重要参考。

11.3.2 讨论

通过以上案例分析可知，前文所提出的森林环境资源的边际机会成本定价模型在实践中是可行的。相比传统的森林生态服务计算方法，本研究提出的计算模型具有自身的优势：

(1)传统的森林生态服务的计算是基于其发挥的全部生态功能全部被利用，计算的是其服务总价值，事实上并不可能全部被利用，本研究考虑了这一点，如对释放 O_2 的服务计算，考虑 O_2 对人类的生存发展必不可少，但现实中并非稀缺物质，所以本研究不单独计量森林环境资源采伐利用带来的释放 O_2 减少的损失，而是将其放在对居民居住环境的影响上，开展其支付意愿的调查，所得结果更切合实际。

(2)传统的定价结果数值偏大，可以提高民众对森林环境资源价值的重视，但在具体资源利用、赔偿、投资等实践工作中指导意义不强，而本研究所提出的基于边际机会成本的定价方法与模型是对终端损失的计量，虽然这种计量还不够精确，有些方法还有待进一步研究和改善，但毕竟思路符合现实要求，测算基本可行，对现实的森林环境资源配置与利用有更好的指导意义。

(3)本研究提出的计算模型有利于刺激森林环境资源利用者一方面提高效率以降低生产成本；另一方面在采伐利用森林环境资源过程中，要注重带来的环境成本的影响，有利于外部成本内部化；同时，边际使用者成本的测算有利于增强对资源的代际公平利用的重视。

本案例计算得到的居住环境质量下降的损失数值偏低，是因为通过对森林环境资源提供改善居住环境服务的支付意愿的调查及其统计分析，总体对森林环境资源提供的改善居住环境服务的支付意愿不高，不愿意支付的居民中近63%的人认为森林环境资源应由国家出钱保护，是国家和政府的责任，民众不应该承担费用，对这类公共物品的使用普遍存在“搭便车”的心理。受访者不愿意支付可能存在主客观两方面原因，主观方面受访者不愿意支付的原因前文已进行了分析，客观方面造成支付率低的原因是人们对意愿调查法的认识不足、问卷设计得不尽合理、调查时间的选择不够合理等。人们对意愿调查法的认识不足体现在开展调查问卷的过程中，即使详细耐心解释，也有部分人有抵触心理，害怕上当受骗，加上调查时间选择在比较炎热的8月份开展，在问卷回答上容易急躁敷衍。问卷的设计中直接询问愿不愿意付钱，而没让受访者先了解付款方式，也是造成支付率低的原因之一。

通过本研究得知教育程度、环境保护认知、参与态度等不同的居民的支付意愿不同，有利于政府在开展森林环境保护工作时了解哪些因素对森林环境资源定价有影响。通过对武夷山自然保护区实地踏访发现，保护与当地农民经济发展之间还是存在一些冲突，增加农民收入也是有效加强自然保护区的措施之一。受目前科学技术水平、研究手段等的限制，本研究所提出的计算方法、模型还是不够十分严谨。如进行的分量定价依旧不是十分准确，在单项分量的计量时借鉴、使用了他人的研究数据，整体价值体现依然不完全等，未来要在具体计量方式、方法上深入研究，从而不断完善这一定价方法。

本研究结果较真实地反映了单位武夷山保护区森林环境资源采伐利用应该支付的最低价格水平。因为计算结果包含了森林环境资源利用的生产成本、环境破坏成本，因此可以刺激资源利用者，既要提高生产效益以降低生产成本，又要在生产过程中采取保护措施，减少环境破坏，以降低资源使用成本和环境成本。通过这种清晰的价格杠杆指导森林环境资源的生产与使用实践，使木材生产商的私人生产成本等于社会成本。国家应该针对目前森林环境资源价格不完整的现实情况，开展相应的政策设计，向木材生产者征收相当于边际环境成本的环境补偿费(税)，使森林环境资源的利用所带来的环境破坏成本内部化。

第 12 章　龙栖山自然保护区森林环境资源边际机会成本定价研究

12.1　研究区概况

12.1.1　龙栖山自然保护区基本情况

龙栖山自然保护区位于福建省三明市将乐县，保护区在 1984 年建立，于 1998 年被批准为国家级自然保护区，该保护区属于森林生态类型的自然保护区。龙栖山自然保护区海拔介于 235～1 620.4 m 之间，南北长 18 km，东西宽 14 km，保护区总面积为 15 693 hm^2。龙栖山自然保护区地处我国南北亚热带交替区域，属于武夷山脉东南延伸的支脉。根据世界动物地理分布，龙栖山保护区位于东洋区北部，按照植物分布，其处于泛北极植物区与热带植物区过渡带，保护区内保存着较为完整的森林植被和森林生态系统，森林覆盖率达 96.34%，被誉为“天然植物园”、“珍稀濒危野生动物的基因库”等。

12.1.2　龙栖山自然保护区森林资源基本情况

根据调查统计数据，龙栖山自然保护区的总面积为 15 693 hm^2，森林总面积为 15 118.5 hm^2，森林覆盖率达 96.34%。在森林总面积中，天然林面积为 14 819.4 hm^2，人工林面积为 226.4 hm^2。保护区森林植被类型以针叶林、落叶阔叶林、常绿阔叶林、毛竹林为主，森林蓄积总量为 2 823.4 万 m^3。

12.2　边际机会成本测度方法选择

如前文所述，环境资源的价格应该与其边际机会成本（MOC）相等，边际机会成本是利用某一单位的环境资源所付出的全部成本。边际机会成本应该由边际生产成本（MPC）、边际使用者成本（MUC）与边际外部成本（MEC）三部分组成，用公式表示为:$MOC=MPC+MUC+MEC$。其中:边际生产成本(MPC)指为了获得某一单位环境资源必须投入的各项直接费用,即通常所说的生产成本;边际使用者成本(MUC)则是指在某种用途上利用某一单位环境资源所放弃的在其他用途上利用同一环境资源可能获取的最大收益,或者是由于现在利用某一单位环境资源而放弃的其未来效益和价值;边际外部成本(MEC)是指在利用某一单位环境资源过程中可能给社会或他人带来的未得到补偿的收益或者未进行赔偿的损失。下面针对不同情况给出本实证研究所采用的三种边际成本的测度方法。

12.2.1 边际生产成本测度方法

在前面对边际生产成本探讨的情况下,针对不同适用情况,提出边际生产成本的两种测度方法:直接估算法和平均增量成本(Average Incremental Cost,AIC)估算法。

(1)边际生产成本的直接估算法

对于一些环境资源,如大气资源,在生产成本方面可能没有明显的投入,但对于大部分环境资源,如水资源、森林资源等,为利用这些资源一般需要投入材料、动力、工资、设备等成本,因此,环境资源的生产成本可以根据相关资料数据对所投入的成本费用进行直接估算。将环境资源的边际成本费用分为材料成本 C_1(为获取森林资源进行人工造林的成本等)、管理和运行成本 C_2、人工成本 C_3(在环境资源获取上投入的人工费用)、其他成本 C_4。因此,边际生产成本(MPC)的直接估算法用公式可以表示为:

$$MPC=(\Delta C_1+\Delta C_2+\Delta C_3+\Delta C_4)/\Delta Q \tag{12.1}$$

式中:ΔC_1 为环境资源的生产成本变动量;ΔC_2 为环境资源的管理和运行成本变动量;ΔC_3 为环境资源的人工成本变动量;ΔC_4 为环境资源的其他成本变动量;ΔQ 为环境资源获取变动量。

如前面章节所论述的,边际生产成本分为短期边际生产成本和长期边际生产成本,因此,在利用边际生产成本直接估算法测算时,应该区分测算对象所涉及的是短期的概念还是长期的概念,如果是长期的边际生产成本,应该注意把固定成本也考虑进去。

(2)边际生产成本的 AIC 估算法

公式(12.1)是单纯从边际生产成本定义所提出的公式,在实际中,有些资源在原有获取能力被完全利用时,会涉及大型项目或者工程建设的投入,最为典型的是为获得水资源所进行的水库或者水厂建设等。对边际的分析要求应该是逐步地、小量地、连续地进行,但例如出现大型项目或者工程建设的投入,会使自变量突然地、大量地、间断地进行,这种情况背离了边际分析的要求,为解决这种情况,提出以平均增量成本(AIC)来替代边际生产成本。

不论是水资源，还是其他自然资源，其环境资源价格中边际生产成本的核算，都不能使价格有剧烈的波动。因此，对于涉及投入周期较长、资金量较大的环境资源生产成本，应该对边际生产成本做广义上的定义，使这部分边际生产成本等于新增资源获取量的平均增量成本，即 $MPC=AIC$。

用 AIC 来确定边际生产成本，即将周期长、资金大的一次性生产成本平均分摊到每年新增的资源获取量上。对于为获取资源所进行的大型基础设施建设、设备购置等费用投入，所满足的应该是未来多年的资源需求，所带来的收益和成本将在未来不同年份中体现出来，因此这部分成本和收益是具有时间价值的，应该在设定某个基年的基础上，将这部分成本贴现到该基年中。

所以，平均增量成本可以通过未来资源获取的增量成本的贴现值除以未来资源获取量增量的贴现值来计算。用公式表示为：

$$MPC = AIC = \frac{\sum_{i=1}^{t} \Delta I_i/(1+r)^i}{\sum_{j=t}^{n} \Delta Q_j/(1+r)^j} + C \tag{12.2}$$

式中：ΔI_i 为 i 年新增的与获取环境资源有关的各项投资成本；ΔQ_j 为 j 年资源获取增量；r 为剔除物价变动后的社会贴现率；C 为新增单位资源获取量的年管理运行费用或其他费用(Jeremy，2003；陈祖海，2003)。

(3)边际生产成本估算方法评析

因为投入的生产成本一般有资料数据记载，所以对环境资源边际生产成本的核算，只要注意相关生产费用的收集归纳，不会存在太大问题。对于涉及有大型项目投入的生产成本，也可以通过项目预算方案或其他相关资料，利用 AIC 公式进行估算。在环境资源边际机会成本的三个要素中，边际生产成本的测度相对较为简单。

12.2.2　边际使用者成本测度方法

相对于环境资源的边际生产成本测度，边际使用者成本(MUC)测度的难度要大得多。由于环境资源的价值不同，使机会的具体形式不同，导致 MUC 的具体含义也不同，因此，本研究从不同适用范围、不同角度提出 MUC 具体的估算方法：动态估算法、替代估算法及从用途选择角度的 MUC 估算法。

(1)MUC 的动态估算法

动态估算法是以霍特林法则(Hotelling Rule)为理论基础的。霍特林法则是指资源开采利用的价格增长率必须等于贴现率(利息率)。该法则把全部资产分为资源和其他财产，即把资源看作是一种特殊形式的资产。假设资源收益的增长率与其他财产的利率相等，则投资者在开采资源和继续保存资源的选择之间没有偏好，在此情况下，资源将会以最优的路线消费(陈祖海，2001)。因此，在霍特林法则下，动态估算法的理论依据是：首先假设经济人是以自身经济利益的最优化为唯一目标的，把自然资源与其他资本同样看待。当自然资源的预期利润率大于利息率时，意味着推迟收获（开采等）这部分自然资源会有利可图，在这种情况下，经济人会推迟收获自然资源，自然资源当前收获的数量会下降，其 MUC 相对上升；反之，如果当自然资源的预期利润率小于利息率时，在这种情况下，经济人就会提早收获（开采等）自然资源，以便可以将获得的资金投到其他更有利可图的行业，自然资源当前收获数量就会上升，其 MUC 相对下降。简单地说，即经济人的投资选择会受预期利润率的高低所左右，MUC 最后将会按照与利息率相同的比率变化。因此，根据霍特林法则，MUC 的动态估算法用公式表示为：

$$MUC_t = MUC_0(1+r)^t \tag{12.3}$$

式中：MUC_t 为 t 期自然资源的边际使用者成本；MUC_0 为基期自然资源的边际使用者成本；r 为利息率或贴现率（边学芳 等，2006）。

在前面章节论述过，使用者成本在大多数情况下是针对不可再生资源进行估算的耗竭成本，但是对一些可再生资源，当其收获量大于其增长量时，也会出现暂时性耗竭的情况，公式（12.3）更适用于不可再生自然资源 MUC 的估算，而对于可再生资源，资源数量会增长，则使用者成本应该随着时间按利息率与资源存量年增长率之差的比率增加（边学芳 等，2006），因此，对于不可再生资源的边际使用者成本，MUC 的动态估算公式可以修正为：

$$MUC_t = MUC_0(1+r-j)^t \tag{12.4}$$

式中：j 为环境资源存量年增长率；其他字母含义同公式（12.3）。

（2）MUC 的替代估算法

MUC 替代估算法的提出是从资源替代品或者替代技术的角度出发的。某些环境资源在获取或者利用的过程中可以被其他环境资源或技术替代，其中包括：一是环境资源对环境资源的替代；二是技术对环境资源的替代；三是其他生产要素对环境资源的替代；四是不同产品之间的替代。以上这几种替代，最为普遍的是环境资源对环境资源的替代和技术对环境资源的替代这两种替代方式。在这种情况下，环境资源的边际使用者成本可以通过将来某一价格水平上该环境资源的替代品或替代技术的价格来估算。

在存在着替代资源或者替代技术的关系下，假设暂时不考虑所受外部成本的影响，那么，替代资源或替代技术的未来价格与被替代资源的边际生产成本之间差额的现值，就是现在使用该种环境资源的边际使用者成本，用公式来表示为：

$$MUC_t = \frac{P-C}{(1+r)^{n-t}} \tag{12.5}$$

式中：P 为替代资源或者替代技术未来的价格；C 为被替代资源的边际生产成本；r 为剔除了物价变动影响后的利率或贴现率；n 为某一个特定的时期，在这个时期，该替代资源或替代技术可发挥其替代作用（章铮，1996）。

(3)从用途选择角度的MUC估算法

根据边际机会成本框架中所论述的边际使用者成本的两层含义，环境资源的使用者成本可以从两个角度考虑:时间选择角度和用途选择角度。在环境资源使用时间的选择上，有些环境资源可以选择现在使用或者将来使用，因此，当前使用该环境资源的使用者成本就是现在使用所放弃的将来使用可能带来的纯收益；而在环境资源的用途选择上，有些环境资源在用途上具有多方面选择性，当将该资源在某一方面用途上利用时，该资源可能就无法在其他用途上进行利用，在这种情况下，在其他用途上利用该资源能获得的收益的最大值就是使用该环境资源的使用者成本(王英姿等，2006)。前面所提到的动态估算法和替代估算法，更偏向于从时间角度提出，而且这两种方法会更适用于环境资源的实物资源定价部分。而对于未收获的环境资源，为便于理解，假设是为发挥环境方面价值而不进行收获的森林环境资源，对这部分环境资源，其使用者成本就应该是放弃其在市场上作为实物资源产品交易可以获得的收益，因此，其边际使用者成本可以用公式表示为：

$$MUC_t = R_t \tag{12.6}$$

式中:R_t 为单位环境资源作为实物资源产品的年收益或预期未来收益。

(4)MUC估算方法评析

利用动态法能够估算多年的边际使用者成本，但是估算结果的准确性很大部分取决于基年的边际使用者成本取值是否恰当，而且基年的边际使用者成本的数值无法直接取得，还需依靠其他资料进行计算(王晶 等，2005)。

利用替代资源或者替代技术的价格来估算边际使用者成本，具有较大的不确定性。主要是因为替代资源或者替代技术的价格难以准确预测。但是好在随着时间的推移，MUC预测的重要性将会逐渐降低。替代法仅简单描述了MUC的估算，而实际中可能存在大量复杂的情形，主要是过量开采可再生资源的问题。而过量开采可再生资源的负面效应可能不是简单的一一对应，而是具有乘数效应，还有未来不确定性因素的影响。因此，为了保证MUC估算的准确性，对采用替代法的MUC估算结果应该不断地调节(陈祖海，2001)。

从用途选择角度提出的MUC估算法，是在对MUC概念进一步拓展的基础上，对原本MUC估算方法的一个有效补充，解决了仅以自身形态存在的环境资源的边际使用者成本估算问题。但这个方法也存在一个缺陷，即当有的环境资源，如空气资源，并没有实物的资源产品，无法用其实物的资源产品收益来计算其边际使用者成本，这时只能参考相似可替代产品的收益进行估算。

12.2.3 边际外部成本测度方法

环境资源的边际外部成本(MEC)度量的是单位环境资源利用所引起的外部成本总额。环境资源之所以会产生外部成本，是因为环境资源本身所具有的环境方面的价值，例如，水资源除了其作为实物资源方面的价值（例如以自来水形式提供给居民使用），而其在环境方面，具有调节小气候、容纳污染物等价值，如果对水资源进行消费，可能在一定程度上会污染水资源或者使其丧失一部分原本在环境方面的价值，污染或丧失的这部分价值如果未进行内部化就成为水资源利用的边际外部成本。因此，边际外部成本测度的一个重要步骤就是度量环境资源利用在环境方面丧失的价值，其估算所采用的方法与传统环境价值评估方法基本一致，因为两者都是认识到环境资源（指环境方面的价值）具有公共物品的性质以及外部性的存在，试图采取各种评估手段对环境价值进行定量评估，并以货币的形式表现出来。在一定意义上说，环境资源的边际外部成本测度相当于环境价值评估，其评估思路和评估方法可以相互借鉴。但是，二者又有所区别，区别在于环境价值评估是直接评估环境价值方面的总价值，而边际外部成本体现的是环境价值的变动量，并且是一个边际的概念。总体来说，环境价值的评估方法对环境资源的边际外部成本测度具有重要的借鉴意义，因此，环境资源边际外部成本的估算方法同样可以按市场价值法、替代市场法、意愿调查法三大类来探讨。由于环境资源边际外部成本的估算在实际应用中的复杂性，因此下面对 MEC 估算法的研究更多提供的是一种估算的基本思路。

(1)MEC 估算方法评析

市场价值法、替代市场法、意愿调查法对边际外部成本的估算各有其优点和局限性。因为有较充分的信息和因果关系作为基础，所以市场价值法的评估结果相对较为客观，但是在估算中，需要有足够的市场价格（或者影子价格）数据和实物量数据作为支撑，在实际中容易因为数据资料的限制而使其应用困难。在替代市场法下，可以利用一些在市场价值法下无法利用的信息，但这些信息往往涉及多方面因素的综合影响，因此，利用替代市场法面临的主要困难就是要排除其他方面因素对数据的干扰。不论是市场价值法、还是替代市场法，反映的都只是有关商品和劳务的价格，而无法反映人们真正的支付意愿或者受偿意愿。意愿调查评估法直接评价调查对象的支付意愿或受偿意愿，从理论上来说，如果能保证调查的质量，所得结果应该最接近环境资源外部成本的数值，而且在市场价值不存在的情况下，意愿调查评估法的作用更是无法替代（章铮，2008）。但在调查中，很可能会因为调查样本、调查对象、调查手段等偏差对调查结果的真实性产生影响。为更为直观，将三种估算方法的优点及局限性进行简要归纳，见表 12.1。

表 12.1　MEC 各估算方法的优点及局限性

估算方法	优点	局限性
市场价值法	评价结果较客观	所需实物量与价格数据量大
替代市场法	可利用市场价值法无法利用的信息	多方面因素对数据干扰性大
意愿调查法	理论上最能反映环境资源的外部成本	工作量大，调查结果容易产生偏移

(2)MEC估算方法选择

虽然市场价值法、替代市场法和意愿调查法各有优缺点，但是在对边际外部成本的实际测度的估算方法的选择上，除了考虑各方法的优缺点，更多的是要根据估算对象的实际情况采用不同的估算方法，而且在实际应用中，环境资源的外部成本应该由多个部分组成，例如森林资源的砍伐利用，带来的外部成本包括净化空气能力丧失、加剧水土流失等多个方面，对所造成的不同方面的外部成本要采用不同的估算方法，再将各边际外部成本分量进行汇总。在对估算方法的具体选择中，一般要从以下几个方面进行考虑：

首先，不同环境资源的外部成本评估项目不同，上述MEC各项估算方法的适用范围也不同。再以森林砍伐利用为例，森林砍伐带来土壤侵蚀、非使用价值损失，对土壤侵蚀造成的损失可采用替代市场法，而对非使用价值的损失因为没有市场价值或替代市场的数据，只能采用意愿调查法。环境资源使用造成的外部情况种类非常多，无法一一举例，将一些较经常遇到的情况归纳列入表12.2，表12.2归集的只是这些环境影响情况下一般采用的方法，而不是绝对的，采用何种方法还应该根据具体情况具体分析。

表12.2　MEC各项估算法适用范围表

MEC评估方法	具体适用范围
市场价值法	1.土壤侵蚀造成的农作物产量的影响； 2.空气污染给人体健康造成的影响； 3.水污染给人体健康造成的影响； 4.森林砍伐造成的生态、气候的影响
替代市场法	1.范围日趋变大的空气污染和水污染的影响； 2.诸如自然保护区、国家公园、娱乐用森林等舒适性资源价值； 3.土壤肥力降低、土地退化、土壤侵蚀等的影响
意愿调查法	1.水和空气的质量状况； 2.钓鱼、狩猎、公园、野生生物等休闲娱乐活动； 3.生物多样性的选择价值； 4.缺少实物资源产品价格的自然资源(如森林和荒野地)的价值

其次，从信息获取的可行性和费用角度考虑(马中，2006)，在对环境资源边际外部成本的估算方法的选择上，除了根据不同评估项目来选择外，很重要的一点就是要考虑所能获取的信息的情况，对于较容易获得市场数据或替代市场数据的，可以采用市场价值法或者替代市场法，而对于市场价值和替代市场信息都十分缺乏的情况，可以采用意愿调查法。当一些数据较难以获得，并且存在时间和条件限制，无法采用意

愿调查法获得数据时，可以采用历史记载数据或者前人研究中较为权威的经验数据进行估算。同时，除了数据方面，MEC 各项评估方法对技术有效性、市场有效性、专家水平等的要求也各不相同(丁小明，2007)，具体见表 12.3。

表 12.3 MEC 各项估算方法选择要求表

评估技术		对技术有效性要求	对市场有效性要求	是否需要调查	特别的统计需求	对专家水平要求
市场价值法	生产率变动法	高	高	否	否	中
	人力资本法	低	高	否	否	中
	剂量-反应法	高	低	是	是	高
替代市场法	资产价值法	低	高	是	是	中
	防护费用法	高	高	是	否	低
	旅行费用法	中	高	是	是	低
	影子工程法	低	高	否	否	低
意愿调查法	无费用选择法	高	高	是	是	低
	优先评价法	高	低	是	否	低
	叫价博弈法	高	低	是	否	高
	权衡博弈法	高	低	是	否	低
	专家调查法	低	低	是	是	高

12.3 龙栖山自然保护区森林环境资源定价研究

采用边际机会成本方法对龙栖山自然保护区森林环境资源进行定价的总思路是：分别测算龙栖山保护区森林环境资源的 MPC，MUC 和 MEC，最后将三者成本数额进行加总，得到龙栖山自然保护区森林环境资源的 MOC。

12.3.1 龙栖山保护区森林环境资源的 MPC 测度

龙栖山保护区森林环境资源的短期生产成本原本应该包括年造林成本(包括整地费、苗木费、植苗费、补植费等)、年森林管护成本(包括森林病虫害防治费、防火费、林木管护费等)等。由于龙栖山自然保护区的天然林面积为 14 819.4 hm^2，占森林总面积的比例达 98.02%，而人工林面积为 226.4 hm^2，占森林总面积的比例仅为 1.50%，即该保护区内的森林资源以天然林为主，人工林所占比重很小，因此，对龙栖山森林资源中人工造林的成本忽略不计，龙栖山森林环境资源的短期生产成本主要以年管护成本为主，通过向龙栖山自然保护区的工作人员调查了解整理得出，龙栖山保护区每年的年管护成本大约包括森林专职管护人员的劳务费、林业病虫害的防治费用、森林火灾预防与扑救等其他公共管护支出三部分，其中，森林专职管护人员的劳务费每年大约为 85 元/hm^2，林业病虫害的防治费用每年大约为 7.5 元/hm^2，森林火灾预防与扑救等其他公共管护支出每年大约为 17 元/hm^2，因此，龙栖山森林环境资源的边际生产成本应该等于单位面积的年管护成本，即：

MPC=85 元/(hm^2 · a)+7.5 元/(hm^2 · a)+17 元/(hm^2 · a)=109.50 元/(hm^2 · a)。

12.3.2　龙栖山保护区森林环境资源的 MUC 测度

龙栖山自然保护区属于国家级的森林生态保护区，保护区内的森林资源是禁止砍伐的，所以对于龙栖山的这部分森林环境资源来说，其使用者成本应该采用边际使用者成本测度中所提出的从资源用途选择角度的 MUC 估算方法。龙栖山森林原本有两种用途，一种是作为经济林，一种是作为公益林，但龙栖山森林资源实行禁伐，其选择作为公益林就等于放弃了作为经济林可以获得的价值，即龙栖山保护区内的森林环境资源的使用者成本应该是为留存森林生态系统所放弃的砍伐利用森林能在市场上作为资源产品交易获得的收益，因此，根据公式(12.6)，龙栖山自然保护区的森林环境资源 $MUC=R$。因为龙栖山的森林资源没有作为实物产品在市场上交易过，缺乏相应实物产品的价格，也就缺乏森林资源作为实物产品交易可获得的相应收益，因此，本研究采用三明市市场活立木平均收益来进行替代，据调查整理得出，三明市市场活立木平均收益约为 277 元/m^3。以龙栖山森林资源每年净生长量在市场上可以获得的收益作为龙栖山每年为维持森林生态系统所放弃的最大纯收益。龙栖山森林资源总蓄积为 2 823.4 万 m^3，按福建省森林资源“二类”调查中，三明市抽样调查结果的生长率指标 3.2%计算，龙栖山森林资源每年净生长量可达 90.35 万 m^3，以每年净生长的木材资源在市场上可以带来的年收益来估算龙栖山森林资源的年总收益，则龙栖山森林资源的年总收益为：活立木年平均收益×每年净生长量=277 元/m^3×90.35 万 m^3/a=25026.95 万元/a，因此，龙栖山自然保护区森林环境资源的MUC=R=年总收益÷森林资源总面积=25026.95 万元/a÷15118.5 hm^2=16553.86元/(hm^2 · a)。

12.3.3　龙栖山保护区森林环境资源的 MEC 测度

龙栖山保护区森林环境资源的 MEC 测算是三个成本测算中最复杂及工作量最大的部分，对龙栖山森林环境资源边际外部成本(如在边际外部成本测度中所述，相当于边际外部收益)的测算，本质上是测算单位面积龙栖山森林系统所具有的生态功能价值。根据对森林生态功能现有的认识，本研究将龙栖山森林资源的生态功能价值分为：涵养水源价值、水土保持价值、纳碳吐氧价值、净化空气价值、美学观光价值(游憩价值)、生物多样性保护价值。对不同的生态功能价值，采用不同的估算方法，具体见表 12.4。

表 12.4　龙栖山森林环境资源 MEC 估算方法表

森林环境资源生态功能价值	估算方法
涵养水源价值 MEC_1	影子工程法
水土保持价值 MEC_2	市场价值法、机会成本法、影子工程法
纳碳吐氧价值 MEC_3	市场价值法
净化空气价值 MEC_4	替代费用法
游憩价值 MEC_5	旅行费用法、机会成本法
生物多样性保护 MEC_6	支付意愿法

(1)单位面积的森林资源涵养水源价值测度(MEC_1)

龙栖山的主要森林植被类型为常绿阔叶林、落叶阔叶林、针叶林和毛竹林，对龙栖山森林资源的年涵养水量的估算，根据张春霞等(2004)对闽江流域不同类型森林资源的持水量研究，结合龙栖山各森林类型面积比例计算得出，龙栖山森林资源的年涵养水量加权平均值为2154.15 t/(hm^2·a)。因此，按照市场价值法，根据单位库容造价 1.67 元/t，估算龙栖山单位面积的森林资源涵养水源价值 MEC_1＝年涵水量加权平均值×单位库容造价＝2154.15 t/(hm^2·a)×1.67 元/t＝3597.43 元/(hm^2·a)。

(2)单位面积的森林资源水土保持价值测度(MEC_2)

森林资源的水土保持价值主要体现在三个方面：第一，减少土壤肥力损失的价值；第二，减少林地损失的价值；第三，减少泥沙滞留与淤积的价值。因此单位面积的森林资源水土保持价值测算分别从这三方面进行。

1)减少土壤肥力损失的价值测算

目前，根据国内外关于森林资源保护减少土壤侵蚀量的研究，可以采用三种方法计算森林减少土壤侵蚀的总量：一是采用无林地的土壤侵蚀量计算(直接忽略有林地的土壤侵蚀量)；二是采用无林地与有林地的土壤侵蚀差异量计算；三是根据现实侵蚀与潜在侵蚀差异量计算。由于无法获得研究区域中各生态系统土壤侵蚀模数的数据，因此本研究采用第一种方法，根据欧阳志云等(2004)研究中关于无林地侵蚀模数数据，以无林地土壤侵蚀的平均值 319.8 t/(hm^2·a)作为龙栖山自然保护区森林减少土壤侵蚀的模数。据张春霞等(2004)的研究，闽江流域各森林类型土壤中 N,P,K 的平均含量分别为0.031%,0.017%和 0.0175%，目前三明市的 N 肥(尿素)、P 肥(过磷酸钙)、K 肥(氯化钾)的报价分别为2 400,640 和 3 600 元/t，尿素中含 N 比例约为46.67%，过磷酸钙中含 P 比例约为 15.27%，氯化钾中含 K 比例约为 52.35%，由此得出，龙栖山单位面积的森林资源每年减少土壤肥力损失价值＝森林减少土壤侵蚀模数×(土壤N 的平均含量×N 肥价格÷尿素中含 N 比例＋土壤 P 的平均含量×P 肥价格÷过磷酸钙中含 P 比例＋土壤 K 的平均含量×K 肥价格÷氯化钾中含 K 比例)＝319.8 t/(hm^2·a)×(0.031%×2400 元/t÷46.67%＋0.017%×640

元/t÷15.27%+0.0175%×3600 元/t÷52.35%)=1122.54 元/(hm^2·a)。

2)减少林地损失的价值测算

根据现在研究所采用的土壤表层厚度 0.6 m，土壤容重1.18 t/m^3，以及龙栖山森林资源每年减少土壤侵蚀模数 319.8 t/(hm^2·a)，计算单位面积的龙栖山森林资源每年减少林地损失面积=每年减少土壤侵蚀模数÷土壤表层厚度÷土壤容重÷10000=319.8 t/(hm^2·a)÷0.6 m÷1.18 t/m^3÷10000=0.0452/(hm^2·a)，利用机会成本法，以单位面积林业年平均收益(中国南方林业年平均收益 400 元/hm^2)(许纪泉 等，2007)，得出单位面积的龙栖山森林资源每年减少林地损失的价值=0.0452/(hm^2·a)×400 元/(hm^2·a)=18.08元/(hm^2·a)。

3)减少泥沙滞留与淤积的价值测算

根据国内主要流域的泥沙运动规律，全国土壤流失的泥沙中，有 24%的比例会淤积于水库、湖泊和江河中(马文银 等，2010)，根据影子工程法来计算龙栖山森林资源减轻泥沙淤积功能的价值，影子工程法中的单位水库工程费用取 5.714 元/m^3(梁美霞，2006)，因此，单位面积的龙栖山森林资源每年减少泥沙滞留与淤积的价值=每年减少土壤侵蚀模数×泥沙淤积比例÷土壤容重×单位水库工程费用=319.8 t/(hm^2·a)×24%÷1.18 t/m^3×5.714 元/m^3=371.66 元/(hm^2·a)。

综上，龙栖山单位面积的森林资源保持水土价值 MEC_2=1122.54 元/(hm^2·a)+18.08 元/(hm^2·a)+371.66 元/(hm^2·a)=1512.28 元/(hm^2·a)，见表 12.5。

表 12.5　单位面积的森林资源水土保持价值测算结果表　单位：元/(hm^2·a)

水土保持各项功能类型	单位面积的价值
减少土壤肥力损失	1 122.54
减少林地损失	18.08
减少泥沙滞留与淤积	371.66
合计(MEC_2)	1 512.28

(3)单位面积的森林资源纳碳吐氧价值测度(MEC_3)

森林资源可以固定并且减少大气中的 CO_2 和提高并增加大气中的 O_2，对减少温室效应及为人类提供生存基础条件具有重要的作用。本研究选用固碳和吐氧两个指标测算森林资源纳碳吐氧的价值。

根据光合作用的化学反应式，森林植被每积累 1 g 干物质，即可吸收 1.63 g 的 CO_2 和释放 1.19 g 的 O_2(《中国森林生态服务功能评估》项目组，2010)，根据张春霞等(2004)的研究数据，龙栖山天然林参照格氏栲天然林乔木层每年积累的干物质量 18.901 t/(hm^2·a)、人工林参照格氏栲人工林乔木层每年积累的干物质量 27.135 t/(hm^2·a)计算，按照龙栖山保护区天然林与人工林的面积比例，加权算出龙栖山保护区森林每年积累的干物质量为 19.025 t/(hm^2·a)。

1)固碳价值测算

根据光合作用化学反应式、龙栖山森林每年积累的干物质量，以及 CO_2 中碳含量 27.27%(《中国森林生态服务功能评估》项目组，2010)，计算得到单位面积的龙栖山森林资源每年的固碳量=1.63 g/g×19.025 t/(hm² · a)×27.27%=8.47 t/(hm² · a)，经济学家一般采用瑞典的碳税率 150 美元/t(以美元与人民币汇率 6.308 3 计算，折合人民币约为 946.24 元/t)来计算固碳价值，本研究亦采用碳税率来计算，得出单位面积的龙栖山森林资源每年固碳的价值为 8.47 t/(hm² · a)×946.24 元/t=8014.31 元/(hm² · a)。

2)吐氧价值测算

根据光合作用化学反应式、龙栖山森林每年积累的干物质量，单位面积的龙栖山森林资源每年的吐氧量=1.19 g/g×19.025 t/(hm² · a)=22.64 t/(hm² · a)，按照 O_2 的平均价格 1 000 元/t 的 10%计算(《中国森林生态服务功能评估》项目组，2010)，得出单位面积的龙栖山森林资源每年吐氧的价值为 22.64 t/(hm² · a)×100 元/t=2264.00 元/(hm² · a)。

综上，龙栖山单位面积的森林资源纳碳吐氧价值 MEC_3=8014.31 元/(hm² · a)+2264.00 元/(hm² · a)=10278.31 元/(hm² · a)。

(4)单位面积的森林资源净化空气价值测度(MEC_4)

森林对环境的净化主要包括 SO_2 的吸收、吸烟滞尘、灭菌和降低噪声等方面，本研究主要从吸收 SO_2、滞尘两方面的作用来评估森林资源净化空气的价值(梁美霞，2006)。

1)吸收 SO_2 价值测算

根据《中国森林生态服务功能评估》项目组(2010)的测算数据，国内各省森林资源吸收 SO_2 量为 57.14～189.83 kg/(hm² · a)，福建省森林资源吸收量在全国各省(市、自治区)中排名第三，结合龙栖山森林资源情况，取龙栖山森林资源吸收 SO_2 量为 160 kg/(hm² · a)，采用国家发改委等四部委 2003 年在《排污费征收标准及计算方法》中规定的北京市高硫煤 SO_2 排污费标准 1.2 元/kg 作为 SO_2 治理费用(《中国森林生态服务功能评估》项目组，2010)，计算单位面积的龙栖山森林资源吸收 SO_2 的价值=160 kg/(hm² · a)×1.2 元/kg=192.00 元/(hm² · a)。

2)滞尘价值测算

森林有吸附、过滤粉尘的作用，根据《中国森林生态服务功能评估》项目组(2010)的测算数据，国内各省森林资源滞尘量为 1.06 万～3.89 万 kg/(hm² · a)，福建省森林资源的滞尘量在全国各省(市、自治区)中排名第七，结合龙栖山森林资源情况，取龙栖山森林资源滞尘量为 2.71 万 kg/(hm² · a)，采用国家发改委等四部委 2003 年在《排污费征收标准及计算方法》中规定的一般性粉尘排污费收费标准 0.15 元/kg 作为滞尘清理费用，龙栖山保护区的森林资源滞尘价值=2.71 万 kg/(hm² · a)×

0.15 元/kg＝4065.00 元/(hm^2 · a)。

因此，龙栖山单位面积的森林资源净化空气价值 MEC_4 ＝192.00 元/(hm^2 · a)＋4065.00 元/(hm^2 · a)＝4257 元/(hm^2 · a)。

(5)单位面积的森林资源游憩价值测度(MEC_5)

龙栖山保护区森林资源的游憩价值采用旅行费用支出法和机会价值法进行评估。游憩价值包括旅行费用支出、旅行时间价值及其他费用(如购物、摄影等)，本研究暂不评估旅游的消费者剩余价值。

1)旅行费用支出估算

据龙栖山自然保护区管理局提供的资料结合调查整理得出(福建省林业厅调查规划院，2003)，龙栖山自然保护区的年平均游客规模约为 9.8 万人次，游客的旅行费用支出主要有门票、住宿、交通、商店和餐饮这五项，各项支出费用见表 12.6。

表 12.6　龙栖山保护区自然公园旅行费用支出结构表

费用支出项目	单价(元/人次)	年费用支出(万元)	备注
门票	30	294.0	按游客量 100%
住宿	100	147.0	按游客量 15%
交通	30	147.0	按游客量 50%
商店	20	156.8	按游客量 80%
餐饮	20	166.6	按游客量 85%
合计		911.4	

根据表 12.6 数据所示，龙栖山保护区自然公园的旅行费用支出总额为每年 911.4 万元。

2)旅行时间价值估算

旅行时间价值＝游客旅行时间总数×游客每小时机会工资，每个旅客的旅行时间数为往返途中乘车时间加上在保护区内停留时间，根据调查整理得出，每个旅客的旅行时间数以 6 小时进行估算；机会工资一般按照工资标准的 30%～50%计算，本研究结合福建省基本工资水平，采用 40%的折算率，游客工资标准以福建省 2010 年在岗职工年平均工资 3.2 万元估算，每天实际工作小时为 8 小时，每年工作日按 254 天计算，每年实际工作时间为 2 032 小时，则游客每小时机会工资＝年平均工资÷实际工作小时数×40%＝6.3 元/人，因此，年旅行时间价值＝$6.3\times6\times9.8\times10^4$＝370.44(万元)。

3)其他费用估算

其他费用包括购物、摄影等，根据调查整理得出，大约每位游客其他费用支出为 50 元，则游客每年的其他费用支出＝50 元/人×9.8 万人＝490 万元。

综上(见表 12.7)，龙栖山自然保护区的游憩价值总额为 1 711.84 万元，因此，龙栖山单位面积的森林资源游憩价值 MEC_5 =1711.84 万元/a÷15118.5 hm^2 = 1132.28 元/(hm^2 · a)。

表 12.7 龙栖山自然保护区的游憩价值估算表 单位:万元/a

项目	旅行费用支出	旅行时间价值	其他费用支出	游憩总价值
金额	911.4	370.44	490	1 771.84

(6)单位面积的森林资源生物多样性价值测度(MEC_6)

在无市场物品经济价值的情况下，意愿调查法是一种较好的测度工具，因此，采用支付意愿调查法对龙栖山自然保护区森林资源生物多样性的价值进行测算。

1)数据来源

为了解龙栖山自然保护区森林资源生物多样性价值，于 2011 年 11—12 月针对龙栖山自然保护区旅游者、当地居民及保护区工作人员进行了两次调查。调查采用多级分层以及随机抽样的方法，在样本中充分考虑不同职业的状况，确定此次调查确定的样本规模为 300 份(不包括预调查的 50 份)。第一次预调查共分发了 50 份问卷，实际回收了 47 份，回收率 94%，其中有效问卷 43 份，样本有效率为 91.49%。第二次调查共发放问卷 300 份，回收了 298 份，回收率 99.33%，有效问卷为 292 份，样本有效率为 97.99%。

2)问卷设计

问卷设计的合理性是获得数据准确性和可靠性的前提，因此问卷设计环节至关重要。本次问卷设计通过预调查的方式来检验其合理性，了解受访者是否能理解和接受与支付意愿有关的问题，在此基础上对问卷进一步修改。

在预调查中，发现被调查对象对“龙栖山自然保护区森林资源生物多样性价值”的具体含义不够清楚，对核心问题“您愿意每年为维护龙栖山自然保护区内森林资源生物多样性价值支付多少元”不够理解，造成回答上的困难。因此在预调查后，总结预调查中发现的问题，在问卷中的核心问题前加入“请您设想这是真实的支付，并且是发自内心的自愿支付，在选择支付意愿数额时请与自身的收入情况相对照，量力而行，感谢您的配合”的提醒，并且在调查开始时让调查工作人员先向被调查对象简单介绍关于龙栖山森林生物多样性的情况，帮助其理解，以提高调查的准确性。本研究的支付意愿调查主要是为 MEC 测算获取数值，所以调查问卷的问题设计相对较为简洁。

3)支付意愿调查问卷中的偏差控制

由于支付意愿调查法并没有对真实的市场进行实际的观察，也没有真正要求消费者用现金来表达他们的支付意愿，因此支付意愿是较为主观的，支付意愿容易存在一些偏差，例如信息偏差、支付方式偏差、起点偏差等(张翼飞，2008)。对于支付意愿调查中可能存在的偏差，本研究主要采取下列措施来克服，见表 12.8。

表 12.8　支付意愿调查中存在的主要偏差及纠偏措施

偏差类型	偏差产生原因	纠偏措施
信息偏差	对龙栖山保护区内森林资源生物多样性不够了解	在调查中尽量向被调查对象提供详细的相关信息，并耐心解释和说明
支付方式偏差	支付方式的不同假设可能影响被调查者的支付意愿	用财政补贴的方式避免被调查对象对支付费用的敏感
起点间隔偏差	投标起点的高低影响被调查者的回答	基于前人意愿调查法调查问卷设计的经验，并以预调查方式，结合龙栖山自然保护区内森林资源生物多样性的实际情况进行投标值的起点和间隔设置
假想偏差	被调查对象对假想市场与真实市场的反应不同	在调查中更好地向被调查对象假设模拟市场，说明龙栖山自然保护区内森林资源生物多样性情况
策略性偏差	被调查对象对真实意愿的隐瞒	向调查对象说明我们的调查目的，对一些明显隐瞒真实支付意愿的出价信息进行剔除

4)龙栖山保护区森林资源生物多样性保护的支付意愿测度

利用统计软件对龙栖山自然保护区森林资源生物多样性保护的支付意愿调查结果进行统计，统计结果见表 12.9。

表 12.9　支付意愿分布表

投标值(元)	样本数	在样本中所占比例(%)
0	29	9.93
5	9	3.08
10	17	5.82
15	21	7.19
20	30	10.27
30	23	7.88
50	55	18.84
75	49	16.78
100	32	10.96
150	8	2.74
200	13	4.45
300	5	1.71
500	0	0.00
700	1	0.34
800 以上	0	0.00
合计	292	100

平均支付意愿 $E(WTP)$ 通过离散变量 WTP 的数学期望公式计算得出，计算公式为：

$$E(WTP) = \sum_{i=1}^{n} A_i P_i \tag{12.7}$$

式中：A_i 为投标值；P_i 为被调查对象选择该投标值的概率；n 为投标值个数。

将表 12.9 中的数据代入公式(12.7)中，得 $E(WTP)=59.74$ 元/a。

得出龙栖山自然保护区内森林资源生物多样性保护的支付意愿是 59.74 元/a，按照龙栖山游客年容量规模 100 万人次(马文银 等，2010)计算，得出龙栖山保护区森林资源生物多样性保护的总支付意愿值＝59.74×100 万＝5974(万元/a)。

因此，龙栖山单位面积的森林资源生物多样性的价值 MEC_6＝5974 万元/a÷15118.5 hm^2＝3951.45 元/(hm^2 · a)。

(7)龙栖山保护区森林环境资源的 MEC 测度结果

龙栖山保护区森林环境资源的 MEC 测度结果见表 12.10。

表 12.10 龙栖山保护区森林资源的 MEC 测度结果表 单位：元/(hm^2 · a)

森林环境资源各生态功能价值	测算结果
涵养水源 MEC_1	3 597.43
水土保持 MEC_2	1 512.28
纳碳吐氧 MEC_3	10 278.31
净化空气 MEC_4	4 257.00
游憩价值 MEC_5	1 132.28
保护生物多样性 MEC_6	3 951.45
合计(MEC)	24 728.75

12.3.4 龙栖山保护区森林环境资源的 MOC 定价结果

综上，龙栖山保护区森林环境资源的 MPC，MUC，MEC 的测算结果见表 12.11，$MOC=MPC+MUC+MEC$＝41 392.11 元/(hm^2 · a)，其中：MPC 为 109.50 元/(hm^2 · a)，在 MOC 中所占比重为 0.26%；MUC 为 16 553.64 元/(hm^2 · a)，在 MOC 中所占比重为 40.00%；MEC 为 24 728.75 元/(hm^2 · a)，在 MOC 中所占比重为 59.74%。从测算结果看出，在龙栖山森林环境资源中代表森林外部效益的 MEC 占了 MOC 的 59.74%，占有较大比重，另外两部分 MPC 和 MUC 占 MOC 的 40.26%，如果采用以前传统环境资源评价方法进行估算，一定程度上意味着这 40.26%的总价值被忽略了，因此 MOC 定价更全面估算了环境资源的价值。以 MOC 定价方法测算得出龙栖山保护区单位面积的森林环境资源价格为 41 392.11

元/(hm^2·a),则龙栖山自然保护区的森林环境资源总价值=41392.11×15118.5=6.258×10^8(元)。虽然测算出来的龙栖山保护区森林环境资源的价格是一种理论价格,无法在市场上真正实现,也不能直接与市场上森林实物资源的价格做比较,但是通过价格的形式将龙栖山森林环境资源的价值表现出来,让人们更加直观地认识到以生态形式保存的森林环境资源不是没有价值,而是具有巨大的价值,有助于让人们正确地认识资源,善待资源,同时也可以为森林效益补偿提供一定的参考。

表 12.11 龙栖山保护区单位面积森林环境资源的 MOC 测算结果表

边际机会成本要素	MPC	MUC	MEC	MOC
测算结果[元/(hm^2·a)]	109.50	16 553.86	24 728.75	41 392.11
在 MOC 中比重(%)	0.26	40.00	59.74	100.00

参考文献

安晓明. 2004. 自然资源价值及其补偿问题研究[D]. 长春:吉林大学.

边学芳,吴群,曲福田. 2006. 基于边际机会成本理论的农地价格矫正研究——以江都市为例[J]. 中国人口.资源与环境,**16**(6):118-123.

卜跃先,曾光明,赵卫华,等. 2006. 湖南省生物多样性经济价值评估分析[J]. 生态科学,**25**(1):82-86.

蔡剑辉. 2000. 比较完备的森林生态体系之评价指标体系研究[J]. 林业经济问题,**20**(1):23-26.

蔡剑辉. 2001. 城市森林的环境价值评估及其政策[D]. 北京:北京林业大学.

蔡剑辉. 2003. 西方环境价值理论的研究进展[J]. 林业经济问题,**23**(4):191-194.

曹建华,杨秋林. 2003. 森林环境资源定价方法——木材需求曲线修正法的改进探讨[J]. 自然资源学报,**18**(1):94-98.

曹凯,冯霄. 2006. 不同原料制甲醇的能值分析与比较[J]. 化工进展,**25**(12):1 461-1466,1 483.

柴新新,赵妍,等. 2003. 图们江流域(中国境内)生物多样性及其能值估算[J]. 农业与技术,**23**(1):44-48.

陈晨,王立群. 2011. 北京市森林资源与经济增长关系实证分析[J]. 林业经济,(6):78-81.

陈传明. 2011. 福建武夷山国家级自然保护区生态补偿机制研究[J]. 地理科学,**31**(5):594-598.

陈龙,谢高地,盖力强,等. 2011. 道路绿地消减噪声服务功能研究——以北京市为例[J]. 自然资源学报,**26**(9):1 526-1 534.

陈星. 2007. 自然资源价格论[D]. 北京:中共中央党校.

陈祖海. 2001. 水资源价格问题研究[D]. 武汉:华中农业大学.

陈祖海. 2003. 基于边际机会成本理论的水资源定价实证分析[J]. 中南民族大学学报:自然科学版,**22**(3):75-81.

成克武,崔国发,王建中,等. 2000. 北京喇叭沟门林区森林生物多样性经济价值评价[J]. 北京林业大学学报,(4):66-71.

Costanza R, d'Arge R, de Groot R. *et al*. 1999. 全球生态系统服务与自然资本的价值估算[J]. 生态学杂志,**18**(2):70-78.

戴广翠. 2009. 森林环境服务业发展的理论与实践研究[D]. 北京:北京林业大学.

邓坤枚,石培礼,谢高地. 2002. 长江上游森林生态系统水源涵养量与价值的研究[J]. 资源科学,**24**(6):68-73.

丁小明. 2007. 环境资源价值及其评估研究[D]. 哈尔滨:哈尔滨理工大学.

范军祥,程庆荣,等. 1999. 水源涵养林的效益及其计量[J]. 广东林业科技,**15**(1):38-41.

方精云,刘国华,徐嵩岭. 1996. 我国森林植被的生物量和生产量[J]. 生态学报,**16**(5):497-508.

方陆明. 2003. 信息时代的森林资源信息管理[M]. 北京:中国水利水电出版社.

方晰,田大伦,等. 2004. 广西马尾松人工林对重金属元素的吸收、累积及动态[J]. 广西植物,**24**(5):

427-432.
福建省林业厅调查规划院. 2003. 福建龙栖山国家级自然保护区自然公园整体规划[规划报告].
福建省统计局,国家统计局福建调查总队. 2012. 福建统计年鉴:2012. 北京:中国统计出版社.
福建省统计局,国家统计局福建调查总队. 2013. 福建统计年鉴:2013. 北京:中国统计出版社.
福建省土壤普查办公室. 1991. 福建土壤[M]. 福州:福建科学技术出版社.
福建武夷山国家级自然保护区管理局办公室. 2007. 福建武夷山国家级自然保护区管理局工作情况报告[R].
傅平,郑俊峰,陈吉宁,等. 2004. 可应用稀缺水资源边际机会成本模型[J]. 中国给水排水,**20**(2):28-30.
高建中. 2005. 森林生态产品价值补偿研究[D]. 杨凌:西北农林科技大学.
高素萍,陈其兵,王晓炜,等. 2002. 森林生态效益的价值理论问题探讨[J]. 四川农业大学学报,**20**(3):89-92.
高兴佑,高文进. 2011. 基于完全成本和边际机会成本的城市水价研究[J]. 人民黄河,**33**(7):90-93.
高云峰,江文涛. 2005. 北京市山区森林资源价值评价[J]. 中国农村经济,(7):19-29.
葛继稳,蔡庆华,刘建康. 2006. 水域生态系统中生物多样性经济价值评估的一个新方法[J]. 水生生物学报,**30**(1):126-128.
葛亲红. 2005. 福建省生态公益林效益评价及补偿标准初探[J]. 华东森林经理,**19**(1):15-18.
谷振宾. 2007. 中国森林资源变动与经济增长关系研究[D]. 北京:北京林业大学.
郭中伟,李典谟. 1999. 生物多样性经济价值评估的基本方法[J]. 生物多样性,**7**(1):60-67.
韩丽晶,曹玉昆. 2010. 从国际林联第 23 届世界大会看未来林业发展的必然趋势[J]. 林业经济,(12):121-123.
郝向春. 2000. 灵空山森林水源涵养、水土保持效益价值评价[J]. 山西林业科技,(4):9-12.
侯亚红,冯永忠,任广鑫,等. 2011. 拉萨市生态服务功能价值评估[J]. 西北林学院学报,(2):220-224.
侯元兆. 2002. 森林资源价值核算[M]. 北京:中国环境科学出版社.
侯元兆,吴水荣. 2008. 生态系统价值评估理论方法的最新进展及对我国流行概念的辩证[J]. 世界林业研究,**21**(5):7-16.
侯元兆,张佩昌,王琦,等. 1995. 中国森林资源核算研究[M]. 北京:中国林业出版社.
侯元兆,张颖,等. 2005. 森林资源核算:上卷[M]. 北京:中国科学技术出版社.
胡明形,等. 2003. 正算法与倒算法林价差额的森林环境价值分析[J]. 北京林业大学学报:社会科学版,**2**(4):18-21.
黄蕾,段百灵,袁增伟,等. 2010. 湖泊生态系统服务功能支付意愿的影响因素[J]. 生态学报,**30**(2):487-497.
黄丽君,赵翠薇. 2011. 基于支付意愿和受偿意愿比较分析的贵阳市森林资源非市场价值评价[J]. 生态学杂志,**30**(2):327-334.
江泽慧. 2000. 中国现代林业[M]. 北京:中国林业出版社.
姜海燕,王秋兵,等. 2003. 辽东地区森林保护土壤的生态效益价值估算[J]. 辽宁林业科技,(6):28-31.

姜文来.1998.水资源价值模型研究[J].资源科学,**20**(1):35-43.

姜文来.2003.森林涵养水源的价值核算研究[J].水土保持学报,**17**(2):34-36,40.

姜文来,杨瑞珍.2003.资源资产论[M]. 北京:科学出版社.

蒋洪强,徐玖平.2004.环境成本核算研究的进展[J]. 生态环境,**13**(3):429-433.

焦扬,敖长林.2008. CVM方法在生态环境价值评估应用中的研究进展[J]. 东北农业大学学报,**39**(5):131-136.

金丽娟,高岚.2005.森林环境资源定价理论与方法的研究综述[J].林业经济问题,**25**(1):6-64.

靳芳,鲁绍伟,等.2005.中国森林生态系统服务价值评估指标体系初探[J].中国水土保持科学,**3**(2):5-9.

靳珂珂.2005.生物多样性经济价值评估研究进展[J].林业调查规划,(4):84-89.

孔繁文,戴广翠,等.1994.森林环境资源核算及补偿政策研究[J].林业经济,(4):34-47.

孔繁文,何乃蕙.1993.森林资源核算与国民经济核算体系[M].北京:人民中国出版.

孔蕊.2002.浅谈环境资源价值[J].中国环保产业,(12):14-16.

蓝盛芳,钦佩,陆宏芳.2002.生态经济系统能值分析[M].北京:化学工业出版社.

雷孝章,王金锡,等.1999.中国生态林业工程效益评价指标体系[J].自然资源学报,**14**(2):175-182.

李伯华,窦银娣,刘沛林.2011.欠发达地区农户人居环境建设的支付意愿及影响因素分析[J].农业经济问题,(4):74-80.

李广东,邱道持,王平.2011.三峡生态脆弱区耕地非市场价值评估[J].地理学报,**66**(4):562-575.

李海涛,许学工,肖笃宁.2005.基于能值理论的生态资本价值——以阜康市天山北坡中段森林区生态系统为例[J].生态学报,**25**(6):1 384-1 390.

李洪波,李燕燕.2010.武夷山自然保护区生态旅游资源非使用性价值评估[J].生态学杂志,**29**(8):1 639-1 645.

李金昌.1994.环境价值越来越大[J].国际技术经济研究,(2):31-33.

李金昌.1999.生态价值论[M].重庆:重庆大学出版社.

李金昌.2002.价值核算是环境核算的关键[J].中国人口·资源与环境,**12**(12):28-31.

李金良,等.2003.东北过伐林区林业局级森林生物多样性指标体系研究[J].北京林业大学学报,**25**(1):48-52.

李金良,郑小贤,王昕.2003.东北过伐林区林业局级森林生物多样性指标体系研究[J].北京林业大学学报,**25**(1):48-52.

李磊.2004.环境资源价值的价格策略[D].天津:天津大学.

李培林,于海俊.2003.内蒙古大兴安岭林区森林保育土壤价值的探讨[J].内蒙古林业调查设计,**26**(4):46-47.

李双成,傅小锋,郑度.2001.中国经济持续发展水平的能值分析[J].自然资源学报,(4):1-8.

李维中,任建设,等.2001.福建武夷山国家级自然保护区总体规划(2001—2010年)[R].武夷山:福建省林业调查规划院.福建武夷山国家级自然保护区管理局.

李文华,等.2008.生态系统服务功能价值评估的理论、方法与应用[M].北京:中国人民大学出版社.

李文华，张彪，谢高地. 2009. 中国生态系统服务研究的回顾与展望[J]. 自然资源学报，**24**(1)：1-10.

李向明. 2011. 自然旅游资源价值的来源、构成及其实现途径[J]. 林业科学，**47**(10)：160-165.

李智勇，等. 2001. 森林资源环境价值核算研究综述[A]. 森林资源环境价值核算国际研讨会材料[C]. 北京：中国林业科学研究院.

梁美霞. 2006. 福建戴云山自然保护区生态系统服务价值评估及景观生态建设[D]. 福州：福建师范大学.

刘璨，吴水荣，照云朝. 2002. 森林资源与环境经济学研究的几个问题[J]. 林业经济，(2)：32-35.

刘芳芳，敖长林，焦扬，等. 2012. 中巴地球资源卫星社会效益支付意愿的影响因素[J]. 数学的实践与认识，**42**(4)：29-36.

刘继青，王洪飞. 2010. 自然资源及环境的价值与价格研究[J]. 商业经济，(6)：43-44.

刘茂松，张明娟. 2004. 景观生态学原理与方法[M]. 北京：化学工业出版社.

刘梅娟. 2009. 森林自然资本公允价值计量研究[D]. 南京：南京林业大学.

刘梅娟，石道金，温作民. 2005. 森林生物多样性价值会计确认与计量研究[J]. 财会通讯·学术，(10)：72-73.

刘敏超，李迪强，温琰茂，等. 2006. 三江源地区生态系统水源涵养功能分析及其价值评估[J]. 长江流域资源与环境，**15**(3)：405-408.

刘萍，施苗英，等. 2010. 中国森林固碳及提供其他生态服务功能的潜力和挑战[J]. 林业经济，(3)：26-29.

刘向华. 2007. 生态系统服务功能价值评估困境的经济学成因分析[J]. 安徽农业科学，**35**(26)；8 328-8 329.

刘岩，于渤，洪富艳. 2011. 可再生能源价值构成与定价模型研究[J]. 预测，(1)：61-65.

马文银，康文星. 2010. 邵阳市森林水土保持服务功能价值评价研究[J]. 安徽农业科学，**38**(12). 6 450-6 452.

马中. 2006. 环境与自然资源经济学概论[M]. 北京：高等教育出版社.

[美]迈里克·弗里曼 A. 2002. 环境与资源价值评估——理论与方法[M]. 曾贤刚，译. 北京：中国人民大学出版社.

孟祥江，侯元兆. 2010. 森林生态系统服务价值核算理论与评估方法研究进展[J]. 世界林业研究，**23**(6)：8-12.

聂华. 2002. 森林环境资源价值计量的误区[J]. 生态经济，(1)：34-36.

聂华. 2006. 森林资源环境价值研究中的边际分析[J]. 林业经济问题，**26**(5)：410-412.

欧阳志云，王如松，赵景柱. 1999a. 生态系统服务功能及其生态经济价值评价[J]. 应用生态学报，**10**(5)： 635-640.

欧阳志云，王效科，苗鸿. 1999b. 中国陆地生态系统服务功能及其生态经济价值的初步研究[J]. 生态学报，**19**(5)：607-613.

欧阳志云，赵同谦，赵景柱，等. 2004. 海南岛生态系统生态调节功能及其生态经济价值研究[J]. 应用生态学报，**15**(8)：1 395-1 402.

裴辉儒. 2007. 资源环境价值评估与核算问题研究[D]. 厦门：厦门大学.

钦佩，黄玉山，谭凤仪. 2000. 从能值分析的方法来看米埔自然保护区的生态功能[J]. 自然杂志，**21**(2)：104-107.

邱炳文，苏簪铀，陈崇成. 2009. 基于小波变换的武夷山自然保护区 NDVI 与地形因子多尺度空间相关分析[J]. 生态学杂志，**28**(9)：1 915-1 920.

任勇. 1999. 树立森林环境资源价值观解决林业生产的两种外部性[J]. 林业资源管理，(2)：32-37.

世界遗产委员会. 2003. 世界自然与文化遗产——武夷山[EB/OL]. (2004-6-11)[2007-11-5] http://news.xinhuanet.com/ziliao/2003-09/24/content_1097148.htm.

宋磊. 2004. 泰山森林生物多样性价值评估[D]. 泰安：山东农业大学.

孙发平，曾贤刚，苏海红，等. 2008. 中国三江源生态价值及补偿机制研究[M]. 北京：中国环境科学出版社.

孙凡，钟章成. 1998. 重庆缙云山四川大头茶常绿阔叶林重金属元素的累积与生物循环[J]. 中国环境科学，**18**(2)：111-116.

田龙. 2005. 基于能值分析的工业园生态效率评价研究[D]. 大连：大连理工大学.

汪家社. 2006. 武夷山自然保护区螟蛾亚科昆虫的物种多样性[J]. 南京林业大学学报：自然科学版，**30**(3)：98-100.

王洪梅. 2004. 河北省生物多样性现状及生态系统对其维持功能评价[D]. 石家庄：河北师范大学.

王晶，刘翔. 2005. 边际机会成本与自然资源定价浅析[J]. 环境科学与管理，(3)：54-56.

王景升，李文华，任青山，等. 2007. 西藏森林生态系统服务价值[J]. 自然资源学报，**22**(5)：831-841.

王舒曼，王玉栋. 2000. 自然资源定价方法研究[J]. 生态经济，(4)：25-26.

王维芳. 2006. 迎春林业局森林资源及生物多样性经济价值的动态分析[D]. 哈尔滨：东北林业大学.

王英姿，何东进，洪伟，等. 2006. 武夷山风景名胜区森林生态系统公共服务功能评估[J]. 江西农业大学学报，**28**(3)：409-414.

武亚军. 1999. 可持续发展型的水资源定价：边际机会成本方法与一个动态定价模型[J]. 经济科学，(1)：75-79.

武夷山市林业局. 1998. 武夷山森林资源调查报告[R].

萧天喜. 2011. 武夷山遗产名录[M]. 北京：科学出版社.

肖滋民，等. 2011. 潍坊市城市绿地生态系统环境净化服务价值研究[J]. 湖北农业科学，**50**(19)：3 929-3 933.

谢高地，鲁春霞，冷允法，等. 2003. 青藏高原生态资产的价值评估[J]. 自然资源学报，**18**(2)：189-196.

刑美华，等. 2007. 森林资源价值评估理论方法和实证研究综述[J]. 西北农林科技大学学报，(7)：30-35.

徐慧，彭补拙. 2003. 国外生物多样性经济价值评估研究进展[J]. 资源科学，**25**(4)：102-109.

徐嵩龄. 1998. 中国环境破坏的经济损失计量[M]. 北京：中国环境科学出版社.

徐嵩龄. 2001. 生物多样性价值的经济学处理：一些理论障碍及其克服[J]. 生物多样性，**9**(3)：310-318.

徐嵩龄. 2002. 论森林价值计量概念与方法的恰当性[J]. 中国软科学,(9):101-107.

徐中民. 1999. 生态环境损失价值计算初步研究——以张掖地区为例[J]. 地球科学进展,(10):498-503.

徐中民,任福康,马松尧,等. 2003. 估计环境价值的陈述偏好技术比较分析[J]. 冰川冻土,**25**(6):701-707.

许纪泉,钟全林. 2007. 武夷山自然保护区森林生态系统服务功能价值评估[J]. 林业资源管理,(3):77-81.

许姝明,王立群. 2010. 基于环境库兹涅茨曲线的森林资源变化问题研究评述[J]. 世界林业研究,**23**(6):13-17.

薛达元. 1999a. 长白山自然保护区森林生态系统间接经济价值评估[J]. 中国环境科学,**19**(3):247-252.

薛达元. 1999b. 自然保护区生物多样性经济价值类型及其评估方法[J]. 农村生态环境,**13**(2):54-59.

薛达元. 2000. 长白山自然保护区生物多样性非使用价值评估[J]. 中国环境科学,**20**(2):141-145.

薛达元,包浩生. 1999. 长白山自然保护区生物多样性旅游价值评估[J]. 自然资源学报,**14**(2):140-145.

薛达元,Tisdell C. 1999. 环境物品的经济价值评估方法[J]. 农村生态环境,**15**(3):39-43.

闫平,刘某承,伦飞,等. 2011. 生态系统价值评估的经济学思考[J]. 林业经济,(8):70-74.

严立冬,张亦工,邓远建. 2009. 农业生态资本价值评估与定价模型[J]. 中国人口·资源与环境,**19**(4):77-81.

晏智杰. 2004. 自然资源价值刍议[J]. 北京大学学报:哲学社会科学版,**41**(6):70-77.

杨芳. 2010. 福建省森林生态系统基本功能价值评估分析[J]. 环境科学与管理,**35**(2):30-32.

杨建州,戴小廷,王湘湘. 2011. 森林环境资源及其定价理论探讨[J]. 林业经济问题,**31**(6):1-5.

杨建州,周慧蓉,张春霞,等. 2006. 外部性理论在森林环境资源定价中的应用[J]. 生态经济,(2):32-34.

杨秋媛. 2009. 边际机会成本理论视阈中的煤炭完全成本研究[J]. 昆明理工大学学报:理工版,**34**(5):89-92.

姚成胜,朱鹤健. 2007. 福建生态经济系统的能值分析及可持续发展评估[J]. 福建师范大学学报:自然科学版,**23**(3):92-97.

于渤,黎永亮,崔志. 2005. 基于可持续发展理论的能源资源价值分析模型[J]. 中国管理科学,**10**(13):499-500.

于航,詹水芬,董德明,等. 2010. 基于补偿价值理论的松山自然保护区森林资源价值评估研究[J]. 中国人口·资源与环境,**20**(3):139-141.

余新晓,秦永胜,陈丽华,等. 2002. 北京山地森林生态系统服务功能及其价值初步研究[J]. 生态学报,**22**(5):783-786.

袁畅彦. 2011. 森林资源估价的理论误区及方法修正研究[D]. 北京:北京林业大学.

袁畅彦,聂华. 2011. 基于协调系数修正的森林生态系统服务价值评估——以 1998—2007 年北京市为例[J]. 东北林业大学学报,**39**(6):72-75.

岳泽军.2004.森林资产核算问题研究[D].哈尔滨:东北林业大学.

张春霞,杨玉盛,廖福霖,等.2004.闽江流域森林生态与经济社会协调发展研究[M].北京:中国林业出版社.

张建国,杨建州.1994a.福建森林综合效益计量与评价[J].生态经济,(5):1-6.

张建国,杨建州.1994b.福建森林综合效益计量与评价(续完)[J].生态经济,(6):10-16.

张秋根,万承永,熊冬平.2011.城市林业生态环境功能评价指标体系的探讨[J].林业资源管理,(6):54-57.

张守攻,朱春全,等.2001.森林可持续经营导论[M].北京:中国林业出版社.

张小红,杨志峰,等.2004.广州市公益林生态效益价值分析及管理对策[J].林业科学,**40**(4):22-26.

张心灵,王平心.2004.生物资产计量模式选择的思考[J].会计研究,(10):33-37.

张翼飞.2008.城市内河生态系统服务的意愿价值评估——CVM有效性可靠性研究的视觉[D].上海:复旦大学.

张颖.2001.中国森林生物多样性价值核算研究[J].林业经济,(3):37-42.

张颖.2004.绿色GDP核算的理论与方法[M].北京:中国林业出版社.

张志强,徐中民,程国栋.2001.生态系统服务与自然资本价值评估[J].生态学报,**21**(11):1 918-1 926 .

张志强,徐中民,龙爱华,等.2004.黑河流域张掖市生态系统服务恢复价值评估研究——连续型和离散型条件价值评估方法的比较应用[J].自然资源学报,**119**(2):230-239.

章铮.1996.边际机会成本定价——自然资源定价的理论框架[J].自然资源学报,**11**(2):107-112.

章铮.1998.边际使用者成本:资源产品定价与国际贸易[J].世界经济,(11):45-46.

章铮.2008.环境与自然资源经济学[M].北京:高等教育出版社.

赵传燕,冯兆东,刘勇.2003.干旱区森林水源涵养生态服务功能研究进展[J].山地学报,**21**(2):157-161.

赵军,杨凯,等.2007.生态系统服务价值评估研究进展[J].生态学报,(1):348-358.

赵晟,洪华生,等.2007.中国红树林生态系统服务的能值价值[J].资源科学,**29**(1):147-154.

郑冬婷.2010.一种森林资源定价建模方法的研究[J].知识经济,(7):9-10.

中国环境与发展国际合作委员会.1997.中国自然资源定价研究[M].北京:中国环境科学出版社.

中国林业科学研究院森林生态环境与保护研究所.2002.LY/T 1721—2008 森林生态系统服务功能评估规范[S].北京:中国标准出版社.

《中国森林生态服务功能评估》项目组.2010.中国森林生态服务功能评估[M].北京:中国林业出版社.

《中国生物多样性国情研究报告》编写组.1998.中国生物多样性国情研究报告[M].北京:中国环境科学出版社.

周国逸,闫俊华.2000.生态公益林补偿理论与实践[M].北京:气象出版社.

周海林.2001.经济增长理论与自然资源的可持续利用[J].经济评论,(2):35-38.

周慧蓉.2006.森林环境资源定价方法及其应用[D].福州:福建农林大学.

周万清,葛宝山.2009.资源价值理论研究综述[J].情报科学,**27**(11):1 758-1 760.

周伟,窦虹,欧晓红. 2007. 生物多样性价值的评估方法[J]. 云南农业大学学报,**22**(1):35-40.

周晓峰,蒋敏元. 1999. 黑龙江森林效益的计量、评价及补偿[J]. 林业科学,(3):97-102.

宗文君,蒋德明,阿拉木萨. 2006. 生态系统服务价值评估的研究进展[J]. 生态学杂志,**25**(2):212-217.

Alfsen K H, Greaker M. 2007. From natural resources and environmental accounting to construction of indicators for sustainable development [J]. *Ecological Economics*,**61**(4):600-610.

Campos P, Caparrós A, Oviedo J L, *et al*. 2007,Comparing payment-vehicle effects in contingent valuation studies for recreational use in two protected Spanish forests [J]. *Journal of Leisure Research*, (39): 60-82.

Carson R T. 1998. Valuation of tropical rainforests:Philosophical and practical issues in the use of contingent valuation [J]. *Ecological Economics*,(24):15-29.

Carson R T,Conaway M B. 2003. Valuing Oil Spill Prevention:A Case Study of California's Central Coast [M]. Boston:Kluwer Academic Press.

Costanza R, d'Arge R, de Groot R. *et al*. 1997. The value of the world's ecosystem services and natural capital [J]. *Nature*, **387**(6630):253-260.

de Groot R . 1992. Functions of Nature: Evaluation of Nature in Environmental Planning, Management and Decision Making [M]. Groningen: Wolters-Noordhoff.

Ehrlich P R,*et al*. 1977. Ecosience: Population, Resourse, Environment [M]. San Francisco: W. H. Freeman.

Elsasser P, Meyerhoff J. 2007. A Bibliography and Database on Environmental Benefit Valuation Studies in Austria, Germany and Switzerland. Part I: Forestry Studies. Arbeitsbericht.

Elsasser P, Meyerhoff J, Montagne' C, *et al*. 2009. A bibliography and database on forest benefit valuation studies from Austria, France, Germany, and Switzerland-A possible base for a concerted European approach [J]. *Journal of Forest Economics*, **15**:93-107.

Grossman G M, Krueger A B. 1991. Environmental Impact of a North American Free Trade Agreement: Working Paper No. 3914 [R]. Massachusetts: National Bureau of Economic Research.

Krutilla J V. 1988. Conservation Reconsidered: Environmental Resource and Applied Welfare Economics [R]. Washington. D C: Resource for the Future: 263-273.

Leea Choong-Ki, Hanb Sang-Yoel. 2002. Estimating the use and preservation values of national parks tourism resources using a contingent valuation method [J]. *Tourism Management*, (23): 531-540.

Lehtonen E, Kuuluvainen J, Pouta E, *et al*. 2003. Non-market benefits of forest conservation in southern Finland [J]. *Environmental Science & Policy*, (6): 195-204.

Massachusetts Institute of Technology. 1970. Man's Impact on the Global Environment [M]. Massachusetts:MIT Press.

Meillaud F, Gay J B, Brown M T. 2005. Evaluation of a building using the energy method [J]. *Solar Energy*,**79**: 204-212.

Mill G A, van Rensburg T M, Hynes S, *et al*. 2007. Preferences for multiple-use forest management in Ireland: Citizen and consumer perspectives [J]. *Ecological Economics*, **60** (3): 642-653.

Millennium Ecosystem Assessment. 2003. Ecosystems and Human Wellbeing: A Framework for Assessment. Report of the Conceptual Frame Working Group of the Millennium Ecosystem Assessment [M]. Washington D C: Island Press.

Nikamp P, Gabriella V, Paulo A, *et al*. 2008. Economic valuation of biodiversity: A comparative study [J]. *Ecological Economics*, **67**(1): 217-231.

Odum H T. 1996. Environmental Accounting: Emergy and Environmental Decision Making [M]. New York: Wiley.

Odum H T, Brown M T, Williams S B. 2000. Handbook of Energy Evaluations Folios1-4. Center for Environmental Policy [M]. University of Florida, Gainesville FL.

OECD. 1995. Economic Appraisal of Environmental Protects and Policies: A Practical Guide [M]. Paris: OECD.

Pearce D W, Moran D. 1994. The Economic Value of Biodiversity [M]. Cambridge: IUCN.

Pearce D W, Turner R K. 1989. Economics of Natural Resources and the Environment [M]. Baltimore: The Johns Hopkins University Press.

Pearce D W, Turner R K. 1990. Economics of Natural Resources and the Environment [M]. London: Harvester Whesatshea.

Turner R K, Pearce D W. 1994. Environmental Economics: An Elementary Introduction [M]. London: Earthscan.

Tyrvainen L. 2000. Property Prices and Urban Forest Amenities [J]. *Journal of Environmental Economics and Management*, (39): 205-223.

UNEP. 1993. Guidelines for Country Study on Biological Diversity [M]. Oxford: Oxford University Press.

Weisbrod B A. 1964. Collective consumption services of individual consumption goods [J]. *Quarterly Journal of Economics*, **78**(3): 471-477.

Warford J J. 1994. Marginal Opportunity Cost Pricing for Municipal Water Supply. [EB/OL] http://www.eepsea.net/pub/sp/10536146490ACF298.pdf